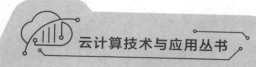云计算技术与应用丛书

# Linux操作系统
# 管理与安全

许桂秋　仲柏同◎主　编

钱罕林　付　强◎副主编

U0262251

人民邮电出版社

北　京

**图书在版编目（CIP）数据**

Linux 操作系统管理与安全 / 许桂秋，仲柏同主编.
北京：人民邮电出版社，2025. --（云计算技术与应用
丛书）. -- ISBN 978-7-115-65131-0

Ⅰ. TP316.85

中国国家版本馆 CIP 数据核字第 2025KD5600 号

## 内 容 提 要

　　本书从信息技术的应用实践出发，阐述 Ubuntu（Linux）操作系统的基础使用方法以及服务器相关配置的应用原理与实践，内容包括 Ubuntu 操作系统的安装与基本使用方法、用户与组管理、目录与文件管理、资源管理、系统管理、Shell 编程、部署 Ubuntu 服务器、配置文件服务器和网络服务器，并将安全相关内容贯穿其中。本书采用了行业应用比较前沿的 Ubuntu 18.04 版本为基础环境，紧密跟踪行业需求和发展现状，以业内的典型实践来设计和开展相关教学与实践，培养读者的扎实理论基础和动手能力。

　　本书内容丰富，理论概念清晰，实验内容系统全面，理论联系实际，便于初学者快速入门，可作为高等学校计算机、云计算等相关专业的教材，也可作为从事网络部署和运维相关工作的技术人员的参考书。

◆ 主　　编　许桂秋　仲柏同
　　副 主 编　钱罕林　付　强
　　责任编辑　张晓芬
　　责任印制　马振武

◆ 人民邮电出版社出版发行　　北京市丰台区成寿寺路 11 号
　　邮编　100164　　电子邮件　315@ptpress.com.cn
　　网址　https://www.ptpress.com.cn
　　三河市祥达印刷包装有限公司印刷

◆ 开本：787×1092　1/16
　　印张：17.75　　　　　　　　2025 年 3 月第 1 版
　　字数：256 千字　　　　　　　2025 年 3 月河北第 1 次印刷

定价：69.80 元

**读者服务热线：(010)53913866　印装质量热线：(010)81055316**
**反盗版热线：(010)81055315**

# 前言

当今的云计算、大数据以及物联网等信息技术大多基于 Linux 操作系统平台来运行。为了加速推动操作系统的国产化，许多国产操作系统基于 Linux 进行研发。Ubuntu 是 Linux 操作系统的优选之一，它为初学者提供了友好的入门平台，具备良好的用户体验，并足以满足日常的工作和学习需求。

本书采用"项目导向，任务驱动"，融"教、学、做"为一体的工学结合模式。通过对本书的学习，读者能够熟练地掌握 Ubuntu 的配置管理、软件使用以及服务器平台搭建方法，掌握安全方面的相关操作。全书共 9 个项目，可分为两个部分。

第一部分是 Ubuntu 基础知识，包括项目 1～项目 6。项目 1 讲解 Ubuntu 操作系统的安装、基本网络配置、如何使用 Ubuntu 桌面应用进行日常办公以及文本编辑器 Vim 的配置与使用。项目 2 讲解如何创建和管理账户与组账户。项目 3 讲解目录、文件操作以及文件和目录的权限管理。项目 4 讲解磁盘分区管理、文件系统管理、挂载和使用外部存储设备以及逻辑卷管理等基础资源管理。项目 5 讲解进程管理、日志管理、备份与恢复，以及安装软件包与管理工具的基本使用等。项目 6 讲解 Shell 脚本基础、如何使用表达式与运算符、流程控制、函数、正则表达式等内容。

第二部分是 Ubuntu 服务器的部署与应用，包括项目 7～项目 9。项目 7 讲解如何安装 Ubuntu 服务器、远程管理 Ubuntu 服务器、Apache 服务器的安装与配置以及 MySQL 的安装与配置。项目 8 讲解 Samba、NFS 以及 FTP 服务器的安装与配置。项目 9 讲解 DNS、DHCP、VPN 服务器的安装与配置以及防火墙配置。

由于编者水平有限，书中难免存在疏漏和不足之处，恳请广大读者批评指正。

编　者
2025 年 2 月

# 目录

## 第一部分  Ubuntu 基础知识

# 第二部分　Ubuntu 服务器的部署与应用

# Ubuntu基础知识

## 项目1　Ubuntu 操作系统的安装与基本使用方法

Linux（Linux is not UNIX 的递归缩写）一般指 GNU/Linux（单独的 Linux 内核并不可直接使用，一般搭配 GNU 套件，故得此称呼），是一种免费使用和自由传播的类 UNIX 操作系统，其内核由林纳斯·本纳第克特·托瓦兹（Linus Benedict Torvalds）于 1991 年 10 月 5 日首次发布。

Ubuntu Linux 是基于 Debian Linux 的操作系统。Ubuntu 的名称来自非洲南部祖鲁语或豪萨语的"Ubuntu"一词，其意思是"人性""我的存在是因为大家的存在"，这是非洲传统的一种价值观。Ubuntu 是全球最流行且最具影响力的 Linux 操作系统。Ubuntu 操作系统（后续在不引起混淆的情况简称 Ubuntu 系统或 Ubuntu）注重用户体验，拥有丰富的应用程序和工具，用户可以通过软件中心轻松地安装和管理。同时，Ubuntu 拥有庞大的社区支持，用户可以从中获得帮助和解决问题。Ubuntu 适用于各种场景和需求，无论是个人使用还是企业部署，都能发挥其独特的优势。本项目以 Ubuntu 18.04.6 为例，进行安装和基础操作介绍。

### 学习目标

1）熟悉 Ubuntu 的桌面环境。
2）掌握 Ubuntu 的基本网络配置方法。
3）掌握使用 Ubuntu 进行日常办公的方法。
4）掌握 Ubuntu 中文本编辑器的使用方法。

### 任务 1.1　熟悉 Ubuntu 的桌面环境

Ubuntu 桌面环境是一个基于 GNU/Linux 的开源操作系统界面，以其用户友好、功能丰富和高度可定制性而广受欢迎。Ubuntu 默认采用 GNOME 桌面环境，提供了直观的操作界面，非常适合初学者。

本任务的 1.1.1～1.1.2 为任务相关知识，1.1.3～1.1.7 为任务实验步骤。

## 任务要求

1）深入理解 Ubuntu 桌面环境基础知识。

2）掌握安装 Ubuntu 操作系统的过程。

3）熟练掌握 Ubuntu 桌面环境的基本操作。

4）掌握个性化定制 Ubuntu 桌面环境的方法。

5）掌握 Ubuntu 软件中心的使用方法。

6）掌握 Ubuntu 远程桌面的使用方法。

## 1.1.1 Ubuntu 桌面环境

在 Linux 社区中，专业用户倾向于使用命令行界面（command line interface，CLI），而初学者倾向于使用图形用户界面（graphical user interface，GUI）。图形用户界面比命令行界面直观易用，学习门槛更低。微软公司的 Windows 操作系统将图形环境与内核紧密集成，提供了较好的用户体验。

X Window 即 X Window 图形用户界面，提供了一个基础的图形用户界面（GUI）。

Linux 操作系统采取了模块化的设计思路。Linux 操作系统的核心不直接包含图形用户界面，而是通过 X Window System（也称为 X Window 或 X Window 图形用户界面）这一标准框架来支持图形显示和交互。X Window System 为 Linux 提供了建立窗口的标准，同时允许开发者基于这一标准，通过不同的窗口管理器来定制窗口的外观与交互方式，从而实现了图形用户界面的高度灵活性。用户可以根据个人喜好和需求，自由选择或切换不同的桌面环境。

窗口管理器是 X Window System 的关键组件，负责控制窗口的布局、外观及用户交互逻辑。对用户而言，仅有上述功能的窗口管理器是不便使用的。因此，开发人员进一步扩展了窗口管理器的功能，集成了更多的应用程序、管理工具，最终形成了我们所说的桌面环境。桌面环境作为一个综合的系统平台，涵盖了用户日常所需的各种功能，如文件管理、网络浏览、办公应用等。

Linux 桌面环境实质上是由一系列相互协作的程序构成的复杂系统。其中，工具条、面板等用户熟悉的界面元素底层都是程序模块。一个完整的图形桌面环境包括会话管理器、窗口管理器、面板及桌面程序等关键组件，这些组件共同协作，为用户提供流畅的操作体验。

目前，Linux 操作系统中存在多种主流的桌面环境，如 GNOME（GNU 网络对象模型环境）、KDE（K 桌面环境）、XFCE（轻量级桌面环境）和 LXDE（轻量级 X11 桌面环境）等。GNOME 以其稳定性和广泛的支持，成为许多 Linux 发行版的默认桌面环境。GNOME 界面由桌面图标、应用程序窗口和面板等部分组成。KDE 桌面环境提供了与 Windows 相似的界面风格和丰富的功能特性，也有众多用户使用。Ubuntu 作为广受欢迎的开源操作系统之一，目前默认采用 GNOME 作为其桌面环境，为用户提供了稳定且易用的图形化操作体验。

## 1.1.2　VNC 与远程桌面

远程桌面技术是一种高级网络交互模式。它允许用户通过主控端计算机远程接入另一台被控端计算机的图形用户界面，从而实现对被控端计算机的直接操作与管理。为了确保远程操作的顺利进行，被控端计算机必须配备图形用户界面，并启用远程桌面服务；同时，主控端与被控端之间需要遵循一致的远程桌面协议以确保通信的兼容性和效率。

当前，远程桌面技术依赖于 3 大主流协议：虚拟网络计算机（virtual network computer，VNC）、独立计算环境简单协议（simple protocol for independent computing environment，SPICE）与远程桌面协议（remote desktop protocol，RDP）。

VNC 作为轻量级远程桌面解决方案，其网络带宽需求低，特别适合 Linux 环境的远程管理，能够确保跨平台操作的高效性与便捷性。VNC 采用客户-服务器架构，实现了跨平台的远程访问与控制。在这种模式中，VNC 服务器被部署于被控端计算机上，负责捕获并传输其图形界面信息；VNC 客户端则运行于主控端计算机，用于接收这些图形数据并显示给用户。这种架构确保了用户能够从任何支持 VNC 协议的计算机上，通过网络对被控端计算机进行远程登录和管理。VNC 的强大之处在于其广泛的操作系统兼容性，不仅支持 Linux 这一开源领域的佼佼者，而且兼容 UNIX、Windows 及 macOS 等多种主流操作系统。这种跨平台的特性极大地拓宽了 VNC 的应用场景，使用户可以轻松实现不同操作系统之间的远程桌面连接，进行文件传输、软件安装、系统配置等多样化的管理操作。

SPICE 以高带宽支持著称，专为虚拟机环境设计，提供卓越的虚拟桌面体验。它优化了多媒体传输，确保视频、音频及图形内容的流畅播放，是虚拟化技术中的佼佼者。

RDP 作为 Windows 操作系统的原生远程桌面协议，不仅支持广泛的网络条件，而且融入了高级安全特性，以确保远程访问的安全性与稳定性。RDP 专为 Windows 用户打造，提供了近乎本地的操作体验，广泛应用于企业远程办公与个人远程计算场景。

目前，Ubuntu 桌面环境内置屏幕共享，即远程桌面功能。vino-server 是 Ubuntu 自带的远程桌面服务器，在系统（system）→首选项（preferences）→远程桌面（remote desktop）下，可以轻易开启，开启后就可以使用 VNC Viewer 进行远程桌面连接。不过，这种自带的 vino-server 方式有一个显著的缺点：当重启计算机之后，必须先在远程服务器中登录计算机，进入系统（相当于创建了一个 Session）后，才能在本地使用远程桌面连接该远程服务器。这个缺点导致 vino-server 有时极为不方便。我们可以通过安装 VNC Server 来解决这个问题。

### 1.1.3　Ubuntu 桌面版操作系统的安装

下面以在 VMware Workstation 虚拟机上安装 Ubuntu 桌面版操作系统为例进行讲解。本次安装使用的是从 Ubuntu 官网下载的 Ubuntu 桌面版操作系统安装包，版本是 18.04.6。读者可自行到其官网下载。安装步骤如下。

步骤 1：安装好的虚拟机界面如图 1-1 所示，单击其中的"编辑虚拟机设置"，配置虚拟机的虚拟光驱，选择"使用 ISO 映像文件(M):"选项，连接到 Ubuntu 安装包的 ISO 文件，如图 1-2 所示，然后单击"确定"按钮，开始安装 Ubuntu。

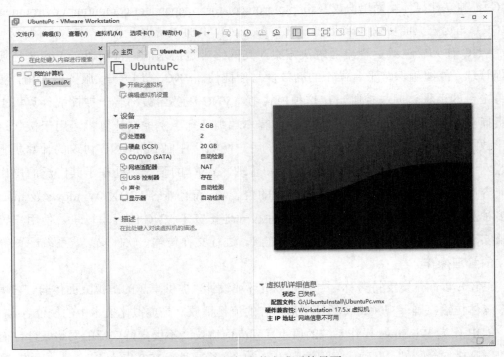

图 1-1　虚拟机安装完成后的界面

图 1-2　配置虚拟机的虚拟光驱

步骤 2：安装程序先检测硬盘，检测之后出现欢迎界面，如图 1-3 所示。此时，下拉界面左侧的列表，选择安装的语言为"中文（简体）"。

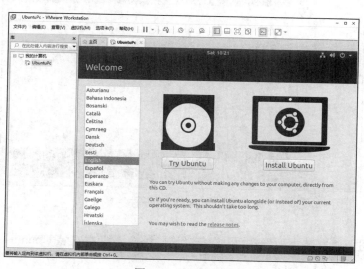

图 1-3　欢迎界面

步骤 3：单击"Install Ubuntu"按钮，进入"键盘布局"界面，左右都选择"汉语"，再单击"继续"按钮，如图 1-4 所示。

图 1-4　"键盘布局"界面

步骤 4：进入"更新和其他软件"界面，选择"正常安装"和"安装 Ubuntu 时下载更新"，然后单击"继续"按钮，如图 1-5 所示。

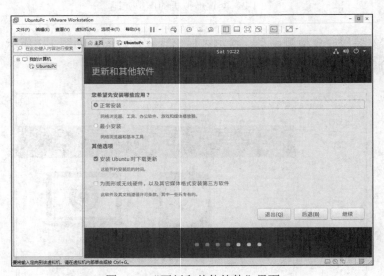

图 1-5　"更新和其他软件"界面

步骤 5：进入"安装类型"界面，选择"清除整个磁盘并安装 Ubuntu"，然后单击"现在安装"按钮，如图 1-6 所示。

步骤 6：此时出现如图 1-7 所示的界面，显示自动创建的分区信息，并提示是否将改动写入磁盘。若要调整，则单击"后退"按钮；若将改动写入磁盘，则单击"继续"按钮。这里确认将改动写入磁盘。

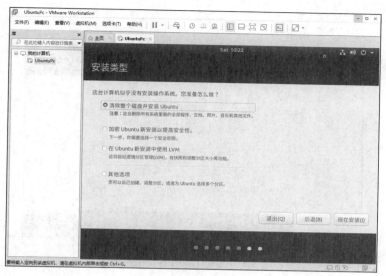

图 1-6　选择安装类型

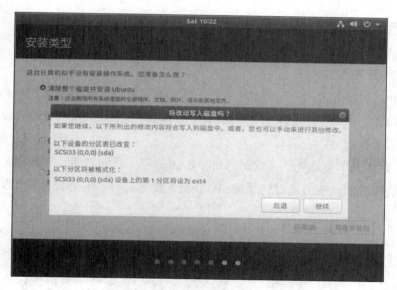

图 1-7　将改动写入磁盘

步骤 7：进入到"您在什么地方？"界面，选择所在时区，默认为"Shanghai"，然后单击"继续"按钮。

步骤 8：此时出现如图 1-8 所示的界面，输入姓名、计算机名、用户名和密码，选择默认的"登录时需要密码"登录方式。单击"继续"按钮，进入到安装阶段。在安装过程中需要在线下载软件包，此时需要保持网络畅通。

步骤 9：安装完成后，重启计算机，重启之后，出现登录页面，单击用户名出现相应的登录界面，输入密码，即可登录 Ubuntu 操作系统。

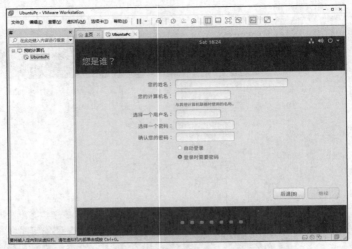

图 1-8　设置计算机名及用户名

### 1.1.4　熟悉桌面环境的基本操作

#### 1. 活动概览视图的使用

在 Ubuntu 中使用 GNOME 桌面环境时，活动概览视图（activities overview）是一个非常有用的功能，它支持快速搜索、启动应用程序、查看最近的文件、访问设置及在不同的工作区之间切换。

Ubuntu 默认处于普通视图，此时通过单击屏幕左上角的"活动"按钮，就可以切换到活动概览视图界面，或者通过快捷键<Win>键来快速打开，其界面如图 1-9 所示。

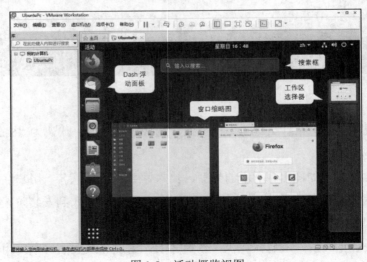

图 1-9　活动概览视图

切换到活动概览视图,其中会显示当前工作区中所有窗口的实时缩略图,每个窗口代表一个正在运行的应用程序,但只有一个是处于活动状态的窗口。

在活动概览视图中,可以看到位于屏幕顶部的搜索框,可以输入关键字来搜索应用程序、设置项和文件等。根据输入的文字,相关结果将实时显示在屏幕下方。

Dash 浮动面板位于活动概览视图左侧,列出已安装的应用程序。这些应用程序是按照用户最近使用它们的频率或名称的字母顺序来排列的。用户可以通过滚动来查看更多的应用程序。单击其中的图标,可以打开对应的应用,若是正在运行的程序,则通过在图标左侧显示一个红点来进行标识。同时,用户可以拖动图标到其他任一工作区。

在搜索框、应用程序窗口或工作区缩略图之外,单击屏幕上的任意位置通常会关闭活动概览视图,并返回到之前的桌面状态。或者,按下<Win>键也可以关闭活动概览视图。

### 2．应用程序的启动

在 Ubuntu 中启动应用程序,可以使用以下几种方法。

方法 1,在 Ubuntu 的 Dash 浮动面板中,用户可便捷地选取并启动常用应用程序。该面板不仅展示已安装的应用程序,而且能个性化添加频繁使用的应用程序,以确保它们即使未运行也能被轻易找到。通过右击 Dash 图标,用户可快速访问当前运行的所有应用程序窗口,或立即开启新窗口。此外,利用<Ctrl>键加单击图标的快捷方式,也能轻松实现新窗口的即时开启,极大地提升了工作效率与操作便捷性。

方法 2,用户通过单击 Dash 浮动面板底部的网格图标,显示全部应用程序的列表,如图 1-10 所示,单击其中的图标即可运行该应用程序。

图 1-10　全部应用程序

方法 3，在活动概览视图的搜索框中输入想要打开的应用程序名称，系统会显示该应用程序，单击该应用程序图标即可启动应用程序。

方法 4，通过终端命令来启动。

### 3．添加应用程序到 Dash 浮动面板

在 Ubuntu 的活动概览视图中，单击底部网格图标进入管理界面。右击欲添加的应用程序，在弹出的右键菜单中选择"添加到收藏夹"可直接添加应用程序至 Dash 浮动面板。欲移除某应用程序，同样右击该应用程序图标，从菜单中选择"从收藏夹中移除"即可快速完成操作。这样可以实现自定义 Dash 浮动面板，从而提升工作效率。

### 4．窗口的操作

窗口操作包含如下几类。

（1）开启窗口。在 Ubuntu 中，启动应用程序后，对应的窗口即自动打开。

（2）关闭窗口。可以通过<Alt> + <F4>组合键关闭窗口，也可以通过窗口右上角的关闭按钮关闭窗口。

（3）移动窗口。可以使用鼠标直接拖动窗口的标题栏来移动窗口，或者通过<Alt> + <F7>组合键移动窗口，但通常需要配合方向键来指定移动的方向。

（4）调整窗口大小。可以将鼠标指针放在窗口的边缘或角上，然后通过拖动来调整窗口的大小，或者通过<Alt> + <F8>组合键来调整窗口的大小，但同样需要配合方向键来指定调整的方向和大小。

（5）切换窗口。可以通过<Alt> + <Tab>组合键来切换应用程序的窗口，也可以进入活动概览视图，从中可以看到所有打开的窗口，并通过单击来切换。

### 5．工作区的使用

工作区是高效管理应用程序和窗口的利器。用户可将应用程序分类归纳到不同的工作区从而提升操作的便捷性和工作流程的清晰度。切换工作区既简单又直观，既可通过鼠标单击屏幕右侧的工作区选择器中的目标工作区来实现，又可利用键盘上的<Page Up>键和<Page Down>键轻松地翻页导航实现。

在常规界面下，启动的应用程序默认进入当前激活的工作区。进入活动概览视图后，用户可以直接从 Dash 浮动面板中拖拽应用程序至右侧任意工作区，实现应用程序的即时迁移与启动。

### 6．图形用户界面应用程序的使用

下面通过文件管理器和文本编辑器作为案例介绍图形用户界面应用程序的使用方法。

单击文件图标，即可启动文件管理器，其界面布局如图 1-11 所示。文件管理器与 Windows 资源管理器异曲同工，为用户提供了一个直观便捷的途径来访问本地存储设备上的文件、文件夹，乃至网络资源。文件管理器虽然默认以图标视图展示文件夹，但是用户

可轻松切换至列表视图，以适应不同的浏览偏好。此外，文件管理器允许用户自定义排序方式，让文件组织更加井然有序。在文件管理器的侧边栏中，"其他位置"选项展开后，能够引领用户探索本机内的各个角落，无论是硬盘分区还是挂载的外部设备，都能一目了然。而"网络"选项的引入，进一步拓宽了访问范围，让用户能够轻松浏览并连接到局域网或广域网中的共享资源，实现文件的高效共享与协作。

图 1-11　文件管理器界面

Ubuntu 操作系统有内置的图形化文本编辑器 gedit。用户可以通过多种途径快速启动 gedit。无论是在应用程序列表中直接搜索"文本编辑器"或"gedit"，还是通过终端（terminal）窗口输入 gedit 命令，都能轻松打开这款功能丰富的文本编辑器。gedit 的界面设计直观友好，如图 1-12 所示，为用户提供了便捷的文件管理、编辑与保存功能。在编辑过程中，用户还可以通过桌面面板右上角的"zh"按钮，进行中英文的切换。

图 1-12　gedit 界面

### 1.1.5 实现桌面个性化设置

Ubuntu 桌面的自定义和个性化设置功能完善，可以满足用户的定制需求。Ubuntu 的灵活性和可扩展性让每位用户都能根据自己的喜好和需求来打造独一无二的桌面环境。

#### 1. 显示设置

要修改屏幕分辨率，从"设置"应用中选择"设备"选项，打开对应的界面，从"分辨率"下拉列表中选择自己所需要的分辨率即可，如图 1-13 所示。

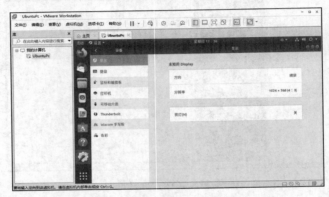

图 1-13　分辨率设置界面

#### 2. 外观设置

对于外观的个性化设置，其涉及的方面较多。这里仅从"Dock""背景""通用辅助功能"这 3 方面进行简单介绍。

用户在"设置"应用中单击"Dock"，可以对图标大小、Dash 浮动面板的位置进行设置，如图 1-14 所示。

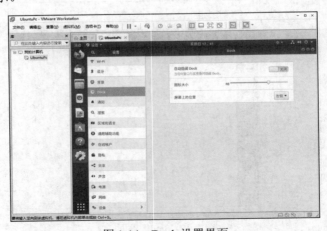

图 1-14　Dock 设置界面

用户在"设置"应用中单击"背景"，可以设置屏幕和锁定屏幕的背景壁纸、图片和色彩等。

用户在"设置"应用中单击"通用辅助功能"，可以设置对比度、光标大小、缩放、屏幕键盘等。

### 3．锁屏设置

用户在"设置"应用中单击"隐私"，可以对锁屏进行设置。单击界面上的锁屏，可以设置是否自动锁屏、黑屏至锁屏的等待时间等，如图 1-15 所示。

图 1-15　锁屏设置界面

### 4．输入法设置与输入法切换

在"设置"应用中单击"区域和语言"，其界面如图 1-16 所示。用户单击"选项"按钮，可以设置窗口输入源，查看切换输入源的快捷键。

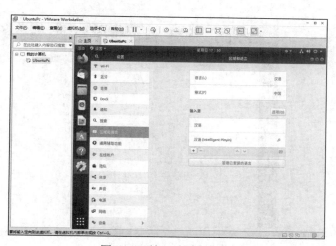

图 1-16　输入法设置界面

### 5．快捷键设置

用户在"设置"应用中单击"设备"，在进入的界面中选择"键盘"，界面如图 1-17 所示。用户可以查看默认的各种类型的快捷键，同时也可以根据需求进行修改。

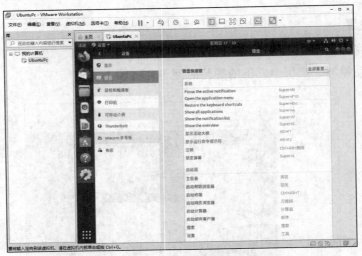

图 1-17　快捷键设置界面

### 6．系统时间设置

用户在"设置"应用中单击"详细信息"，在出现的界面中单击"日期和时间"，如图 1-18 所示。在该页面中，用户可以看到"自动设置日期和时间"处于打开状态，可以根据自己的需求进行手动更改。时区默认值是"CST(Shanghai,中国)"，用户可以通过单击进行更改，同时也可以对"时间格式"进行更改。

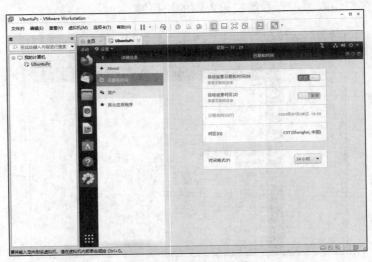

图 1-18　系统时间设置

## 1.1.6　Ubuntu 软件安装和更新软件包

打开 Ubuntu 软件中心，如图 1-19 所示，可以在上面找到自己需要的应用程序，单击进入应用程序的详情页面，再单击"安装"按钮进行安装。此时会弹出"需要认证"界面，输入当前管理员的账号和密码即可（安装软件时需要 root 权限）。此外，用户可以通过关键字进行搜索，找到自己需要的应用程序，进行安装。在 Ubuntu 软件中心标题栏的"已安装"中，可以查看已安装的应用程序，同时根据需要可以移除相应的应用程序。

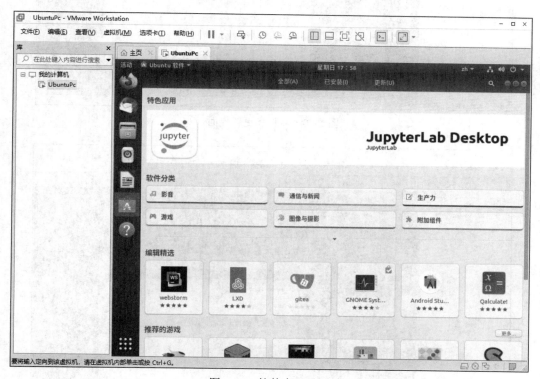

图 1-19　软件中心界面

打开"软件和更新"应用程序，出现图 1-20 所示的界面。在"Ubuntu 软件"选项卡中，用户可以看到"下载自"的下拉列表，在此列表中，可以选择所需的软件源（默认使用的是"中国的服务器"）。如果选择"其他站点"，则会出现图 1-21 所示的界面，可从该界面的下拉框中选择一个下载服务器作为软件源。更改软件源时，需要进行认证，输入密码即可，关闭时会弹出"可用软件的列表信息已过时"的提示窗口，单击"重新载入"即可。

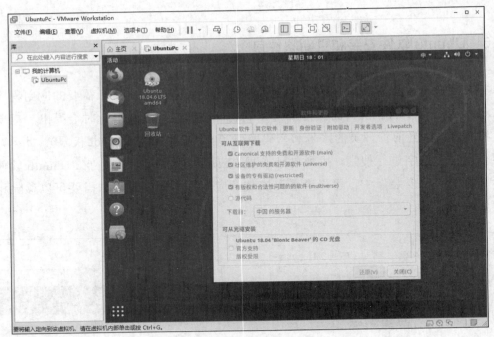

图 1-20　软件和更新界面

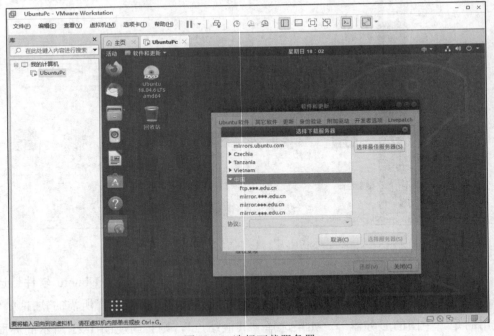

图 1-21　选择下载服务器

关于软件更新，可切换到图 1-20 所示的"更新"选项卡下，出现如图 1-22 所示的界面。在该界面中，用户可以设置系统更新的选项，默认自动更新。

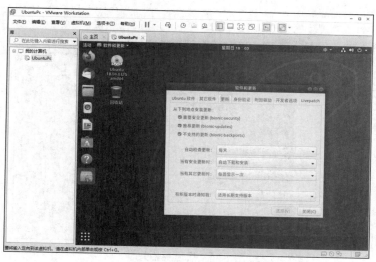

图 1-22　设置更新选项

## 1.1.7　使用远程桌面

下面以安装 Ubuntu 操作系统的计算机为远程计算机，以安装 Windows 操作系统的计算机为客户端进行举例。使用远程桌面的步骤如下。

步骤 1：在 Ubuntu 操作系统中开启屏幕共享。首先在"设置"中单击"共享"选项；其次在打开的界面中，如图 1-23 所示，单击右上角的共享开关按钮，使其处于打开状态；再次单击"屏幕共享"，弹出图 1-24 所示的界面；最后单击左上角的按钮，使其处于打开状态，在"访问选项"中选中"需要密码"，在文本框中输入密码，此密码仅用于远程连接时使用。

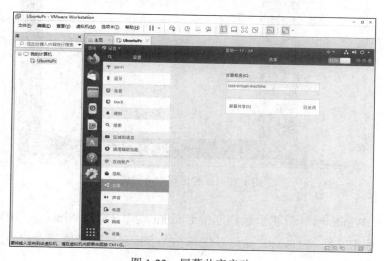

图 1-23　屏幕共享启动

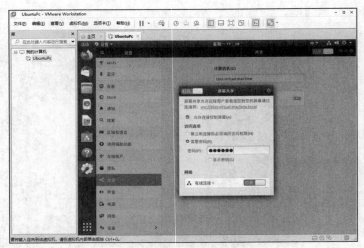

图 1-24　启用屏幕共享

步骤 2：在 Linux 计算机上远程连接 Ubuntu 桌面。在应用程序列表中找到 Remmina 程序（Remmina 为 VNC 的客户端），单击左上角的加号按钮，弹出图 1-25 所示的对话框。在"名称"文本框中输入连接名称，在"协议"下拉框中选择"VNC-虚拟网络计算"，在"服务器"文本框中输入要连接计算机的 IP 地址或网络名称，使用默认的端口 5900，在"User password"文本框中输入上一步设置的密码，单击"保存"按钮，返回主界面，其界面中出现新的连接。

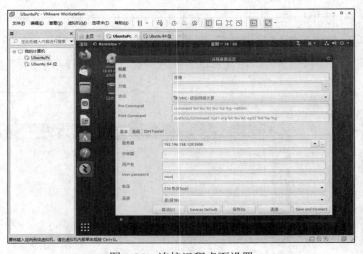

图 1-25　连接远程桌面设置

步骤 3：在 Windows 计算机上远程连接 Ubuntu 桌面。因为 Windows 操作系统在 VNC 连接中使用的加密功能与 Ubuntu 操作系统存在兼容问题，因此需要在启用屏幕共享功能的 Ubuntu 计算机上关闭加密功能。

在 Ubuntu 计算机上打开终端，输入以下命令并按回车键。

```
gsettings set org.gnome.Vino require-encryption false
```

这里以 RealVNC 为例，在 Windows 计算机上配置远程桌面客户端。用户需要下载
RealVNC 并进行安装，然后启动 VNC Viewer 程序。在"File"菜单中选择"New Connection"
命令，新建远程连接，弹出界面如图 1-26 所示。在"VNC Server"文本框中填入 Ubuntu
计算机的 IP 地址或网络名称；在"Name"文本框中填入连接名称；在"Encryption"下
拉列表中选择"Let VNC Server choose"选项，取消勾选下面的两个复选框。然后，单击
"OK"按钮，新创建的连接则出现在其主界面中，双击该连接，则弹出警告框，单击
"Continue"按钮即可。

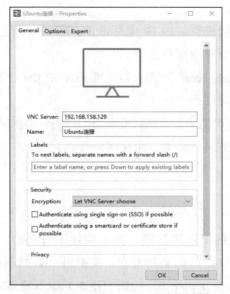

图 1-26　VNC Viewer 远程连接设置

## 任务 1.2　Ubuntu 操作系统的基本网络配置

Ubuntu 操作系统的基本网络配置在 Linux 环境中扮演着至关重要的角色，它确保了
系统能够正常地连接到网络并与其他设备进行通信。

本任务的 1.2.1～1.2.2 为任务相关知识，1.2.3～1.2.6 为任务实验步骤。

### 任务要求

1）掌握配置主机名的方法。

2）掌握配置 IP 地址的方法。

3）掌握配置防火墙的方法。

4）掌握使用 PuTTY 连接 Ubuntu 操作系统的方法。

### 1.2.1　网络配置

网络配置是分配网络设置、策略、流和控制的过程。它涵盖了从最基本的网络连接设置到复杂的网络协议和安全配置的各个方面。网络配置的目的是确保网络设备（如计算机、路由器、交换机等）能够正确地相互通信，并满足网络的整体性能和安全性要求。

网络配置包括网络连接设置，如 IP 地址设置、子网掩码设置、网关设置等，这些设置决定了设备如何在网络中被识别和通信。

网络配置也包括对网络协议的设置，如配置 TCP/IP 协议栈、DNS 协议、HTTP 等，以确保设备能够按照既定的规则进行通信。

网络配置在网络管理和维护中起着至关重要的作用：确保网络之间能够正常通信，提高网络的性能，支持网络扩展和变更，简化网络管理。

### 1.2.2　防火墙

防火墙作为网络安全的第一道防线，其重要性不言而喻。在 Ubuntu 这样的开源操作系统中，合理配置防火墙是确保系统安全，保护用户数据不被非法访问或泄露的关键步骤。简单防火墙（uncomplicated firewall，UFW）因其直观易用的命令行界面和强大的功能，成为 Ubuntu 用户管理网络访问控制的首选工具。UFW 不仅允许用户轻松启用或禁用防火墙，而且能定义复杂的规则集，以精细控制进出系统的流量。例如，用户可以指定允许或拒绝特定 IP 地址、端口或服务的访问，有效防范恶意流量和未经授权的访问尝试。

此外，虽然 UFW 因其简便性而备受推崇，但是 Ubuntu 用户也可根据需要选择其他防火墙解决方案，如 firewalld 和 iptables。firewalld 提供了一个更为丰富的接口，支持区域（zone）和服务的概念，使配置更为灵活和强大，尤其适合需要复杂网络策略的环境；iptables 则是 Linux 内核中直接管理网络数据包过滤和处理的强大工具，它提供了最底层的、近乎无限的配置灵活性，但相应地，其配置复杂度较高，适合高级用户和需要高度定制化的场景。

## 1.2.3  配置主机名

在 Ubuntu 操作系统中，主机名（hostname）是指用于在本地网络或互联网上唯一标识该系统的名称。默认情况下，当安装 Ubuntu 时，系统会要求用户设置一个主机名，但之后也可以根据需要更改它。

查看当前主机名，可以使用 hostnamectl 命令。方法是，打开"终端"，输入"hostnamectl"，无须带任何参数，具体如下。

```
test@test-virtual-machine:-$ hostnamectl
Static hostname:test-virtual-machine
Icon name:computer -vm
Chassis:VM
Machine ID:a2c37f29307e4afcbb3df5f80249c34
Boot ID:a052e07cfa924b9a90b938bcae33a1c3
Virtualization:VMware
Operating System:Ubuntu 18.04.6 LTS
Kernel:Linux 5.4.0-150-generic
Architecture:x86-64
```

Static hostname 是静态主机名，可以使用子命令 set-hostname 命令来更改主机名，具体如下。

```
test@test-virtual-machine:-$ hostnamectl set-hostname ubuntu
test@test-virtual-machine:-$ hostname
Ubuntu
```

用户还可以通过编辑配置文件/etc/hostname 修改主机名，具体命令如下。

```
sudo vi /etc/hostname
```

将文件内容中原有主机名删除，添加新的内容（新的主机名），如新主机名为 ubuntu2。保存文件后，重启 Ubuntu 操作系统，使文件修改生效，具体命令如下。

```
sudo reboot
```

## 1.2.4  配置 IP 地址

### 1. 通过图形界面进行配置

打开"设置"应用，单击"网络"，打开图 1-27 所示的界面，默认的"有线连接"处于打开状态。单击后面的齿轮状按钮，打开图 1-28 所示的界面，默认显示当前连接的详细信息。切换到"IPv4"选项卡，可以配置 IP、子网掩码、网关、路由。如果是静态地址，那么可以选择"手动"选项，填入信息，如图 1-29 所示。要使修改的设置生效，用户除了单击"应用"按钮，还需要重启网络（使用图 1-27 所示的开关按钮）。

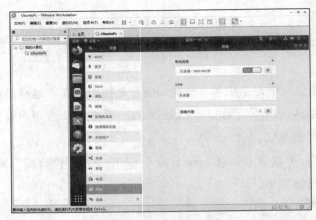

图 1-27　网络设置界面

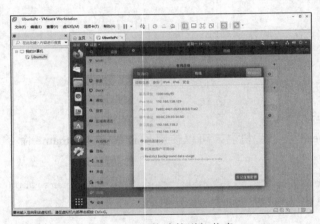

图 1-28　网络连接详细信息

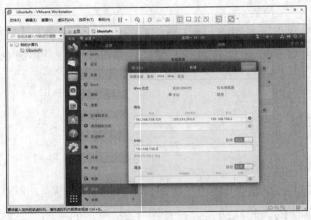

图 1-29　IPv4 配置

## 2．通过配置文件进行修改

打开终端，进入"/etc/netplan/"目录，可以看到"01-network-manager-all.yaml"文件，

输入命令 "cat /etc/netplan/01-network-manager-all.yaml"，可以查看当前该文件中的内容，如下所示。

```
# Let NetworkManager manage all devices on this system
network:
  version: 2
  renderer: NetworkManager
```

network 表示 YAML 文件的根键，version:2 表示使用的 Netplan 配置版本；renderer: NetworkManager 表示使用 systemd-networkd 作为网络配置的后端。

输入命令 "sudo gedit /etc/netplan/01-network-manager-all.yaml" 打开配置文件。将下面示例代码添加到文件中，即可将 IP 地址设置为静态 IP 地址。

```
ethernets:
    ens33:
        gateway4:192.168.158.2
        addresses:[192.168.158.129/24]
        dhcp4:no
        optional:true
        nameservers:
            addresses:[8.8.8.8]
```

ethernets 下列出了所有以太网接口的配置。ens33 表示网络接口名称（网卡）；gateway4 设置了默认 IPv4 网关；addresses 列出了该接口的静态 IPv4 地址和子网掩码；dhcp4 值为 no 表示不使用 DHCP 来获取 IPv4 地址；optional 的值为 true，表示该接口是可选的，这意味着若系统找不到该接口，则它也不会报错；nameservers 下的 addresses 列出了 DNS 服务器的 IP 地址。

用户在命令行输入 "sudo netplan apply" 命令，可以启用该配置信息。

## 1.2.5　配置防火墙

执行以下命令来检查防火墙当前的状态。需要注意的是，防火墙配置需要 root 权限。

```
test@ubuntu:~$  sudo ufw status
[sudo] test 的密码：
状态：不活动
```

从结果可以看到，当前状态是没有启动 UFW 的。用户可以用以下命令来启动 UFW。

```
test@ubuntu:~$  sudo ufw enable
在系统启动时启用和激活防火墙
```

可以使用端口号或服务名来定义哪些网络流量应该被允许或拒绝。配置防火墙规则时，可以使用下面的命令，允许从外部访问本机的超文本传送协议（hypertext transfer protocol，HTTP）服务。

```
test@ubuntu:~$  sudo ufw allow http
规则已添加
```

```
规则已添加 (v6)
```

再次检查防火墙状态，从下面给出的结果可以看出 HTTP 对应的 80 端口已经开放。

```
test@ubuntu:~$  sudo ufw status
状态：激活
至                       动作            来自
-                       --             --
80/tcp                  Allow          Anywhere
80/tcp (v6)             Allow          Anywhere (v6)
```

## 1.2.6　使用 PuTTY 连接 Ubuntu

在 Windows 计算机中，用户可以通过终端仿真应用程序登录到 Ubuntu 计算机上。此类应用程序常见的有 PuTTY、SecureCRT 等，它们一般都支持 SSH 和 Telnet 协议。接下来，以 PuTTY 为例，从 Windows 计算机连接到 Ubuntu 计算机终端。

1）在 Ubuntu 计算机上安装 SSH 服务器。打开终端，执行以下命令，根据提示完成安装。

```
sudo apt install openssh-server
```

2）执行以下命令检查 SSH 服务器的状态。若没有启动，则需要执行 systemctl start sshd 启动。

```
sudo ufw allow ssh
```

3）在 Windows 计算机中，下载 PuTTY 安装包，安装并启动 PuTTY。

4）启动 PuTTY 之后，如图 1-30 所示，单击界面左侧目录树中的"Session"节点（启动时默认该界面），在"Host Name(or IP address)"文本框中输入 Ubuntu 计算机的 IP 地址即可，然后单击"Open"按钮开始连接，首次会弹出一个警告框，提示是否要信任该目标主机，接受即可。此时会出现 Ubuntu 计算机的登录界面，输入账号和密码即可登录成功。执行 logout 或 exit 命令可退出登录。

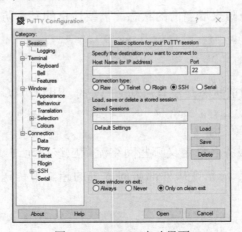

图 1-30　PuTTY 启动界面

## 任务 1.3　使用 Ubuntu 操作系统进行日常办公

Ubuntu 作为 Linux 领域的佼佼者，对寻求从 Windows 转向 Linux 日常办公环境的用户而言，Ubuntu 操作系统是理想之选。它不仅提供了高效稳定的操作体验，而且融合了多样化的办公软件解决方案，能够完美覆盖文档编辑、表格处理、演示文稿制作、邮件管理等基本办公需求。

本任务的 1.3.1～1.3.2 为任务相关知识，1.3.3～1.3.6 为任务实验步骤。

### 任务要求

1）了解 Ubuntu 中上网软件的使用。

2）了解电子邮件的收发。

3）了解多媒体工具的使用。

4）了解 LibreOffice 办公套件的组成和使用。

### 1.3.1　Ubuntu 桌面应用

Ubuntu 操作系统为个人计算机（personal computer，PC）用户带来了全面而丰富的桌面应用生态，能够轻松地满足用户的日常办公与娱乐的多元需求。其内置的 Internet 应用功能强大，无论是浏览网页、在线学习，还是视频会议，都能流畅无阻，确保用户畅享互联网世界。

针对多媒体内容的消费与创作，Ubuntu 同样展现了出色的支持，其中内置播放器与编辑工具一应俱全，助力用户轻松播放高清视频、编辑音频文件及创作精美图片，让多媒体成为表达创意的无限可能。

尤为值得一提的是，Ubuntu 预装了 LibreOffice 套件，这款与 Microsoft Office 高度兼容的办公软件，确保了文档编辑、电子表格处理、演示文稿制作等核心办公功能的无缝迁移，让用户在 Linux 平台上也能享受高效的办公体验。

### 1.3.2　LibreOffice 概述

LibreOffice 是一款开源的办公软件套件，它提供了与 Microsoft Office 相类似的功能，但其完全免费且开放源代码。LibreOffice 是 OpenOffice.org 项目的一个分支，自 2010 年从 OpenOffice.org 项目中分离出来后，由文档基金会（the document foundation，TDF）负责管理和维护。

LibreOffice 套件包含以下多个核心组件，分别满足不同的办公需求。

（1）LibreOffice Writer：文字处理组件，功能强大，用于创建和编辑文本文档。

（2）LibreOffice Calc：电子表格处理组件，具备 300 多种用于财务、统计和数学运算的功能。

（3）LibreOffice Impress：演示文稿组件，提供丰富的多媒体演示与制作功能，与 Microsoft PowerPoint 文件格式兼容。

（4）LibreOffice Draw：矢量绘图组件，可用于制作图表、流程图、3D 艺术插图等。

（5）LibreOffice Base：数据库管理组件，支持创建和编辑表单、报表等功能，包含 2 个关系数据库引擎（HSQLDB 和 PostgreSQL）。

（6）LibreOffice Math：公式/方程式编辑器，支持创建复杂的数学公式，并可保存为标准数学标记语言（MathML）格式。

LibreOffice 原生支持的开放文档格式（ODF）是一种基于 XML 的文件格式，旨在实现文档的互操作性、可访问性和长期存档。ODF 支持文本、电子表格、演示文稿等多种文档类型，并允许用户在不依赖于特定软件的情况下交换和共享文档。这一特性使 LibreOffice 成为一个更加开放和灵活的办公软件选择。同时，为了与市场上广泛使用的 Microsoft Office 等主流办公软件保持兼容性，LibreOffice 还支持多种非开放格式，如 Microsoft Office 的文件格式（如.doc、.xls、.ppt 等）。

## 1.3.3 使用 Web 浏览器

比较常见的上网工具是 Web 浏览器。Windows 操作系统中内置了 Microsoft Edge 浏览器，而 Ubuntu 桌面操作系统中预装了火狐浏览器。读者也可以根据自己需求，安装其他浏览器。

火狐（Firefox）浏览器是一款自由及开放源代码的网页浏览器。它使用 Gecko 排版引擎，支持多种操作系统，如 Windows、macOS 及 Linux 等。Firefox 浏览器以其速度、安全性及丰富的扩展组件而广受好评，连续多年成为互联网用户最受信赖的浏览器之一。

在 Ubuntu 操作系统中，打开 Firefox 浏览器，其界面如图 1-31 所示。Firefox 浏览器的操作方法与其他浏览器基本一致，在地址栏中输入网址，即可访问相关网站。

单击界面右上角工具栏中 3 条横线的按钮，弹出图 1-32 所示的应用程序配置和管理菜单，从中可以选择对应的选项进行配置和管理。

图 1-31　Firefox 浏览器

图 1-32　应用程序配置和管理菜单

　　单击"设置"选项，打开图 1-33 所示的设置窗口，默认显示"常规"选项卡，可在其中进行一些基本设置。用户可以根据自己的需求，选中不同的选项卡进行设置。

图 1-33　设置窗口

用户若想使用其他浏览器，则需要先下载对应的软件包，安装之后方可使用。例如，若想使用 Chrome 浏览器，可以先下载该浏览器的.deb 软件包，下载完成之后双击该软件包，或者右击该软件包并选择"用软件安装打开"命令即可安装，安装之后便可使用。

### 1.3.4 收发电子邮件

Ubuntu 操作系统中的 Thunderbird，是一款由 Mozilla 基金会精心打造的开源电子邮件及新闻阅读器，凭借卓越的性能与丰富的功能赢得了广泛赞誉。它不仅界面友好，操作简便，更集成了强大的邮件过滤、搜索和 RSS 订阅功能，让用户能够高效地管理电子邮件与新闻资讯。Thunderbird 支持多种邮件协议，能够轻松同步多个电子邮件账户，实现一站式邮件管理。此外，其广泛的插件生态系统为用户提供了无限可能，无论是增强安全性、优化工作流程还是设置个性化界面，都能找到满足需求的插件。

Ubuntu 操作系统中预装了 Thunderbird 应用程序。首次打开该应用程序时，用户需要设置邮件账号，如图 1-34 所示。输入已注册的电子邮件账户和密码，输入完成后，单击"继续"按钮，Thunderbird 将自动从 Mozilla ISP 数据库中查找、提取该邮件账号的配置信息，然后单击"完成"按钮即可。完成设置之后，用户即可进行邮件的发送和接收。

图 1-34　邮件账号设置

### 1.3.5 播放多媒体

Rhythmbox 是 Ubuntu 17.10 及以上版本的默认音频播放器。它支持多种音频格式，如 MP3、AAC、FLAC 等，使用户能够轻松地播放各类音乐文件。Rhythmbox 不仅功能强大，而且灵活易用。用户利用它可以轻松地管理音乐库，创建播放列表，编辑歌曲信息，甚至导入或导出音乐文件。此外，它支持在线广播，让用户能够收听全球各地的电台。通过丰富的插件系统，Rhythmbox 还可以扩展功能，如显示歌词、与 Last.fm 同步播放记录等。其简洁明了的界面设计，让用户无须复杂设置即可享受音乐的乐趣。作为开源软件，Rhythmbox 的源代码开放，支持用户自定义和优化。其界面如图 1-35 所示。

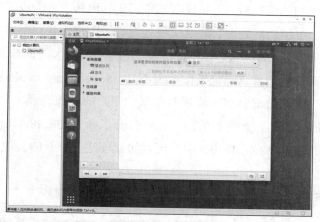

图 1-35　Rhythmbox 音乐播放器

Ubuntu 中提供了多种视频软件，以满足用户不同的视频观看、编辑和管理需求。

Totem 是 Ubuntu 默认的视频播放器，其界面如图 1-36 所示。在系统中，Totem 的应用名称为"视频"，具有简洁的界面和良好的用户体验。它支持多种视频格式，提供了基本的播放控制功能（如播放、暂停、快进、快退等），还支持在线视频流媒体。

图 1-36　Totem 视频播放器

VLC 是一款功能强大的开源视频播放器，支持绝大多数的视频格式，包括网络流媒体等。它具有简洁的界面和丰富的功能，如调整音量、亮度、对比度等，还支持字幕、截图和视频转换等功能。VLC 没有预装，需要在 Ubuntu 软件中心进行安装。

### 1.3.6 使用 LibreOffice 办公套件

**1．LibreOffice 的主程序**

LibreOffice 界面简洁而高效，对系统要求低，运行流畅。它集成了多种类型文档处理功能，如文字处理、电子表格处理、演示文稿处理等，用户可在同一程序中轻松切换，提升工作效率。尽管 LibreOffice 外观不追求奢华，但其功能强大，能与 Microsoft Office 相媲美。LibreOffice 跨平台兼容，无论操作系统是 Windows、macOS 还是 Linux，都能提供一致的使用体验。LibreOffice 是追求实用与效率的用户的理想选择。

启动 LibreOffice Writer，此时，实际上已经打开了所有的 LibreOffice 组件（如 Cacl、Impress 等）。在新建图标下拉菜单中，用户可以随意创建一个新的其他类型文件，其界面如图 1-37 所示。

图 1-37　可使用 LibreOffice 创建其他类型文件的菜单选项

**2．新建、保存、关闭文件**

启动 LibreOffice Writer，就默认创建了一个空白文档，也可如图 1-37 所示，新建一个其他类型的空白文档。

用户在新建文档中进行编辑，完成之后，可以单击工具栏中的保存图标或单击"文件"下拉菜单中的"保存"选项进行保存。用户还可以使用<Ctrl> + <S>组合键进行保存。

对于文档的关闭，用户直接单击右上角的叉号即可。

**3．Cacl、Impress 的简单使用**

（1）Cacl

用户在图 1-37 所示的下拉列表中单击"电子表格"，即可创建一个如 Excel 样式的表格，如图 1-38 所示。

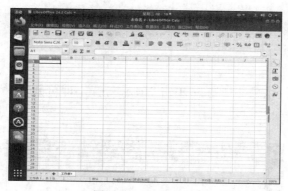

图 1-38　Excel 表格

　　在"插入"菜单下拉列表中，单击"函数"选项，弹出图 1-39 所示的界面。可以在"类别"中选择某一类的函数，然后在"函数"中，选中所需函数，右边会出现该函数的信息。单击"继续"按钮，在右下角的"公式"文本框中，会出现该函数，同时出现数字输入框，单击数字输入框后面的单元格范围选择器，选择数据范围，会自动计算结果。示例如图 1-40 所示，单击"确定"按钮后，对应的单元格则插入公式"=SUM(A1:A3)"。

图 1-39　插入函数向导界面

图 1-40　函数的使用

除此之外，用户可以在"数据"下拉列表中创建透视表，在工具栏的右边，有插入图表按钮等。

（2）Impress

用户在图 1-37 所示的下拉列表中单击"演示文稿"，即可创建一个如 PowerPoint 样式的文档，如图 1-41 所示。

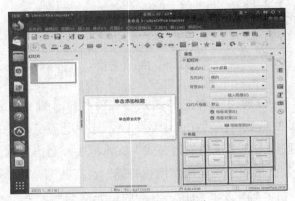

图 1-41　Impress 界面

在"视图"菜单的下拉列表中，用户可以选择普通视图/提纲视图，也可以进入到母版页面，编辑母版。在"视图"菜单的下拉列表中，用户单击"动画"选项，则右边栏出现动画设置窗口，如图 1-42 所示，可以选择幻灯片的元素来添加动画。

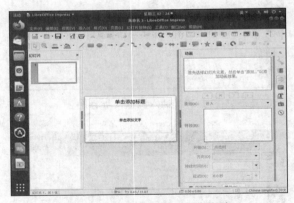

图 1-42　添加动画的设置界面

# 任务 1.4　文本编辑器

Ubuntu 操作系统自带和推荐的文本编辑器有多种，这些编辑器各有特点，适合不同的使用场景和用户偏好。

　　gedit 是 Ubuntu 操作系统自带的一款文本编辑器，它提供了一个窗口界面，比命令行编辑器更为直观易用。gedit 支持多种文本编辑功能，如备份文件、文本换行、打印和打印预览、搜索和替换、自动缩进、可配置的字体和颜色等。

　　Vim 是一款高度可配置的文本编辑器，它是从 Vi 编辑器发展而来的，并进行了大量的改进和增强。Vim 支持多种文本编辑模式（如命令模式、插入模式、末行模式等），使用户可以通过不同的模式来执行不同的编辑任务。

　　Nano 也是 Ubuntu 操作系统中可用的文本编辑器。它是一个命令行编辑器，但比 Vim 更为简单易用。Nano 提供了基本的文本编辑功能，如打开文件、保存文件、搜索和替换文本等。

　　本任务的 1.4.1～1.4.2 为任务相关知识，1.4.3～1.4.5 为任务实验步骤。

## 任务要求

　　1）掌握 Vim 编辑器的使用方法。
　　2）掌握 Nano 编辑器的使用方法。
　　3）掌握文本模式下的中文显示和输入方法。
　　4）了解终端用户界面。

### 1.4.1　Vim 编辑器

　　Vim 具有强大的文本编辑能力，支持代码补全、编译及错误跳转等高级功能。同时，Vim 提供了丰富的快捷键和命令，使用户可以通过键盘操作来快速完成编辑任务。Vim 适合程序员和需要高效文本编辑的用户。Vim 的学习曲线相对陡峭，不过一旦掌握，将极大地提高编辑效率。

　　启动 Vim 时，在命令行输入"vi"即可进入编辑页面。Vim 的操作分为命令模式、插入模式和末行模式。不同的模式代表不同的操作状态。

#### 1. 命令模式

　　用户刚刚启动 Vim，便进入了命令模式。此状态下的按键动作会被 Vim 识别为命令，而非输入字符。常用的命令如下。

　　命令 i 用于切换到插入模式，在光标当前位置的右边开始输入文本。
　　命令 I 用于切换到插入模式，在光标当前行的行首开始输入文本。
　　命令 a 用于切换到插入模式，在光标当前位置左边开始输入文本。
　　命令 A 用于切换到插入模式，在光标当前行的末尾开始输入文本。
　　命令 o 用于切换到插入模式，在当前行的下方插入一行。

命令 O 用于切换到插入模式，在当前行的上方插入一行。

命令 x 用于删除当前光标所在处的字符。

命令:用于切换到末行模式，在最后一行输入命令。

命令 d 用于剪切当前行。

命令 yy 用于复制当前行。

命令 p（小写）用于粘贴剪贴板的内容到光标下方。

命令 P（大写）用于粘贴剪贴板的内容到光标上方。

命令 u 用于撤销上一次操作。

命令 Ctrl + r 用于重做上一次撤销的操作。

**2．插入模式**

在插入模式中，用户可以使用以下按键。

字符按键用于输入字符。

按键<Enter>用于进行换行。

按键<Backspace>用于删除光标前一个字符。

按键<Delete>用于删除光标后一个字符。

方向按键用于在文本中移动光标。

按键<Home>或<End>用于移动光标到行首或行尾。

按键<Page Up>或<Page Down>用于向上或向下翻页。

按键<Insert>用于切换光标为输入模式或替换模式，光标将变成竖线或下划线。

按键<Esc>用于退出输入模式，切换到命令模式。

**3．末行模式**

在末行模式中，用户可以输入以下相应的命令。

命令 w 为保存文件。

命令 q 为退出 Vim 编辑器。

命令 wq 为保存文件并退出 Vim 编辑器。

命令 q!为强制退出 Vim 编辑器，并不保存修改。

命令 r+文件名称，可以将对应的文件内容粘贴到当前光标处。

在启动 Vim 编辑器时，用户可以使用"vi 文件名称 1 文件名称 2"的方式同时打开多个文件。在末行模式下，用户可以使用:next 和:previous 来切换文件。

## 1.4.2　终端用户界面

在计算机用户界面的发展历程中，除了广为人知的图形用户界面和命令行界面，还存在一种特殊的文本用户界面（text-based user interface，TUI）。TUI 高效且直接，在终端中提供了一种基于文本的图形交互方式，使用户在仅使用文本字符的情况下也能获得较好的视觉效果和交互体验。这种界面既支持键盘输入，也支持鼠标操作（尽管这取决于具体的文本界面实现和终端支持）。

TUI 的应用程序，如 Nano 文本编辑器和 NetworkManager 的 nmtui 网络管理工具，虽然在技术上仍然通过命令行来启动和执行，但它们能够通过文本字符在终端中绘制出图形化的界面元素，如按钮、菜单等，从而增强了用户的交互体验。TUI 应用程序的设计目的是在保持命令行界面高效性的同时，通过文本图形化的方式提高用户的直观感受和操作便捷性。

## 1.4.3　使用 Vim 编辑配置文件

使用 Vim 修改配置文件/etc/ssh/sshd_config，让其 PermitEmptyPasswords 选项由默认值 no（不允许用密码为空的账号登录）变为 yes。本次已安装了 openssh-server。

步骤 1：使用 Vim 编辑器打开配置文件。

打开终端，执行以下命令，根据提示输入密码，即可打开 Vim 编辑器。

```
sudo vi /etc/ssh/sshd_config
```

步骤 2：文本内容翻页操作。

使用<Ctrl> + <F>组合键下翻一页，直到文档末页；使用<Ctrl> + <B>组合键上翻一页，直到文档首页。

步骤 3：查找内容与定位内容。

按下</>键，然后输入"Empty"，再按下回车键进行查找，将定位到 PermitEmpty-Passwords 选项行，此时行首为"#"。

步骤 4：删除内容操作。

移动光标到行首，使用<Delete>键删除"#"。移动光标到"no"处，使用<X>键删除"no"。

步骤 5：进入插入模式。

按下<i>键，进入插入模式，输入"yes"。

步骤 6：进入命令模式。

按<Esc>键切换到命令模式，输入":"切换到末行模式，输入"wq"保存退出。

若要配置生效，则要重新启动 sshd.service 服务。

## 1.4.4　使用 Nano 编辑配置文件

使用 Nano 修改配置文件/etc/ssh/sshd_config，让其 PermitEmptyPasswords 选项值由 yes

修改为 no。具体步骤如下。

步骤 1：打开终端，执行以下命令，根据提示输入密码，打开 Nano 编辑器。

```
sudo nano /etc/ssh/sshd_config
```

步骤 2：与 Vim 不同的是，Nano 打开后的态度默认是编辑状态，并在下方给出了可用的组合键。组合键中的"^"表示<Ctrl>键。

步骤 3：使用<Page Down>键向下翻页，使用<Page Up>键向上翻页。

步骤 4：使用<Ctrl> + <W>组合键，出现搜索框，输入"Empty"字符串并按回车键，定位到 PermitEmptyPasswords 选项行。

步骤 5：通过方向键移动光标到"yes"右边，通过退格键删除"yes"，再直接输入"no"。

步骤 6：按<Ctrl> + <O>组合键，可以输入要写入的文件名，此处不输入，直接按回车键即可。按<Ctrl> + <X>组合键可以退出 Nano 编辑器。

## 1.4.5　解决文本模式下的中文显示和输入问题

在 Ubuntu 文本模式下（可以通过<Ctrl> + <Alt> + <F3>组合键切换到文本模式，可以使用<Ctrl> + <Alt> + <F2>组合键切换到图形界面模式），打开 Nano 编辑器，中文信息无法显示，也无法输入中文字符，如图 1-43 所示。本小节通过 3 种方法解决中文乱码显示问题，再介绍一种文本模式下输入中文的方法。

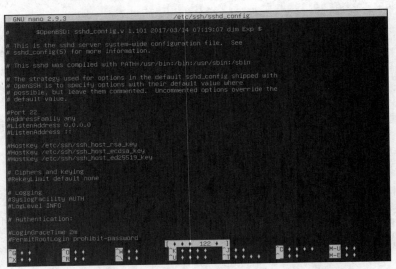

图 1-43　文本模式下的 Nano 编辑器中的中文显示为乱码

### 1. 修改 LANGUAGE 环境变量

通过终端命令行，修改 LANGUAGE 的值，所执行的命令如下。

```
export LANGUAGE=en_US:en
```

此时，打开 Nano 编辑器，将会显示英文，不会出现乱码。这只是临时修改应用程序界面语言，若要永久性地修改，可以修改环境变量配置文件/etc/environment 或者 Ubuntu 语言配置文件/etc/default/locale。

### 2．使用远程客户端显示中文

PuTTY 终端通过配置 UTF-8 编码字体，可适应 Ubuntu 的 zh_CN.UTF-8 区域设置，以确保中文在远程会话中正确显示。用户即便在 Windows 环境下运行 PuTTY，也能顺畅地输入和显示中文。

### 3．使用终端仿真器显示中文

比较流行的第三方中文显示终端仿真器程序为 fbterm，可以下载并安装该应用程序，实现在文本模式下显示中文。

回到图形界面模式，根据 1.1.6 节的内容，将软件源修改为国内阿里云镜像。打开终端，执行以下命令安装 fbterm 软件包。

```
sudo apt install fbterm
```

为了让普通用户无须执行 sudo 命令就能执行 fbterm 命令，用户可以执行下面 2 条命令。

```
sudo adduser test video
sudo chmod u+s /usr/fbterm
```

之后在文本模式下执行 fbterm 命令，则进入 fbterm 控制台，然后可以打开 Nano 编辑器，此时是能够正常显示中文的。

退出 fbterm 控制台，使用<Ctrl> + <Alt> + <E>组合键即可。

### 4．在文本模式下实现中文输入

fbterm 实现了文本模式下中文的正常显示，现在使用 fcitx（小企鹅输入法）来实现文本模式下的中文输入。具体步骤如下。

步骤 1：用户在终端中执行下面命令安装 fcitx，具体命令如下。

```
sudo apt install fcitx
```

步骤 2：执行下面命令安装拼音输入法和五笔输入法。

```
sudo apt install fcitx-frontend-fbterm
```

步骤 3：修改配置文件~:/.fbtermrc 中的 input-method 参数值。

```
input-method=fcitx-fbterm
```

步骤 4：修改环境变量，在~/.bashrc 的最后一行添加下面语句。

```
alias fbterm='LANG=zh_CN.UTF-8 LC_ALL=zh_CN.UTF-8 fbterm -i fcitx-fbterm'
```

步骤 5：重启系统。在文本模式下，执行 fbterm，再执行 fcitx 命令。如果显示"X11 未初始化"，那么使用<Ctrl> + <C>组合键中止，不影响中文输入法的使用。使用<Ctrl> + "空格"组合键来进行中英文的切换。

# 项目小结

本项目首先介绍了 Ubuntu 操作系统的安装过程、基本操作、个性化设置、软件的安装和更新及远程桌面的使用；其次对 Ubuntu 操作系统的基本网络配置进行讲解和实操，主要包括主机名、IP 地址、防火墙及 PuTTY 连接 Ubuntu；再次介绍了使用 Ubuntu 操作系统进行日常办公，如 Web 浏览器的使用、电子邮件的收发、多媒体的使用和 LibreOffice 办公套件的使用；最后重点介绍了常用的文本编辑器 Vim 及 Nano。

# 课后练习

1. 安装 Ubuntu 操作系统。
2. 进行远程访问 Ubuntu 桌面。
3. 配置主机名、IP 地址、防火墙。
4. 安装 PuTTY 并连接 Ubuntu。
5. 使用 LibreOffice Writer 编辑文字。
6. 使用 LibreOffice Cacl 编辑表格。
7. 使用 LibreOffice Impress 编辑幻灯片。
8. 使用 Vim、Nano 编辑器打开、编辑和关闭文档。

# 项目 2　用户与组管理

Linux 作为强大的多用户操作系统,其核心优势之一在于其卓越的用户与组管理机制。该系统支持多个用户同时登录,并能根据用户身份智能分配资源访问权限,确保系统安全、高效运行。用户账户不仅是用户身份验证的基石,还承担着授权资源访问、审核用户操作的重任。通过精细的权限设置,Linux 有效防范了未授权访问和数据泄露的风险。

为提升管理效率,Linux 允许将用户进一步分组,实现权限的批量管理与分配。这种机制简化了管理流程,使得系统管理员能够更加灵活地应对复杂的用户管理需求。

本项目聚焦于 Linux 用户与组账户的创建与管理,深入浅出地引导读者掌握这一关键技能。在实践过程中,强调安全意识的重要性,提醒用户妥善保管密码,避免使用弱密码,并倡导合理分配用户权限,以构建安全可靠的 Linux 操作系统环境。

## 学习目标

1)理解 Linux 用户账户及配置文件。

2)掌握 Linux 组账户及其配置方法。

3)理解 Ubuntu 超级用户权限。

4)掌握获取 root 权限的方法。

5)熟练创建与管理用户账户。

6)熟练创建与管理组账户。

7)掌握多用户登录与切换的操作方法。

## 任务 2.1　创建和管理账户

在 Ubuntu 操作系统中,任何一个用户想要进行操作,必须获得相应的使用权限,用户首先需要获得一个系统账户。账户代表了用户在系统中的身份,并获得相对应的使用权限。

本任务的 2.1.1～2.1.3 为任务相关知识，2.1.4～2.1.8 为任务实验步骤。

## 任务要求

1）了解 Linux 的用户账户及类型。

2）了解 Ubuntu 的超级用户权限。

3）了解用户账户的配置文件。

4）掌握创建和管理用户账户的方法。

5）掌握获取 root 权限的方法。

6）了解多用户登录和用户切换的操作方法。

### 2.1.1　Linux 用户账户

在 Linux 操作系统中，一般将用户分为 3 类，分别为超级用户、程序用户、普通用户，使用 UID（User ID）来区别每一类账户。每个账户的 UID 是唯一的。每个用户账户都有自己的主目录，即用户登录后首次进入的目录。

超级用户（root 用户）的 UID 为 0。它是 Linux 操作系统中默认的超级用户账户，对本主机拥有至高无上的权限，类似于 Windows 操作系统中的 Administrator 用户。建议只有在进行系统管理、维护任务时，才使用 root 用户登录系统。日常事务处理建议只使用普通用户账户。

程序用户的 UID 范围是 1～499 及 65 534。这是系统本身或应用程序使用的专门账户，没有特别权限。程序用户账户是由系统安装时自行建立或用户自定义的账户。

普通用户的 UID 范围是从 1 000 开始的，需要由 root 用户或其他管理员用户创建，主要用于日常办公，不执行管理任务。

### 2.1.2　Ubuntu 的超级用户权限

在 Ubuntu 操作系统中，超级用户（root 用户）拥有对系统的完全控制权。超级用户可以执行任何操作，包括读取、修改或删除任何文件，以及运行任何命令。而对系统的安全来说，这是一种潜在的风险。因此，Ubuntu 默认禁止用 root 账户。

在日常使用中，我们会发现许多的系统配置、软件的安装、用户的管理等操作，需要 root 权限。Linux 为了让普通用户临时具有 root 权限，给出了 2 种方法。

方法 1，通过 sudo 命令临时使用 root 账户运行程序，执行完毕后返回到普通用户状态。

对 Ubuntu 的普通用户而言，打开终端时，所看到的命令提示符是"$"，当执行需要 root 权限的命令时，需要使用前缀 sudo 并输入密码。此操作让用户临时获得超级用户权限，从而执行指定命令，如同超级用户执行命令一般，以此确保安全性与灵活性。

普通用户使用 sudo 命令的语法格式如下。

```
sudo  [选项] <命令>
```

使用 sudo 切换用户身份时，默认是 root 身份，以及对应 root 的操作权限，可以在 /etc/sudoers 配置文件中修改指定 sudo 用户及其可执行的特权命令。其执行过程的步骤如下。

步骤 1：权限检查。当用户执行 sudo 命令时，系统会首先查找/etc/sudoers 配置文件，以判断该用户是否有执行 sudo 的权限。

步骤 2：密码验证。如果用户具有执行 sudo 的权限，系统会要求用户输入自己的密码（而非 root 密码）。这是为了确保执行 sudo 命令的是真正的用户本人，从而增加了安全性。

步骤 3：执行命令。密码验证通过后，sudo 会以指定的用户身份执行后续的命令。执行过程中，用户将拥有该用户的权限，包括执行只有超级用户才能执行的命令。

方法 2，用户执行 su 命令将自己的权限提升为 root 权限。

Ubuntu 中的 su 命令是"switch user"的缩写，即切换用户。它允许用户从当前用户切换到另一个用户，包括从普通用户切换到 root 用户（需要输入用户密码），或者从 root 用户切换到其他普通用户（无须输入目标用户的密码）。其语法格式如下。

```
su [选项] [用户登录名]
```

在 Ubuntu 中，由于安全原因，root 用户的密码默认锁定。普通用户不能直接通过 su 命令提升为 root 账户，必须使用 sudo 来获得 root 特权。如果要临时变成 root 身份，那么可以执行 sudo su root 命令，此时需要输入当前用户密码。切换回原来的用户，执行 su 加用户名即可。如果用 su 命令将当前普通用户切换为其他普通用户，输入的密码是目标用户的密码。

## 2.1.3　用户账户配置文件

在 Linux 操作系统中，用户配置文件是管理用户和用户组信息的核心文件。不管是使用命令行工具还是图形界面工具来管理用户账户，最终的信息都保存在配置文件中。 /etc/passwd 配置文件主要保存密码之外的用户账户的相关信息，所有用户均有权限读取该配置文件。/etc/shadow 配置文件保存了用户密码。

### 1. 用户账户信息配置文件/etc/passwd

用户可以使用文本编辑器打开/etc/passwd 配置文件，也可以使用 cat 命令在终端显示其信息。以下为部分文档内容。

```
root:x:0:0:root:/root:/bin/bash
```

```
daemon:x:1:1:daemon:/usr/sbin:/usr/sbin/nologin
bin:x:2:2:bin:/bin:/usr/sbin/nologin
sys:x:3:3:sys:/dev:/usr/sbin/nologin
```

每行代表一个用户信息，字段之间用冒号分隔，共有 7 个字段，主要包括用户名、密码、用户 ID（UID）、组 ID（GID）、用户描述、用户主目录和登录 Shell。

其中，密码用"x"表示，实际密码保存在/etc/shadow 配置文件中。用户描述可以是用户的全名、电话等信息。主目录表示用户登录后所在的初始目录，也就是用户的个人工作目录。登录 Shell 是用户登录后将要执行的 Shell 程序。大多数用户会使用 bash、sh、zsh等 Shell 程序。如果这个字段为空，那么系统通常会使用/bin/sh 作为默认的登录 Shell；如果该字段的值为/usr/sbin/nologin，那么表示禁止该用户登录 Linux。

### 2．用户账户密码配置文件/etc/shadow

/etc/shadow 文件是 Linux 系统中用于存储用户密码信息（采用 MD5 加密算法加密）的配置文件，也被称为"影子文件"。/etc/shadow 文件增强了系统的安全性，这是因为普通用户无法访问该文件，需要 root 权限才能修改，不过 shadow 组成员可以读取该文件。/etc/shadow 文件中的信息是与/etc/passwd 文件中的用户账户相对应的，但包含了更敏感的与密码相关的信息。以下为部分文档内容。

```
root:!:19914:0:99999:7:::
daemon:*:18885:0:99999:7:::
bin:*:18885:0:99999:7:::
sys:*:18885:0:99999:7:::
```

/etc/shadow 文件中的每一行代表一个用户账户，字段之间使用冒号作为分隔符。该文件共有 9 个字段，主要包括用户名、加密后的密码、上次修改密码的时间、密码最小使用期限、密码最大使用期限、密码更改前警告天数、密码过期后的宽限天数、账户过期日期、保留字段。

对于加密后的密码字段，当其值为空时，表示无密码；当其值为"*"时，表示该账户禁止登录；当其值为"!"或以"!"开头时，表示该账户被禁用；当其值为"!!"时，表示该账户还没有设置过密码。上次修改密码的时间是相对于 1970 年 1 月 1 日的天数。账户过期日期为时间格式，当其值为空时，表示密码永久使用。

## 2.1.4  使用图形用户界面工具创建和管理用户账户

### 1．在"设置"应用程序中进行设置

在"设置"应用程序中进行设置的步骤如下。

步骤 1：打开"设置"应用程序，单击"详细信息"选项，再在界面中单击"用户"选项，将会在界面中列出已有的用户账户，如图 2-1 所示。此时，右边管理界面呈现灰色

锁定状态，若要更改信息，则需要 root 权限，单击右上角"解锁"按钮，输入密码认证即可完成解锁。

图 2-1 用户账户管理界面

步骤 2：解锁之后，右上角按钮变为"添加用户"。若要添加新用户，单击"添加用户"按钮，弹出图 2-2 所示的界面。用户可以选择账号类型（标准或管理员）。输入全名、用户名、密码。单击"添加"按钮，再次输入密码即可。

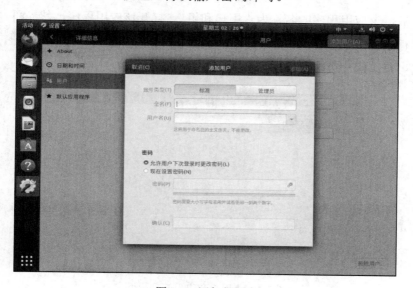

图 2-2 添加新用户

步骤 3：新建用户如图 2-3 所示。若要删除该用户，则单击红色背景的"删除用户"按钮，会出现一个提示框，在删除账户时可以选择"保留文件"或"删除文件"，即保留或删除该账户的主目录、电子邮件目录和临时文件。

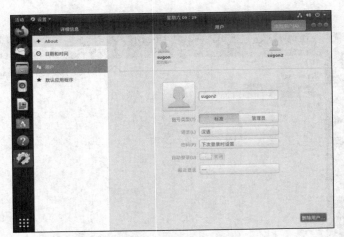

图 2-3　创建好的新用户

### 2．使用"用户和组"管理工具

在"设置"应用程序中，用户只能对添加、删除用户和设置密码进行管理，不涉及组管理和权限管理。用户可以使用图形界面工具 gnome-system-tools 来进行"用户和组"相对应的管理。用户可以在终端执行以下命令来安装 gnome-system-tools 工具。

```
sudo apt install gnome-system-tools
```

安装之后，该应用程序的名称为"用户和组"。打开该应用程序，其界面如图 2-4 所示，可以进行添加和删除用户。在图 2-4 所示界面的右侧有 3 个"更改"按钮，分别对应修改用户名、修改账户类型和修改密码。

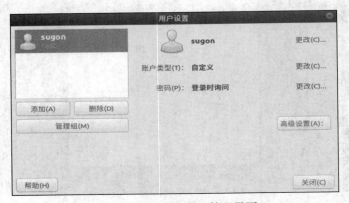

图 2-4　"用户和组"管理界面

单击"账户类型"对应的"更改"按钮，输入密码验证，进入图 2-5 所示的界面，可以将默认的"自定义"类型更改成"管理员"或"桌面用户"。

单击图 2-4 中的"高级设置"按钮，弹出图 2-6 所示的界面，可以修改联系信息、用户权限和主目录、Shell、所属组和禁用账户。

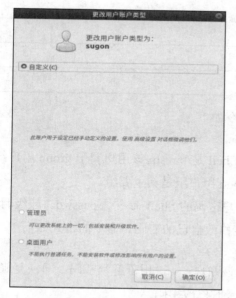

图 2-5　更改用户账户类型　　　　　　　　　　图 2-6　更改高级用户设置

## 2.1.5　使用命令行工具创建和管理用户账户

使用命令行工具创建和管理用户账户有如下操作。

操作 1：查看用户账户。可以在用户配置文件/etc/passwd 中进行查看，并通过文本编辑器打开需要查看的用户，也可以通过以下命令在终端进行搜索。

```
grep "test" /etc/passwd
```

操作 2：添加新用户。添加新用户可以使用 useradd 命令，其语法如下。

```
useradd [选项] <用户名>
```

系统以交互的方式提示输入并确认新用户的密码，可以选择性地输入新用户的全名、房间号、电话号码等信息，若不想填写，则可以直接按回车键跳过。useradd 选项可选参数及描述见表 2-1。

表 2-1　useradd 选项可选参数及描述

| 选项 | 描述 |
| --- | --- |
| -c | 指定一段注释性描述 |
| -d | 指定用户主目录，若此目录不存在，则同时使用-m 选项，可以创建主目录（默认不创建） |

续表

| 选项 | 描述 |
| --- | --- |
| -g | 指定用户所属的用户组 |
| -G | 指定用户所属的附加组 |
| -s | 指定用户的登录 Shell |
| -u | 指定用户的用户号 |

下面是一个用 useradd 创建用户的例子，命令如下。

```
sudo useradd -s /bin/sh -g group -G adm, root sam
```

此命令新建了一个用户 sam。该用户的登录 Shell 是/bin/sh。该用户属于 group 用户组，同时又属于 adm 用户组和 root 用户组，其中 group 用户组是其主要组。

操作 3：管理用户账户密码。指定和修改用户密码的 Shell 命令是 passwd。超级用户可以为自己和其他用户指定密码，普通用户只能修改自己的密码。命令的格式如下。

```
passwd [选项] [用户名]
```

常用的选项有：-l，用于锁定密码，即禁用该账户；-u，用于解锁密码，即恢复账户使用；-d，使账户无密码；-f，强迫用户下次登录时修改密码。

若当前用户是 sam，则可使用下面的命令修改自己的密码。

```
$ passwd
Old password:******
New password:*******
Re-enter new password:*******
```

若当前用户是超级用户，则可使用下面的命令修改任何用户账户的密码。

```
# passwd sam
New password:*******
Re-enter new password:*******
```

普通用户修改自己的密码时，passwd 命令会先询问原密码，验证后再要求用户输入 2 遍新密码，若 2 次输入的密码一致，则将这个密码指定给用户；而超级用户为用户指定密码时，则不需要知道原密码。

操作 4：更改用户账户。可使用 usermod 命令修改用户账号，根据实际情况更改用户的有关属性，如用户号、主目录、用户组、登录 Shell 等。其语法格式如下。

```
usermod [选项] 用户名
```

其选项大部分与 useradd 命令的选项一致。其中-L 和-U 分别表示锁定和解锁用户账户。-l 表示更改用户的登录名，其语法格式如下。

```
usermod -l 新用户名 旧用户名
```

chfn 命令可以用来修改账户的个人信息，如全名、房间号、工作电话等。其语法格式如下。

```
chfn [选项] [用户名]
```

chfn 可以不带选项，系统会逐个询问需要修改的项，并提示按回车键使用默认值。

操作 5：删除用户账户。可使用命令 userdel 删除不再使用的用户账户。其语法格式如下。

```
userdel [选项] 用户名
```

常用的选项是-r，表示把用户的主目录一起删除。userdel 不能删除正在使用（登录中）的用户账户。

在 Ubuntu 中，可以使用 deluser 命令删除用户。其语法格式如下。

```
deluser [选项] 用户名
```

在选项中，--remove-home 表示删除用户的主目录和邮箱；--remove-all-files 表示删除用户拥有的所有文件；--backup 表示在删除前将文件备份；--system 表示当该用户是系统用户时才删除。

## 2.1.6  sudo 配置

普通用户若想要获取 sudo 命令的执行权限，则需要在/etc/sudoers 配置文件中进行配置。该配置文件是一个只读文件，不能直接用 vi 或 vim 命令进行编辑，可以使用 sudo visudo 命令进入/etc/sudoers 配置文件的编辑页面进行修改，此时 visudo 命令会检查语法错误。以下为截取的/etc/sudoers 配置文件的片段。

```
# User privilege specification
root    ALL=(ALL:ALL) ALL
# Members of the admin group may gain root privileges
%admin ALL=(ALL) ALL
```

若要在配置文件末尾添加新的权限行，格式通常如下。

```
用户名 可用的主机=(可以变换的身份) 可执行的命令
```

当用户名是组账户时，其前面需要加"%"。可用的主机表示可以从哪一台主机上执行 sudo 命令，其中 ALL 表示任何主机。可以变换的身份表示以什么身份执行命令，其中 ALL 表示能够以任何用户的身份执行命令。如果要以某个特定组中的某个特定用户执行命令，那么可以使用"(用户:组)"的格式表示。可执行的命令表示 sudo 命令能够执行的命令列表，其中 ALL 表示能够执行系统中所有的命令。

下面是一些基本的 sudo 配置示例。

示例 1，允许特定用户执行所有命令。

如果想让特定用户（如 user）能够执行所有命令，那么可以在/etc/sudoers 配置文件中添加如下配置。

```
user ALL=(ALL) ALL
```

示例 2，允许用户组执行所有命令。

如果想让某个用户组（如 admin 组）中的所有成员都能执行所有命令，那么可以添加如下配置。

```
%admin ALL=(ALL) ALL
```

示例 3，允许用户无密码执行特定命令。

如果希望用户执行某些特定命令时不需要输入密码，那么可以通过在/etc/sudoers 配置文件中添加 "NOPASSWD:" 选项来实现。

```
user ALL=(ALL) NOPASSWD: /usr/bin/somecommand
```

示例 4，配置 sudo 会话有效期。

sudo 默认在输入一次密码后，会在一定时间内（如 5min）不再要求密码。用户可以通过修改/etc/sudoers 配置文件中的 Defaults env_reset 这一行来设置这个有效期。例如，设置 sudo 会话的有效期为 10min。

```
Defaults env_reset,timestamp_timeout=10
```

在 Ubuntu 中，用户还可以通过 sudo -i 命令暂时切换到 root 身份登录，当执行完相关命令后，使用 exit 命令回到普通用户状态。

### 2.1.7  在 Ubuntu 操作系统中启用 root 账户登录

在 Ubuntu 中，如果想像其他 Linux 操作系统一样，使用 root 账户登录系统，那么可以按照如下步骤实现。

步骤 1：设置 root 账户的密码，其命令如下。

```
sudo passwd root
```

步骤 2：编辑/usr/share/lightdm/lightdm.conf.d/50-ubuntu.conf 配置文件，添加以下语句。

```
greeter-show-manual-login=true
```

步骤 3：编辑/etc/pam.d/gdm-autologin 文件，对文件中的如下所示行进行注释，默认是非注释的，在最前面加 "#" 即可。

```
auth  required  pam_succeed_if.so user != root quier_success
```

步骤 4：编辑/etc/pam.d/gdm-password 文件，对文件中如同步骤 3 所示的行进行注释。

步骤 5：编辑/root/.profile 文件，把最后一行更改为如下所示。

```
tty -s && mesg n || true
```

步骤 6：重启系统，在登录界面中，单击 "未列出"，输入用户名 root，再单击 "下一步"，输入密码，然后登录。

### 2.1.8　多用户登录与用户切换

#### 1. 查看登录用户

在多用户工作场景中，各用户常并行执行不同任务。掌握用户登录状态对系统管理至关重要。who 命令是快速查看当前系统活跃登录用户的便捷工具，可帮助管理员即时了解系统使用概况。

对于深入分析，last 命令提供了系统登录历史的详尽视图，无论是整体概览还是特定用户的登录活动，都能轻松获取。简单地在 last 命令后附加用户名，即可精确查询该用户的所有登录记录。

面对长期运行且用户活动频繁的系统，登录历史记录可能相当庞大。为此，last 命令支持通过指定选项来限制输出行数，让管理员能够聚焦于最近或最相关的登录活动，从而更有效地进行安全审计和系统监控。例如，查看最近的 2 次登录事件，可以执行以下命令。

```
last -2
```

#### 2. 多用户登录

在 Ubuntu 操作系统中，多用户登录允许同时有多个用户账户活跃。在图形登录界面选择用户登录，如先登录一个账户。登录后，可通过按下<Ctrl> + <Alt> + <F1>组合键进入另一个虚拟终端会话，并在该会话中再次进入图形登录界面，选择并登录另一个用户账户。重复此过程，直至所有用户（包括 root）均登录。此时，在任何已登录用户的会话中执行 who 命令，将显示所有当前登录的用户列表，这证明多用户登录成功。

#### 3. 用户切换

当前用户想要切换到其他用户时，单击屏幕右上角的用户名或用户图标，在下拉菜单中，选择"切换用户"，会出现用户选择列表，选择要登录的用户，输入对应的密码即可。

在命令行切换的情况如下：如果从普通用户切换到 root 用户，那么输入 sudo su 命令，按下回车键，根据系统要求输入密码，即可切换到 root 用户；如果从 root 用户切换回普通用户，那么输入 exit 命令即可；如果从 root 用户切换到其他普通用户，使用 su 加用户名的命令，输入要切换用户的密码即可。

## 任务 2.2　创建和管理用户组

在 Linux 操作系统中，组账户（群组账户）是一种用于组织和管理用户账户的机制。

组账户允许系统管理员将多个用户账户归类到一个逻辑组中，以便有效地分配权限、资源和管理用户行为。

本任务的 2.2.1～2.2.2 为任务相关知识，2.2.3～2.2.4 为任务实验步骤。

## 任务要求

1）了解用户组账户及其类型。

2）了解组账户的配置文件。

3）掌握使用"用户和组"工具管理用户组账户的方法。

4）掌握使用命令行工具创建和管理组账户的方法。

### 2.2.1　Linux 组账户及其类型

组账户是权限管理的基础。通过将用户分配到不同的组中，系统管理员可以为整个组统一分配的权限，而不是单独为每个用户设置权限。这样，当需要修改权限时，只需要更改组的权限，即可影响该组内的所有用户。

组账户可以用于控制对系统资源的访问。例如，一个组可以拥有对某个目录的读写权限，这意味着该组内的所有用户都可以访问该目录中的文件。这种机制有助于在多个用户之间共享资源，同时保持对资源的适当控制。

用户账户可以属于多个组，包括一个主要组和多个次要组。主要组是用户创建时自动分配的，通常与用户名相同。次要组则允许用户获得额外的权限和资源访问权限。

每个组账户在系统中都有唯一的组标识符（group identifier，GID），类似于用户账户的用户标识符（user identifier，UID）。GID 用于在内部表示组账户，并在文件系统和进程等地方引用组权限。

Linux 操作系统中的组账户可以分为超级组、系统组、自定义组。超级组名为 root，GID 值为 0。系统组是 Linux 操作系统为了执行特定任务而自动创建的组，GID 值为 1 到 499。自定义组是系统管理员根据需要创建的组，GID 值为 1000 以上。

### 2.2.2　组账户配置文件

Linux 操作系统使用/etc/group 配置文件存储组账户的信息，包括组名、GID 和组成员列表。此外，/etc/gshadow 配置文件（如果存在）用于存储组密码和组成员管理信息，但通常不是必需的。

/etc/group 是一个文本文件，可以使用文本编辑器直接打开查看。以下为该文件中的部分片段。

```
root:x:0:
daemon:x:1
bin:x:2
sys:x:3:
test:x::1000:
```

每一行代表一个组账户信息，用冒号分隔为 4 个字段，分别表示组名、组密码、GID、组成员列表。

在该文件中，如果某个用户是该用户组的主要组成员，那么该用户不会显示在组成员列表中，只有次要组才显示在列表中。

/etc/gshadow 文件中，同样也是每一行代表一个组账户信息，用冒号分隔为 4 个字段，分别表示组名、加密后的组密码、组管理员、组成员列表。

## 2.2.3  使用"用户和组"工具管理组账户

打开"用户和组"应用程序（安装方法在 2.1.4 小节中已介绍），单击界面中的"管理组"按钮，弹出图 2-7 所示的界面，按字母顺序显示了系统中可用的组，可以添加、删除组，也可以设置组的属性，如 GID、组成员。

单击"添加"按钮，需要通过输入密码进行验证，验证之后可以建立新的组，此时需要设置组名、GID 和添加组成员，其界面如图 2-8 所示。

图 2-7  组设置界面

图 2-8  添加新的组

## 2.2.4  使用命令行工具创建和管理组账户

### 1. 创建组账户

使用 Linux 操作系统中的通用命令 groupadd 来创建新的组账户，其语法格式如下。

```
groupadd [选项] 组名
```

常用的选项有：-g，表示新组指定一个组 ID（GID），若不指定，则系统将自动选择一个可用的 GID；-r，表示创建一个系统组。

Ubuntu 中还可以使用 addgroup 命令来创建新的组，其语法格式如下。

```
addgroup [选项] 组名
```

常用的选项有：--gid，表示新组指定一个特定的组 ID（GID）；--system，表示将新组标记为系统组。

### 2．修改组账户

groupmod 命令是 Linux 操作系统中用于修改组账户信息的命令。通过该命令，系统管理员可以灵活地管理用户组，包括修改用户组的名称、GID 等属性。基本语法格式如下。

```
groupmod [选项] 组名
```

常用的选项有：-g，表示修改用户组的 GID，若指定的 GID 已经被其他组使用，并且没有使用-o 选项，则该命令会失败；-n，表示修改用户组的名称；-o，表示允许将用户组的 GID 修改为已经存在的 GID，这通常用于特殊情况，但可能会导致管理上的混淆，因此应谨慎使用。

例如，下面是把一个组账户名由"oldgroup"修改为"newgroup"的命令。

```
sudo groupmod -n newgroup oldgroup
```

### 3．删除组账户

使用 groupdel 命令可删除组账户，其语法格式如下。

```
groupdel 组名
```

在使用 groupdel 命令之前，请确保该组不被任何用户或系统服务用作其主要组或次要组。如果尝试删除一个仍被用户或系统服务使用的组，那么该命令可能会失败，并显示一条错误消息。

Ubuntu 中常用 delgroup 删除组账户。如果当该用户组是系统组时才删除，那么可用选项——system。如果当该用户组中无成员时才删除，那么可用选项——only-if-empty。

### 4．管理组成员

可以使用 gpasswd 命令将用户添加到指定的组，其语法格式如下。

```
gpasswd -a 用户名 组名
```

也可以使用 usermod 命令将用户添加到指定的组，其语法格式如下。

```
usermod [-aG] 组名 用户名
```

-aG 表示 2 个选项的组合。-a 选项表示追加用户到次要组，而不是仅设置该组作为用户的主要组。-G 选项后面跟的是组名列表，用于指定用户的次要组。-G 选项会替换用户当前的所有次要组，除非与-a 选项一起使用。

可以使用如下命令将多个用户设置为组成员。

```
gpasswd -M 用户名,用户名，…,组名
```

同样地，可以在创建新用户时，直接指定所属组。

可以使用如下命令将用户从组中删除。

```
gpasswd -d 用户名 组名
```

## 项目小结

　　本项目主要介绍了与用户和组账户相关的内容。读者应该了解用户账户和组账户的含义，重点掌握使用图形用户界面工具和命令行工具管理用户账户的方法，掌握使用"用户和组"工具及命令行工具管理组账户的方法。

## 课后练习

1. 安装"用户和组"应用程序，并添加一个用户和组用户。
2. 使用命令行工具添加一个新用户。
3. 使用命令行工具修改用户密码。
4. 使用命令行工具修改用户名。
5. 使用命令行工具删除一个用户。
6. 使用命令行工具创建一个新的组账户。
7. 使用命令行工具在新的组账户中添加一个用户。
8. 使用命令行工具删除组账户。

# 项目3 目录与文件管理

在操作系统的日常维护中,目录与文件的管理占据着至关重要的地位,是系统管理员不可或缺的基本职责之一。与 Windows 操作系统相比,Linux 操作系统采用了截然不同的目录结构体系,这反映了其设计理念与操作方式的独特性。对于支持多用户同时操作与多任务并行处理的 Linux 操作系统而言,严格控制目录与文件的访问权限是确保系统安全、数据完整以及用户隐私的关键措施。

本项目内容旨在为读者奠定坚实的目录与文件管理基础,详细介绍文件系统的基本概念、组织方式以及 Linux 环境下特有的管理策略。通过学习,读者将能够熟练运用 Ubuntu 提供的命令行工具(如 ls、cd、cp、mv、rm 等)和图形界面文件管理器,掌握文件与目录的创建、查看、编辑、复制、移动、删除、重命名,以及权限设置等核心操作技能。这些技能不仅有助于提升用户在日常使用 Linux 操作系统时的效率,更是深入理解 Linux 操作系统架构、进行高级系统管理与维护的基石。

## 学习目标

1)熟悉 Linux 目录结构,了解 Linux 文件类型。
2)熟练使用文件管理器和命令行进行目录操作。
3)熟练使用文件管理器和命令行进行文件操作。
4)理解文件和目录权限,掌握文件权限管理的操作方法。

## 任务 3.1 目录操作

### 任务介绍

文件是 Linux 操作系统处理信息的基本单位,所有软件都以文件形式进行组织。目录是包含许多文件项目的一类特殊文件,每个文件都登记在一个或多个目录中。目录也可看作是文件夹，包括若干文件或子文件夹。

本任务的 3.1.1～3.1.4 为任务相关知识；3.1.5～3.1.6 为任务实验步骤。

本任务的要求如下。

1）理解 Linux 目录结构和路径。

2）了解 Linux 目录与文件命名规范和目录配置标准。

3）学会使用文件管理器管理目录。

4）学会使用命令行工具管理目录。

## 3.1.1　Linux 的目录结构

在 Windows 操作系统中，文件系统结构是基于分区的，每个分区（如 C 盘、D 盘等）都视为一个独立的存储区域，每个分区都有自己的根目录，如图 3-1 所示。这些分区通常通过盘符（如 C:\，D:\等）进行标识和访问。每个盘符下都包含了该分区的全部文件和文件夹，形成了一个完整的目录树结构。其具有如下特点。

目录树并列：由于每个分区都是独立的，所以它们的目录树也是并列的。这意味着 C 盘的文件和 D 盘的文件在文件系统的层次结构上互不干扰。

访问方式：用户通过单击或输入盘符加路径（如 C:\Windows\System32）来访问特定分区上的文件和文件夹。

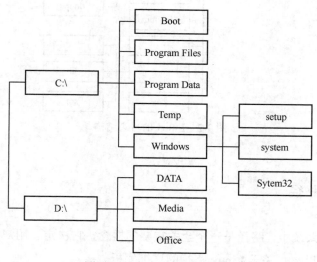

图 3-1　Windows 的目录结构

Linux 操作系统则采用了完全不同的文件系统结构。Linux 使用单一的目录树结构，所有分区都挂载到这个统一的目录树中的某个点（即挂载点），如图 3-2 所示。这种设计让 Linux 能够更有效地管理文件和资源，同时也使系统结构更加清晰。其具有如下特点。

单一目录树：整个 Linux 操作系统只有一个根目录（/），所有的目录和文件都位于这个根目录下，形成了一棵庞大的目录树。

分区挂载：不同的分区（或存储设备，如硬盘、USB 驱动器等）通过挂载操作被连接到目录树的某个挂载点上。这样，用户就可以通过访问这个挂载点来访问该分区上的文件和文件夹。

访问方式：由于所有分区都被挂载到统一的目录树下，用户可以通过统一的路径（如/home/username 或/mnt/external_drive）访问不同分区上的文件，无须改变当前的工作目录或切换到不同的"盘符"。

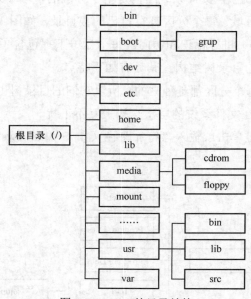

图 3-2　Linux 的目录结构

## 3.1.2　Linux 的路径

在 Linux 操作系统中，路径是一个至关重要的概念，它决定了用户如何定位、访问和使用目录和文件。以下是关于 Linux 路径的详细解析。

### 1. 路径的定义

在 Linux 中，路径包含整个文件名称及文件的位置。这样的定位方式给出了目录或文件在 Linux 目录结构中的确切位置。

**2．路径的类型**

Linux 中的路径主要分为两种类型：绝对路径和相对路径。

（1）绝对路径。

定义：以根目录（/）为起点，表示完整的目录或文件路径。

特点：绝对路径是唯一的，只要目录或文件的位置不发生变化，其绝对路径就保持不变。

示例：/root/psutil-2.1.3/psutil/arch。

（2）相对路径。

定义：以当前目录为起点，表示相对于当前目录的目录或文件路径。

特点：相对路径是相对于当前工作目录而言的，随着工作目录的改变，相对路径也可能发生变化。

示例：./psutil-2.1.3/psutil/arch（表示当前目录下的 psutil-2.1.3/psutil/arch 路径）。

**3．路径的特殊表示**

.（一个点）：表示当前目录。

..（两个点）：表示当前目录的上一级目录，也称为父目录。

**4．路径的作用**

路径在 Linux 中扮演着导航员的角色。通过路径，我们可以迅速地定位到所需的目录或文件，并执行各种操作，如查看、编辑、复制或删除。

对于系统管理员和开发人员来说，掌握路径的使用是提高工作效率的关键。

**5．使用路径的注意事项**

在使用路径时，需要注意路径的正确性和完整性，避免因为路径错误而导致无法访问目录或文件。

在编写脚本或程序时，建议使用绝对路径来指定目录或文件的位置，以提高脚本或程序的健壮性和可移植性。

## 3.1.3　目录与文件的命名规范

目录与文件的命名规范在 Linux 操作系统中尤为重要，因为它们直接影响到文件系统的组织结构和可访问性。以下是根据 Linux 操作系统的特性总结出的目录与文件命名规范。

**1．字符的使用**

使用允许的字符：除了字符"/"之外，所有的字符都可以在目录名或文件名中使用。但是出于可读性和兼容性的考虑，建议用户尽量避免使用特殊字符，如：<、>、?、*、|等。

特殊字符的处理：如果目录名或文件名中包含了特殊字符（如空格），则在访问这些目录或文件时，需要使用引号（如单引号或双引号）将名称括起来。

建议使用的字符：建议使用字母（大小写敏感）、数字、下划线（_）和连字符（-）来命名目录和文件。这些字符既易于阅读和输入，也符合大多数 Linux 工具和命令的命名约定。

### 2．大小写敏感性

Linux 操作系统中的目录名和文件名是区分大小写的。例如，"Test.txt"和"test.txt"会被视为两个不同的文件。因此，在命名时应避免使用大小写来区分不同的目录或文件。

建议：为了保持一致性，建议目录名和文件名一律使用小写字母。

### 3．长度限制

目录名和文件名的长度通常不能超过 255 个字符。虽然这个长度限制在大多数情况下是足够的，但在命名时仍应注意避免使用过长的名称。

### 4．隐藏文件

在 Linux 中，所有以点（.）开头的文件都被视为隐藏文件。这些文件在默认情况下不会显示在普通的目录列表中（除非使用了特定的命令或选项）。

建议：对于不希望在日常操作中频繁访问的文件，可以考虑使用隐藏文件的方式进行管理。

### 5．其他建议

避免使用系统保留的关键字：在命名目录和文件时，应避免使用 Linux 操作系统中保留的关键字或特殊名称，以免引起混淆或错误。

使用有意义的名称：为了方便记忆和查找，目录名和文件名应尽可能地具有描述性。例如，可以使用英文单词或缩写来命名，以反映目录或文件的内容和用途。

遵循项目或组织的命名约定：在多人协作的项目中，用户应遵循项目或组织内部的命名约定，以确保文件系统的一致性和可维护性。

## 3.1.4  Linux 目录配置标准

Linux 目录配置标准主要遵循文件系统层次结构标准（filesystem hierarchy standard，FHS）。FHS 为 Linux 操作系统中的目录和文件提供了一个标准的布局，以确保不同 Linux 发行版之间的兼容性和一致性。以下是根据 FHS，实现 Linux 目录配置任务的具体步骤和要点。

### 1．理解 FHS 的基本原则

目录结构的层次性：Linux 的文件系统以根目录（/）为起点，形成树状结构。

目录的交互类型：根据文件系统使用的频繁程度和是否允许用户随意改动，FHS 将目录定义为 4 种交互作用形态：可分享的、不可分享的、不变的和可变的。

目录的特定用途：每个目录都有其特定的用途和存放的文件类型，如/bin 存放用户命令的二进制文件，/etc 存放系统配置文件等。

**2．配置根目录（/）**

保持根目录小：FHS 建议根目录所在分区应该越小越好，且应用程序所安装的软件最好不要与根目录放在同一个分区内，以提高系统性能和稳定性。

必要的子目录：在根目录下，应包含以下必要的子目录（即使某些目录在初始安装时可能为空，也应保留其链接）。

/bin：存放用户命令的二进制文件。

/boot：存放 Linux 启动时需要的核心文件。

/dev：以文件形式保存所有设备及接口设备。

/etc：存放系统主要的配置文件。

/home：系统默认的用户的家目录。

/lib：存放系统开机时以及在/bin 或/sbin 目录下的指令会调用的函数库。

/media：用于挂载的可移动媒体设备。

/mnt：用于暂时挂载的某些额外设备。

/opt：存放第三方软件。

/proc：虚拟文件系统，包含系统内核、进程、外部设备的状态及网络状态等信息。

/root：系统管理员（root）的家目录。

/sbin：存放开机、修复、还原系统等过程中需要的指令。

/sys：虚拟文件系统，主要记录与内核相关的信息。

/tmp：用于存放临时文件。

/usr：与软件安装/执行有关，包含用户程序和数据。

/var：与系统运作过程有关，包含常态化变动的文件，如日志、缓存等。

**3．配置/usr 目录**

/usr 目录是 UNIX Software Resource（UNIX 操作系统软件资源）的缩写，用于存放用户程序和数据。

该目录包括如下重要的子目录。

/usr/bin：存放用户命令的二进制文件（非系统启动所必需）。

/usr/sbin：存放系统管理员使用的系统管理程序的二进制文件。

/usr/lib：存放库文件。

/usr/local：系统管理员在本机自行安装的软件。

/usr/share：存放共享文件，如文档、图标等。

/usr/src：存放源代码。

### 4．配置/var 目录

/var 目录用于存放系统运作过程中经常变动的文件，如日志文件、缓存等。

该目录包括如下重要的子目录。

/var/log：存放日志文件。

/var/cache：存放应用程序运行过程中产生的暂存文件。

/var/lib：存放应用程序运行过程中需要使用的数据文件。

/var/run：存放某些程序或服务启动后产生的 PID 文件。

/var/spool：存放等待处理的数据，如电子邮件队列。

### 5．其他注意事项

遵循 FHS：用户在配置 Linux 目录时，应尽可能遵循 FHS，以确保系统的兼容性和可维护性。

权限管理：合理设置目录和文件的权限，确保系统的安全性。

备份重要数据：用户须定期备份重要数据，以防数据丢失或损坏。

通过以上步骤，可以实现 Linux 目录配置的标准化和规范化，提高系统的稳定性和可维护性。

## 3.1.5　使用文件管理器进行目录操作

在 Linux 操作系统中，虽然命令行工具（如 mkdir、rmdir、cp、mv 等）提供了强大的目录和文件管理功能，但是图形用户界面（GUI）的文件管理器也提供了一种直观、易用的方式来执行这些操作。下面讲解通过文件管理器可进行的目录操作。

### 1．打开文件管理器

首先，用户需要打开 Linux 操作系统中的"文件管理器"。这通常可以单击桌面上的文件管理器图标，或者在应用程序菜单中搜索并启动它来完成。不同的 Linux 发行版可能预装了不同的文件管理器，如 Nautilus（GNOME 桌面环境）、Dolphin（KDE 桌面环境）等，如图 3-3 所示。

### 2．浏览目录

在文件管理器中，用户会看到一个目录和文件的树状视图，可以通过单击不同的目录浏览它们的内容。通常，文件管理器会显示当前目录的路径，以及可以向上（到父目录）或向下（到子目录或文件）导航的按钮或链接。

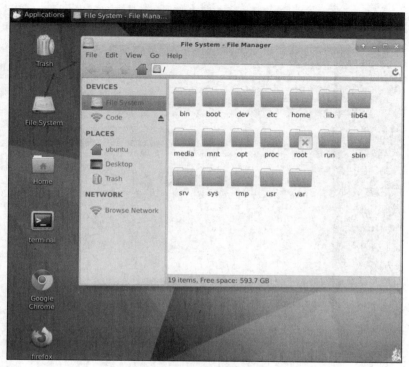

图 3-3　打开"文件管理器"

### 3. 创建新目录

要在当前目录下创建新目录，用户可以执行以下操作。

在文件管理器中，找到想要创建新目录的父目录。

右键单击空白区域（或在某些文件管理器中，单击"文件"或"编辑"菜单）。

选择"新建"或"创建新文件夹"选项（具体名称可能因文件管理器而异）。

输入新目录的名称，然后按"Enter"键或单击"确认"按钮，如图 3-4 所示。

### 4. 删除目录

要删除目录（及其内容），请确保用户具有足够的权限，并小心操作以避免意外删除重要数据。然后执行以下步骤。

步骤 1：在文件管理器中找到想要删除的目录。

步骤 2：右键单击该目录。

步骤 3：选择"删除"或类似的选项（具体名称可能因文件管理器而异）。

步骤 4：在弹出的"确认"对话框中确认你的选择并删除目录。

注意：大多数文件管理器默认不允许删除非空目录。用户可能需要先删除目录中的所有文件，或者使用文件管理器中提供的"删除并清空回收站"类似的选项来彻底删除目录及其内容。

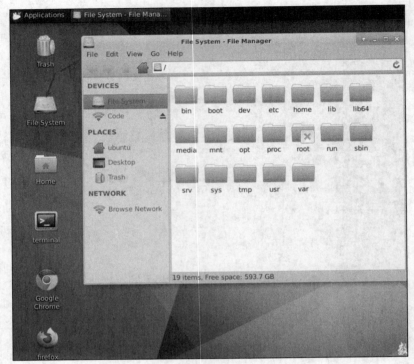

图 3-4　创建新目录

### 5．重命名目录

要重命名目录，请执行以下操作。

在文件管理器中，找到想要重命名的目录。

右键单击该目录。

选择"重命名"或类似的选项（具体名称可能因文件管理器而异）。

输入新名称，然后按"Enter"键或单击"确认"按钮。

### 6．复制和移动目录

复制目录：在文件管理器中找到想要复制的目录，右键单击它，选择"复制"或类似选项，然后导航到目标位置，右键单击空白区域并选择"粘贴"选项。

移动目录：与复制目录类似，但是选择的是"剪切"而不是"复制"，然后导航到目标位置并粘贴。

### 7．使用拖放操作

许多文件管理器还支持拖放操作来移动或复制目录和文件。用户只需用鼠标左键拖动目录到目标位置，然后根据需要选择移动或复制选项（这通常会在用户释放鼠标按钮时弹出一个菜单）。

虽然命令行工具在 Linux 操作系统中非常强大且灵活，但图形文件管理器提供了一种更加直观且和用户友好的方式来管理目录和文件。通过使用文件管理器，用户可以轻松地浏览、创建、删除、重命名、复制和移动目录，而无须记住复杂的命令和选项。

## 3.1.6　使用命令行工具进行目录操作

使用命令行工具进行目录操作是 Linux 操作系统中常见的操作方式。以下是一些基本的目录操作命令及其用法。

### 1. 查看当前工作目录

命令：pwd。

用法如下。

```
pwd #显示当前工作目录的完整路径
```

### 2. 切换工作目录

命令：cd。

用法如下。

```
cd /path/to/directory #切换到指定路径的目录
cd ~ #切换到当前用户的家目录
cd - #切换到上一次所在的目录
cd .. #切换到上一级目录
```

cd（无参数）：通常在脚本中表示切换到当前用户的家目录，但在交互式 Shell 中可能只是简单地刷新提示符而不改变目录（这取决于 Shell 的配置）。

### 3. 创建目录

命令：mkdir。

用法如下。

```
mkdir directory_name #在当前目录下创建一个新目录
mkdir -p /path/to/directory/name #递归创建目录，包括所有不存在的父目录
```

### 4. 查看目录内容

命令：ls。

用法如下。

```
ls #列出当前目录下的目录和文件
ls -l 或 ll #以长格式列出目录和文件的详细信息
ls -a #显示所有目录和文件，包括以.开头的隐藏目录和文件
ls -la #结合-l 和-a 选项，以长格式显示所有目录和文件
```

### 5. 删除目录

命令：rmdir 和 rm。

用法如下。

```
rmdir directory_name #仅当目录为空时删除目录
rm -r directory_name #递归删除目录及其内容，会询问是否删除每个文件
rm -rf directory_name #递归强制删除目录及其内容，不会询问
```

### 6．重命名目录

命令：mv。

用法如下。

```
mv old_directory_name new_directory_name
#将 old_directory_name 重命名为 new_directory_name
```

### 7．复制目录

命令：cp。

用法如下。

```
cp -r source_directory_name destination_directory
#使用-r（或-R）选项递归复制目录及其内容到指定位置
```

注意，如果 destination_directory 不存在，则会被创建；如果已存在，则 source_directory 会被复制到 destination_directory 下，并保持原名。

### 8．搜索目录

命令：find。

用法如下。

```
find /path/to/search -type d -name "pattern" #在指定路径下搜索名为 pattern 的目录
find / -name "filename"
#在根目录下搜索名为 filename 的目录或文件（递归搜索整个文件系统）
```

### 9．修改目录权限

命令：chmod。

用法如下。

```
chmod 755 directory_name
#将目录的权限设置为拥有者可读、可写、可执行，组用户和其他用户可读、可执行，但不可写
```

也可以使用符号模式，如 chmod u+x,go-w directory_name，为拥有者添加执行权限，同时删除组用户和其他用户的写权限。

### 10．链接目录

命令：ln（对于目录，通常使用软链接）。

用法如下。

```
ln -s source_directory_name link_name
#为 source_directory_name 创建一个符号链接（软链接）link_name
```

以上命令是 Linux 操作系统中进行目录操作的基本工具。在实际使用中，可以根据需要组合这些命令来完成复杂的目录管理任务。

# 任务 3.2 文件操作

## 任务介绍

在 Linux 中，一切皆文件，包括软件、数据、设备及目录。掌握文件基本操作是学习 Linux 的基础。Linux 操作系统充斥了大量文本文件，如源代码、配置文件、日志等，妥善处理这些文件是管理员的核心技能。除掌握基础文件操作方法外，管理员还需精通 grep、sed、awk 等工具，以高效处理文本内容。

本任务的 3.2.1～3.2.2 为任务相关知识；3.2.3～3.2.7 为任务实验步骤。

本任务的要求如下。

1）了解 Linux 的文件结构和文件类型。

2）学会使用文件管理器管理文件。

3）学会使用命令行工具管理文件。

4）掌握文本文件的命令行基本操作方法。

5）学会使用 grep、sed 和 awk 等工具处理文本内容。

## 3.2.1 Linux 文件结构

在 Linux 中，无论是程序文件、文档文件、数据库文件，还是目录文件，操作系统都会赋予文件相同的结构，具体包括以下两个部分。

（1）索引节点：又称 i（inode）节点。在文件系统结构中，包含有关相应文件信息的一个记录，这些信息包括文件权限、文件所有者、文件大小等。

（2）数据：文件的实际内容，可以是空的，也可以非常大，并且有自己的结构。

## 3.2.2 Linux 文件类型

Linux 操作系统中的文件类型丰富多样，每种文件类型都有其特定的用途和特征。以下是 Linux 操作系统中常见的文件类型及其简要说明。

### 1. 普通文件（regular file）

定义：一般存取的文件，如文本文件、二进制文件等。

特点：由 ls -l 命令显示时，第一个属性为-（例如-rw-r--r--）。

用途：存储数据和程序代码。

#### 2．目录文件（directory）

定义：包含文件名、子目录名及其指针的特殊文件，用于组织和管理文件系统中的文件和目录。

特点：由 ls -l 命令显示时，第一个属性为 d（例如 drwxr-xr-x）。

用途：构成文件系统的层次结构。

#### 3．链接文件（link）

定义：分为硬链接和软链接（符号链接）。硬链接是文件系统中一个或多个文件名指向同一个 inode 号（文件元数据）。软链接则类似于 Windows 下的快捷方式，是一个特殊的文件，其中包含另一个文件的路径。

特点：软链接由 ls -l 命令显示时，第一个属性为 l（例如 lrwxrwxrwx）。

用途：方便文件访问和共享，尤其是软链接可以实现跨文件系统的链接。

#### 4．设备文件（device file）

定义：与系统外设及存储等相关的一些文件，通常都集中在/dev 目录。

分类如下。

块设备文件：以块为单位进行访问的设备文件，如硬盘。由 ls -l 命令显示时，第一个属性为 b。

字符设备文件：以字符为单位进行访问的设备文件，如键盘、鼠标等。由 ls -l 命令显示时，第一个属性为 c。

用途：提供对系统硬件设备的访问接口。

#### 5．套接字文件（socket file）

定义：用于网络数据连接的文件类型，可以启动一个程序来监听客户端的请求，客户端可以通过套接字进行数据通信。

特点：由 ls -l 命令显示时，第一个属性为 s。

用途：实现进程间的网络通信。

#### 6．管道文件（pipe file）

定义：一种特殊的文件类型，用于解决多个程序同时存取一个文件所造成的错误。管道分为匿名管道（PIPE）和命名管道（FIFO）。

特点：命名管道由 ls -l 命令显示时，第一个属性为 p。

用途：实现进程间的数据通信。

#### 7．数据文件（data file）

定义：某些程序在运行过程中会读取特定格式的文件，这些文件可以称为数据文件。

特点：文件格式和内容由程序定义，可能包含结构化数据、文本数据等。

用途：存储程序运行所需的数据。

**8. 查看文件类型的方法**

在 Linux 操作系统中，可以使用 ls -l 命令查看文件的详细属性，从而判断文件类型。此外，还可以使用 file 命令来确定文件的类型。file 命令能够智能地识别出文件的类型，包括文本文件、二进制文件、目录、设备文件等，并给出相应的描述。

## 3.2.3 使用文件管理器进行文件操作

在 Ubuntu 环境下使用文件管理器进行文件操作，首先打开"文件管理器"，执行"文件浏览"和"管理任务"命令，接下来按如下思路操作即可。

要创建文件的用户必须对创建的文件所在的文件夹具有写权限。一般用户只能在自己的主目录（主文件夹）中进行文件操作。例如，从快捷菜单中选择"属性"命令，弹出相应的对话框。如图 3-5 所示，可以查看和设置文件的基本信息、权限和打开方式，其中基本信息包括文件的名称、类型、大小、上级文件夹等。

图 3-5　文件属性

普通用户在 Linux 中，除了其主目录（如/home/用户名）默认具有写权限外，在其他大多数系统位置无直接创建、删除或修改文件的权限。要执行这些操作，用户通常需要以 root 用户身份登录，或使用 sudo 等命令在命令行中临时获取 root 权限。如果权限允许，用户可以直接在文件管理器中找到文本文件，并利用如 gedit 这样的图形化文本编辑器打开、查看或编辑文件内容。

### 3.2.4 使用命令行工具进行文件操作

使用命令行工具进行文件操作是 Linux 操作系统中常见的任务，这些操作包括新建文件、查看文件内容、删除文件、移动文件、复制文件等。以下是一些常用的命令行工具及其操作方法。

**1. 新建文件**

在 Linux 中，可以使用多种命令来新建文件，但是直接新建空文件通常使用 touch 命令，命令格式如下。

```
touch 文件名
```

例如，创建一个名为"example.txt"的空文件，命令如下。

```
touch example.txt
```

如果需要新建并编辑文件内容，可以使用文本编辑器，如 Vi 或 Vim，命令格式如下。

```
vi 文件名
```

或者

```
vim 文件名
```

例如，新建一个名为"example.txt"的文件并编辑其内容，命令如下。

```
vi example.txt
```

**2. 查看文件内容**

查看文件内容有多种命令，以下是一些常用的命令。

cat 命令：显示文件全部内容，命令格式如下。

```
cat 文件名
```

head 命令：查看文件的前 $N$ 行（默认是前 10 行），命令格式如下。

```
head -n 行数 文件名
```

例如，查看 example.txt 文件的前 5 行，命令如下。

```
head -n 5 example.txt
```

tail 命令：查看文件的最后 $N$ 行（默认是最后 10 行），命令格式如下。

```
tail -n 行数 文件名
```

例如，查看 example.txt 文件的最后 5 行，命令如下。

```
tail -n 5 example.txt
```

more 和 less 命令：分页显示文件内容，less 命令比 more 的功能更强大，支持向前和向后翻页功能，命令格式如下。

```
more 文件名
```

或

```
less 文件名
```

### 3. 删除文件

删除文件使用 rm 命令，命令格式如下。

```
rm 文件名
```

如果需要删除目录及其下的所有文件和子目录，可以使用-r（或-R）选项，命令格式如下。

```
rm -r 目录名
```

注意：使用 **rm -rf** 命令会强制删除目录及其下的所有内容，且不会有任何提示，删除时请务必小心。

### 4. 移动文件

移动文件或目录使用 mv 命令，命令格式如下。

```
mv 源文件或目录 目标位置
```

例如，将 example.txt 文件移动到/tmp 目录下，命令如下。

```
mv example.txt /tmp/
```

### 5. 复制文件

复制文件或目录使用 cp 命令，命令格式如下。

```
cp 源文件或目录 目标位置
```

如果复制目录，需要加上-r（或-R）选项，命令格式如下。

```
cp -r 源目录 目标位置
```

例如，复制/tmp/example.txt 到当前目录，并重命名为 copy_example.txt 文件名，命令如下。

```
cp /tmp/example.txt copy_example.txt
```

其他常用命令如下。

ls 命令：列出目录内容。

ls -l：以详细列表形式显示文件信息。

ls -a：显示所有文件，包括隐藏文件（以.开头的文件）。

pwd 命令：显示当前工作目录的路径。

cd 命令：切换当前工作目录。

cd：回到用户主目录。

cd 路径：切换到指定路径的目录。

cd..：回到上一级目录。

mkdir 命令：创建目录。

mkdir 目录名：创建单个目录。

mkdir -p 目录名/子目录名：递归创建目录，如果父目录不存在则一并创建。

chmod 命令：更改文件或目录的权限。

chown 命令：更改文件或目录的所有者。

grep 命令：在文件中搜索文本，支持正则表达式。

find 命令：在目录树中搜索文件，并执行指定的操作。

## 3.2.5 使用命令行工具处理文本文件内容

使用命令行工具处理文本文件内容是 Linux 环境中常见的任务，它提供了高效且灵活的方式来搜索、替换、排序、统计文件中的文本数据等。以下是一些常用的命令行工具及其在处理文本文件内容方面的应用。

### 1．cat

虽然 cat（concatenate）命令主要用于显示文件内容，但是它也可以与其他命令结合使用处理文本。例如，可以使用管道（|）将 cat 的输出传递给 grep 来搜索文本，命令如下。

```
cat file.txt | grep "pattern"
```

### 2．grep

grep 是一个强大的文本搜索工具，它使用正则表达式搜索文本，并将匹配的行打印出来。

搜索文件中的文本，命令如下。

```
grep "pattern" file.txt
```

忽略大小写搜索，命令如下。

```
grep -i "pattern" file.txt
```

显示匹配行的行号，命令如下。

```
grep -n "pattern" file.txt
```

### 3．sed

sed（stream editor）是一个流编辑器，用于对文本进行过滤和转换。它特别擅长于对文本文件进行查找、替换、删除、插入等操作。

替换文件中的文本，命令如下。

```
sed 's/old_pattern/new_pattern/g' file.txt
```

注意：默认情况下，sed 的输出是打印到标准输出的，并不会修改原文件。要修改原文件，可以使用-i 选项（某些系统可能需要备份扩展名，如-i.bak）。

### 4．awk

awk 是一个强大的文本处理工具，它擅长于对文本和数据进行复杂的分析和处理。awk 默认按行读取输入文件，并将每行分割成多个字段进行处理。

打印文件的第一列，命令如下。

```
awk '{print $1}' file.txt
```

在处理文本时执行条件语句，命令如下。

```
awk '$1 > 10 {print $0}' file.txt    #打印出第一列值大于 10 的所有行
```

### 5. cut

cut 命令用于按列提取文本。它特别适合处理那些以特定字符（如制表符或空格）分隔的文本文件。

打印文件的第一列（假设字段由空格分隔），命令如下。

```
cut -d ' ' -f1 file.txt
```

### 6. sort

sort 命令用于对文本行进行排序。它支持多种排序选项，如数字排序、逆序排序等。

对文件内容进行排序，命令如下。

```
sort file.txt
```

逆序排序，命令如下。

```
sort -r file.txt
```

### 7. uniq

uniq 命令用于报告或忽略重复的行。它通常与 sort 命令结合使用，因为 uniq 只能识别连续出现的重复行。

去除文件中的重复行，命令如下。

```
sort file.txt | uniq
```

### 8. wc

wc（word count）命令用于计算字数、字节数、行数等。

计算文件中的行数，命令如下。

```
wc -l file.txt
```

### 9. tr

tr（text replacer）命令用于删除或转换字符。

将文件中的小写字母转换为大写字母，命令如下。

```
tr 'a-z' 'A-Z' < file.txt
```

### 10. head 和 tail

这两个命令分别用于显示文件的开始部分和结束部分。

显示文件的前 10 行，命令如下。

```
head file.txt
```

显示文件的最后 5 行，命令如下。

```
tail -n 5 file.txt
```

## 3.2.6　使用 sed 命令分析处理文本文件内容

sed 命令是一个非常强大的文本处理工具，它允许用户执行文本替换、删除、插入等操作，而不需要打开文件本身进行编辑。sed 通过读取输入流（文件、管道等），对每一行进行处理，然后将结果输出到标准输出（通常是屏幕，但是也可以重定向到文件）。

以下是一些使用 sed 命令处理文本文件内容的常见示例。

### 1．文本替换

假设有一个文件 example.txt，想将其中所有的"apple"替换为"orange"，命令如下。

```
sed 's/apple/orange/g' example.txt
```

这里，s 表示替换操作，apple 表示要被替换的文本，orange 表示替换后的文本，g 表示全局替换（即每一行中的所有匹配项都会被替换）。

注意：这个命令默认不会修改原文件。要保存更改，用户可以将输出重定向到另一个文件，然后用新文件替换原文件，或者使用-i 选项（在某些 sed 版本中需要指定扩展名，如用-i.bak 来创建备份），命令如下。

```
sed -i 's/apple/orange/g' example.txt
```

### 2．删除行

如果想删除包含特定文本的行，可以使用 d 命令。例如，删除所有包含"banana"的行，命令如下。

```
sed '/banana/d' example.txt
```

### 3．插入和追加文本

在匹配行之前插入文本，命令如下。

```
sed '/pattern/i\
This is a new line' example.txt
```

注意：\用于续行，i\后面跟着要插入的文本。

在匹配行之后追加文本，命令如下。

```
sed '/pattern/a\
This is an appended line' example.txt
```

### 4．使用变量

在 sed 表达式中使用 Shell 变量时，需要注意变量扩展和特殊字符的转义，命令如下。

```
pattern="apple"
replacement="orange"
sed "s/$pattern/$replacement/g" example.txt
```

注意：在双引号中，$pattern 和$replacement 会被 Shell 扩展为它们的值。如果变量值中包含 sed 的元字符（如/、&、\等），则可能需要进行适当的转义。

### 5．多重编辑

可以在一个 sed 命令中执行多个编辑操作，只需用-e 选项分隔它们，命令如下。

```
sed -e 's/apple/orange/g' -e '/banana/d' example.txt
```

或者使用分号分隔命令（在某些 sed 版本中可能需要转义分号），命令如下。

```
sed 's/apple/orange/g; /banana/d' example.txt
```

### 6. 地址范围

可以指定 sed 命令应用于文件的哪些行。例如，仅在第 10 到 20 行之间执行替换，命令如下。

```
sed '10,20s/apple/orange/g' example.txt
```

### 7. 打印特定行

虽然 sed 命令主要用于编辑文本，但也可以使用它来打印特定行。例如，打印第 5 行，命令如下。

```
sed -n '5p' example.txt
```

这里，-n 选项和 p 命令一起使用仅打印匹配的行（默认情况下，sed 命令会打印所有行，但-n 会抑制这种行为）。

## 3.2.7 使用 awk 命令分析处理文本文件内容

awk 命令是一个强大的文本分析工具，它能够对文本文件中的数据进行复杂的处理，如模式匹配、数学运算、流程控制等。下面根据一些常见的文本分析任务来展示如何使用 awk 命令。

### 1. 打印文件的第一列

假设用户有一个以空格或制表符分隔的文本文件 data.txt，希望打印出每一行的第一列，命令如下。

```
awk '{print $1}' data.txt
```

### 2. 对特定列求和

如果用户想要对文件中的某一列（假设是第三列）的数值进行求和，命令如下。

```
awk '{sum+=$3} END {print sum}' data.txt
```

这里，$3 表示第三列，sum 是一个累加器变量，在 END 模式块中打印总和。

### 3. 过滤并打印包含特定文本的行

如果用户想要打印出包含特定文本（比如"error"）的所有行，命令如下。

```
awk '/error/ {print}' data.txt
```

或者简写为：awk '/error/' data.txt。

### 4. 格式化输出

用户可以使用 printf 而不是 print 来获得更精确的格式化输出。比如，打印第一列和第二列，在第二列前面加上"Value："，命令如下。

```
awk '{printf "%s, Value: %s\n", $1, $2}' data.txt
```

### 5. 多条件处理

用户可以使用多个模式来匹配不同的行，并对它们执行不同的操作。例如，如果第一列的值大于 10，则打印整行；如果小于或等于 10，则只打印第一列，命令如下。

```
awk '$1 > 10 {print} $1 <= 10 {print $1}' data.txt
```

### 6．使用内置变量

awk 命令提供了许多内置变量，如 NR（当前记录号，即行号）和 NF（当前记录的字段数）。如果用户想要打印每行的行号和内容，命令如下。

```
awk '{print NR, $0}' data.txt
```

或者，只打印字段数大于 3 的行，命令如下。

```
awk 'NF > 3' data.txt
```

### 7．处理多列数据

假设用户的文件有两列是 ID 和值，他希望找出所有值大于某个阈值（比如 100）的 ID，命令如下。

```
awk '$2 > 100 {print $1}' data.txt
```

### 8．结合使用 BEGIN 和 END 块

BEGIN 块在读取任何输入行之前执行，而 END 块在读取所有输入行之后执行。这可以用于设置初始值或总结数据，命令如下。

```
awk 'BEGIN {total=0} {total+=$2} END {print "Total:", total}' data.txt
```

这个命令计算第二列的总和，并在结束时打印出来。

# 任务 3.3　目录和文件权限管理

## 任务介绍

在 Linux 多用户、多任务环境中，目录与文件权限管理至关重要，统称文件权限管理。控制文件访问权限，可决定谁可读、写、执行文件。更改文件权限涉及调整所有者及用户组的访问级别，以确保系统安全与资源共享。

本任务的 3.3.1～3.3.4 为任务相关知识，3.3.5～3.3.6 为任务实验步骤。

本任务的具体要求如下。

1）了解文件访问者身份和文件访问权限。

2）学会使用文件管理器管理文件和文件夹的访问权限。

3）学会使用命令行工具变更文件所有者和所属组。

4）掌握使用符号模式设置文件访问权限的方法。

5）掌握使用数字模式设置文件访问权限的方法。

6）了解默认访问权限和特殊权限的设置。

## 3.3.1　目录和文件权限

### 1．文件访问者身份

文件访问者身份是指文件权限设置所针对的用户和用户组，共有以下 3 种类型。

（1）所有者：每个文件都有它的所有者，又称属主。默认情况下，文件的创建者即为其所有者。所有者对文件具有所有权，是一种特别权限。

（2）所属组：指文件所有者所属的组（简称属组），可为该组指定访问权限。默认情况下，文件的创建者的主要组即为该文件的所属组。

（3）其他用户：指文件所有者和所属组，以及 root（根用户）之外的所有用户。通常其他用户对于文件总是拥有最低的权限，甚至没有任何权限。

### 2．目录和文件访问权限

对于每个文件，针对上述 3 类身份的用户可指定以下 3 种不同级别的访问权限。

（1）读：读取文件内容或者查看目录。

（2）写：修改文件内容或者创建、删除文件。

（3）执行：执行文件或者允许使用 cd 命令进入目录。

这样就形成了 9 种具体的访问权限。

### 3．查看文件属性

文件访问者身份、访问权限都包括在文件属性中，可以通过查看文件属性详细了解。通常使用 ls -l 命令显示文件详细信息，这里给出一个文件详细信息的示例并进行分析。

```
-rw-r--r--    1        ubuntu  ubuntu  220      Aug 1421:20  a.txt
[文件权限]    [链接]   [所有者] [所属组] [容量]   [ 修改日期 ]  [ 文件名 ]
```

其中第 1 个字段的第 1 个字符表示文件类型，"d"表示目录，"-"表示文件，"l"表示链接文件，"b"表示块设备文件，"c"表示字符设备文件。接下来的字符以 3 个为一组，分别表示文件所有者、所属组和其他用户的权限，每一种用户的 3 种文件权限分别用 r、w 和 x 表示读、写和执行。这 3 种权限的位置不会改变，如果某种权限没有，则在相应权限位置用-表示。第 2 个字段表示该文件的链接数目，1 表示只有一个硬链接。第 3 个字段表示这个文件的所有者，第 4 个字段表示这个文件的所属组。后面 3 个字段分别表示文件大小、修改日期和文件名称。

### 4．附加权限

除了基本的读、写、执行权限外，Linux 还提供了一些附加权限，如 SUID、SGID 和 Sticky 定位。

SUID：设置用户 ID。当可执行文件被设置了 SUID 权限后，任何用户在执行该文件时都将获得文件所有者的权限。

SGID：设置组 ID。当可执行文件被设置了 SGID 权限后，任何用户在执行该文件时都将获得文件所属组的权限。

Sticky 定位：通常用于目录，表示只有目录的所有者或 root 用户才能删除目录中的文件。

### 3.3.2 使用文件管理器管理文件和文件夹访问权限

在 Linux 操作系统中，文件管理器（如 Nautilus、Dolphin、Thunar 等，取决于用户使用的桌面环境）通常提供了一个图形界面来管理文件和文件夹的访问权限，尽管它们可能不如命令行工具（如 chmod 和 chown）那样灵活或强大。然而，对于大多数日常任务来说，文件管理器提供的权限管理功能已经足够。

以下是一般步骤，说明如何使用文件管理器来管理文件和文件夹的访问权限（以 Nautilus 为例，大多数文件管理器都有类似的界面和功能）。

步骤 1：打开文件管理器。这通常可以通过单击桌面上的图标、从应用程序菜单中选择或按组合键（如 Super + E，在 GNOME 环境中）来完成。

步骤 2：导航到目标文件或文件夹。在文件管理器中，可看到用户的目标文件或文件夹所在的目录。

步骤 3：修改权限。右键单击文件或文件夹，然后从弹出的上下文菜单中选择"属性"或类似的选项。

在"属性"窗口中，找到"权限"或"Permissions"标签页。

在这里，将看到 3 组权限：所有者（user）、所属组（group）和其他用户（others）。每组权限旁边都有复选框或下拉菜单，用于选择读（r）、写（w）和执行（x）权限。

通过勾选或取消勾选相应的复选框，或使用下拉菜单选择适当的权限组合来修改权限。

某些文件管理器还允许用户通过单击"应用"或"确定"按钮来保存更改，其他文件管理器则可能在用户做出更改时自动保存。

步骤 4：修改所有者或所属组（可选）。

虽然大多数文件管理器主要关注修改权限，但是一些文件管理器也允许用户更改文件或文件夹的所有者或所属组。这通常位于"属性"窗口的"所有者"或"Ownership"标签页中。

在"所有者"标签页中，用户可以看到当前的所有者和所属组。

如果用户的用户账户具有适当的权限，则可以单击旁边的按钮或输入新的所有者/组名来更改它们。

更改所有者或所属组可能需要超级用户权限，因此用户可能需要使用 sudo 或类似的机制来执行这些更改。

注意：

（1）更改文件或文件夹的权限可能会影响系统的安全性和稳定性。要确保用户了解自己正在做什么，并谨慎行事。

（2）如果不确定某个权限设置的影响，最好先咨询更有经验的用户或查阅相关文档。

（3）某些文件或文件夹的权限可能会受到系统策略或安全软件的限制，即使用户尝试更改它们，也可能无法成功。

### 3.3.3  使用命令行工具变更文件所有者和所属组

在 Linux 操作系统中，变更文件的所有者和所属组可以通过命令行工具 chown 和 chgrp 来实现。

**1. 使用 chown 命令变更文件所有者**

chown 命令用于更改文件或目录的所有者。其基本语法如下。

```
chown [选项] 新所有者 文件名或目录名
```

示例：

将文件 file.txt 的所有者更改为 user1，命令如下。

```
chown user1 file.txt
```

同时更改文件 file.txt 的所有者和所属组为 user1 和 group1，命令如下。

```
chown user1:group1 file.txt
```

递归地更改目录 dir1 及其内部所有文件和子目录的所有者为 user2，命令如下。

```
chown -R user2 dir1
```

注意：

（1）只有超级用户（root）或文件的所有者才能使用 chown 命令来更改文件或目录的所有者。

（2）使用-R 选项可以递归地更改目录及其内部所有文件和子目录的所有者。

**2. 使用 chgrp 命令变更文件所属组**

虽然 chown 命令也可以用来更改文件的所属组，但是 chgrp 命令提供了一种更直接的方式来更改所属组。其基本语法如下。

```
chgrp [选项] 新所属组 文件名或目录名
```

示例：

将文件 file.txt 的所属组更改为 group1，命令如下。

```
chgrp group1 file.txt
```

递归地更改目录 dir1 及其内部所有文件和子目录的所属组为 group2，命令如下。

```
chgrp -R group2 dir1
```

注意：

（1）只有超级用户（root）或文件的所有者才能使用 chgrp 命令来更改文件的所属组。

（2）使用-R 选项可以递归地更改目录及其内部所有文件和子目录的所属组。

**3．总结**

（1）使用 chown 命令可以更改文件或目录的所有者或所属组。

（2）使用 chgrp 命令可以更直接地更改文件或目录的所属组。

（3）在执行这些操作时，请确保用户有足够的权限，并且谨慎地使用递归选项（-R），以免意外更改了重要文件或目录的权限。

### 3.3.4　使用命令行工具设置文件访问权限

在 Linux 操作系统中，使用命令行工具设置文件访问权限主要是通过 chmod 命令来实现的。chmod 命令允许用户更改文件或目录的读（r）、写（w）和执行（x）权限。以下是 chmod 命令的基本用法和一些示例。

基本语法命令如下。

```
chmod [选项] 权限模式 文件名或目录名
```

或者，使用符号模式来更改权限，命令如下。

```
chmod [ugoa...][[+-=][rwxXst]...] 文件名或目录名
```

权限模式分为数字模式和符号模式，具体区别如下。

数字模式：使用 3 个八进制数字分别表示所有者（user）、所属组（group）和其他用户（others）的权限。每个数字是读（4）、写（2）和执行（1）权限之和。

符号模式：使用字母（u、g、o、a）分别表示所有者（user）、所属组（group）、其他用户（others）和所有用户（all），后跟 +、- 或 = 分别表示添加、删除或设置权限。

下面给出修改权限的示例。

示例 1，使用数字模式设置权限。

将文件 file.txt 的权限设置为所有者具有读、写、执行权限，所属组具有读、执行权限，其他用户具有读权限，命令如下。

```
chmod 754 file.txt
```

示例 2，使用符号模式添加权限。

为所有者添加执行权限到文件 script.sh，命令如下。

```
chmod u+x script.sh
```

为所有用户添加写权限到目录 dir1（注意：这通常不是一个好主意，因为它会降低安全性），命令如下。

```
chmod a+w dir1
```

示例 3，使用符号模式删除权限。

从其他用户中删除读权限到文件 secret.txt，命令如下。

```
chmod o-r secret.txt
```

示例 4，使用符号模式设置特定权限。

将文件 report.pdf 的权限设置为所有者具有读、写权限，所属组和其他用户没有任何权限，命令如下。

```
chmod u=rw,go= report.pdf
```

然而，上面的命令实际上在"go="后面没有指定任何权限，这等同于完全移除所属组和其他用户的所有权限。更常见的命令如下。

```
chmod u=rw,go=--- report.pdf
```

或者使用数字模式，命令如下。

```
chmod 600 report.pdf
```

注意：

（1）只有文件的所有者或超级用户（root）才能有更改文件的权限。

（2）使用 chmod 命令时，请确保用户了解自己正在做什么，以避免意外地更改了重要文件或目录的权限。

（3）对于目录，执行（x）权限允许用户进入该目录并访问其中的内容。但是，仅有执行权限并不足以让用户读取目录中的文件或修改它们，他们还要有对文件本身的读、写权限。

## 3.3.5  设置默认的文件访问权限

在 Linux 操作系统中，默认的文件访问权限主要依赖于 umask（用户模式创建屏蔽字）的设置。umask 命令定义了当创建新文件或目录时，哪些权限会被默认地"屏蔽"掉，即哪些权限是不被赋予的。umask 的默认设置（如 022 或 0022）决定了新创建的文件和目录的默认权限。

umask 的值是一个八进制数，用于指定在新创建文件或目录时不应赋予的权限。

对于文件，默认权限值通常是 666（rw-rw-rw-），但是 umask 命令会从中减去其值来确定实际赋予的权限。

对于目录，默认权限值通常是 777（rwxrwxrwx），但同样地，umask 会从中减去其值来确定实际赋予的权限。

下面给出查看和设置 umask 命令的示例代码。

示例 1，查看 umask。

在终端中，输入以下命令来查看当前的 umask 设置，命令如下。

```
umask
```

这将显示一个八进制数，如 022。

示例 2，设置 umask。

用户可以通过直接运行 umask 命令，并在后面跟新的 umask 值来更改 umask 设置。例如，要将 umask 设置为 027，命令如下。

```
umask 027
```

但是请注意，这种更改仅对当前会话有效。要使更改永久生效，需要在用户的 shell 配置文件中（如.bashrc、.bash_profile 或.profile）设置 umask。

假设 umask 的值为 022，新创建的文件将具有 644（666−022）权限，即所有者具有读、写权限，而组用户和其他用户仅具有读权限。

同样地，如果 umask 的值为 027，新创建的目录将具有 750（777−027）权限，即所有者具有读、写和执行权限，组用户具有读和执行权限，而其他用户则没有任何权限。

注意：

（1）更改 umask 的设置可能会影响系统上所有新创建的文件和目录的默认权限，因此应谨慎地进行。

（2）更改 umask 的设置还应考虑到系统的安全性和用户的需求。

在某些情况下，系统管理员可能会通过全局配置文件（如/etc/profile、/etc/bashrc 等）为系统上的所有用户设置默认的 umask 值。

## 3.3.6　设置特殊权限

在 Linux 操作系统中，设置特殊权限可以提供比基本的读、写、执行权限更细致的控制。这些特殊权限包括 SUID（set user ID）、SGID（set group ID）和 stickybit（粘滞位）。以下是关于这些特殊权限的设置方法。

### 1. SUID

SUID 权限用于可执行文件，使文件在执行时以文件所有者的身份运行。这常用于需要临时提升权限的程序，如 passwd 命令。

设置 SUID 权限的方法如下。

使用 chmod 命令。

（1）数字模式：

```
"chmod 4755"文件名 #其中"4"代表 SUID 权限，"755"是文件原有的权限
```

（2）符号模式：

```
"chmod u + s"文件名 #为文件所有者添加 SUID 权限
```

注意：

（1）SUID 权限只对可执行文件有效。

（2）执行具有 SUID 权限的程序时，程序将以文件所有者的身份运行，这可能导致安全风险。

## 2．SGID

SGID 权限可以应用于可执行文件或目录。对于可执行文件，SGID 使文件在执行时以文件所属组的身份运行；对于目录，SGID 使在该目录下创建的新文件自动继承该目录的所属组。

设置 SGID 权限的方法如下。

对于可执行文件有如下几种模式。

（1）数字模式：

"chmod 2755"文件名　#其中"2"代表 SGID 权限，"755"是文件原有的权限

（2）符号模式：

"chmod g+s"文件名　#为文件所属组添加 SGID 权限

对于目录有如下几种模式。

（1）数字模式：

"chmod 2775"目录名　#或根据需要调整其他权限位

（2）符号模式：

"chmod g + s"目录名　#为目录所属组添加 SGID 权限

注意：

SGID 权限对于目录而言，主要影响在该目录下创建的新文件或目录的所属组。

## 3．stickybit

粘滞位通常用于目录，以限制用户只能删除或重命名自己创建的文件，即使他们对目录有写权限。这对于共享目录特别有用，如/tmp 目录。

设置粘滞位的方法如下。

使用 chmod 命令有如下几种模式。

（1）数字模式：

"chmod 1777"目录名　#其中"1"代表粘滞位，"777"是目录原有的权限，但是通常会根据实际需要调整

（2）符号模式：

"chmod o+t"目录名　#为目录的其他用户添加粘滞位

注意：

（1）粘滞位仅对目录有效。

（2）设置了粘滞位的目录，普通用户只能删除或重命名自己创建的文件。

## 项目小结

本项目介绍了 Linux 操作系统中文件与目录的管理方法。它涉及文件的创建、删除、修改、复制、移动等操作，以及目录结构的规划和维护。有效的文件与目录管理能够提高系统的效率和安全性，确保数据的完整性和可用性。

## 课后练习

1. 创建目录：使用 mkdir 命令，在/root 目录下创建一个名为 "yourname_project" 的目录（请将 yourname 替换为你的实际姓名）。

2. 复制文件：将/etc/passwd 文件复制到上一步创建的目录中。

3. 查看目录内容：使用 ls 命令查看 "/root/yourname_project" 目录的内容。

4. 删除文件：假设不再需要 "/root/yourname_project" 目录下的 passwd 文件，使用 rm 命令删除它。

5. 修改文件权限：使用 chmod 命令将 "/root/yourname_project" 目录的权限设置为 "755"（即所有者有读、写、执行权限，组用户和其他用户有读和执行权限）。

6. 修改文件所有者：假设需要将 "/root/yourname_project" 目录的所有者更改为另一个用户（比如 user1），使用 chown 命令。

7. 设置文件加密：在某些支持文件加密的文件系统（如 NTFS）中，请使用系统提供的工具来加密文件或目录。

8. 审计文件访问：建立一个简单的审计机制，记录对 "/root/yourname_project" 目录的访问。这通常涉及配置系统的审计工具（如 auditd 命令），并设置相应的规则来监控对该目录的访问。

9. 备份目录：使用 tar 命令将 "/root/yourname_project" 目录打包并压缩。

10. 恢复目录：将之前备份的 "/root/yourname_project" 目录恢复到 "/root/restored_project" 目录中。

# 项目 4 资源管理

Linux 的资源非常丰富，除文件、目录和用户外，还涉及磁盘分区、卷、外部设备等，对这些资源的优化和管理也是非常重要的。高效地分配、调度和监控服务器中的各种资源，才能确保系统的稳定性和安全性。本项目就来介绍这些资源的管理技术。

## 学习目标

1）掌握磁盘分区的管理方法。

2）掌握文件系统的管理方法。

3）掌握光盘、USB 设备的挂载和使用方法。

4）掌握逻辑卷的管理方法。

## 任务 4.1 磁盘分区管理

### 任务介绍

磁盘是计算机中用于存储需长期保留数据的设备，其种类繁多，主要包括硬盘、光盘以及各类闪存产品，如 U 盘、CF 存储卡、SD 存储卡等。其中，硬盘作为主流存储媒介，广泛用于各种计算机系统中。在使用前，硬盘等磁盘需经过分区处理，即将磁盘空间划分为多个逻辑区域，随后对每个分区进行格式化操作，以建立文件系统，从而确保能够有序地保存和访问文件及数据。

本任务的 4.1.1～4.1.6 为任务相关知识，4.1.7 为任务实验步骤。

本任务的要求如下。

1）了解磁盘分区的必要性。

2）掌握如何使用内置的磁盘管理器进行分区。

3）掌握如何使用 fdisk 进行分区。

## 4.1.1　磁盘分区概述

### 1．什么是分区

分区是将一个物理硬盘驱动器或固态硬盘的逻辑空间划分为多个独立的部分，每个部分可以被操作系统视为一个独立的磁盘单元（也称作逻辑驱动器或分区）。这样做的主要目的是更好地组织和管理存储在硬盘上的数据。每个分区可以有自己的文件系统，这意味着不同的分区可以存储不同类型的数据，并且具有不同的访问权限和安全策略。分区表是存储在硬盘上的一个特殊数据结构，它记录了硬盘上所有分区的信息，如分区大小、位置、类型等，使操作系统能够识别并访问这些分区。

### 2．为什么要有多个分区

原因 1，防止数据丢失。

将系统和用户数据分别存储在不同的分区中，可以显著地减少因系统崩溃或病毒攻击导致的数据丢失风险。如果系统分区受损，用户数据仍然可能保持完好，只需重装或恢复系统即可，无须担心用户数据的安全。

原因 2，增加磁盘空间使用效率。

不同的应用和数据类型对磁盘空间的利用方式有所不同。通过创建多个分区，并根据数据的特点选择合适的文件系统及区块大小进行格式化，可以更有效地利用磁盘空间。例如，存储大量小文件时，选择支持较小区块的文件系统可以减少空间浪费。

原因 3，数据激增到极限不会引起系统挂起。

将用户数据和系统数据分别管理还可以避免单一分区数据激增导致的性能问题。如果所有数据和系统文件都存储在同一个分区中，随着用户数据的不断增加，系统可能会因为磁盘空间不足或文件访问冲突而出现性能下降，甚至挂起的情况。通过将用户数据与系统数据分别存储，可以有效地缓解这种压力，保持系统的稳定运行。

原因 4，方便数据备份和恢复

多个分区也使数据备份和恢复变得更加灵活和方便。用户可以根据需要选择性地备份或恢复某个分区的数据，而无须对整个硬盘进行全盘备份或恢复，从而节省时间和存储空间。

原因 5，提高安全性。

某些操作系统和文件系统支持加密分区功能。通过将敏感数据存储在加密分区中，可以提高数据的安全性，防止未授权访问。同时，多分区结构也便于实施不同的安全策略和管理措施。

### 4.1.2 磁盘数据组织

#### 1. 硬盘结构与工作原理

硬盘是计算机中用来存储数据的重要部件，它由若干张盘片构成，每张盘片的表面都涂有一层薄薄的磁粉。硬盘通过读写磁头改变磁盘上磁性物质的方向，以此存储计算机中的二进制数据（0 或 1）。硬盘的主要逻辑组件包括盘面、磁道、扇区和柱面等。

#### 2. 低级格式化

低级格式化是硬盘制造和准备过程中的一个重要步骤。它将空白的磁盘划分为柱面和磁道，再将磁道细分为多个扇区。每个扇区进一步划分为标识区、间隔区（GAP）和数据区等，以确保数据能够有序且准确地存储和读取。

低级格式化是物理层面的操作，直接对硬盘的磁介质进行处理，因此对硬盘有一定的损伤，可能影响其寿命。目前，所有硬盘厂商在产品出厂前都会进行低级格式化处理，以确保硬盘的可靠性和稳定性。由于低级格式化可能导致数据永久丢失，并可能对硬盘造成不可逆的损伤，因此用户应避免自行进行低级格式化操作，除非在特定情况下（如硬盘修复）由专业人员指导进行。

#### 3. 磁盘分区

磁盘分区是将硬盘的存储空间划分为一个或多个逻辑区域的过程。每个分区在逻辑上都可以被视为一个独立的磁盘，拥有自己的起始扇区和终止扇区，如图 4-1 所示。分区有助于更有效地利用磁盘空间，并便于数据的管理和访问。

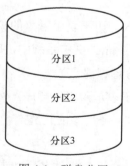

图 4-1　磁盘分区

分区表是存储磁盘分区相关数据的重要数据结构，包括每个分区的起始地址、结束地址、是否为活动分区等信息。通过分区表，操作系统能够识别并访问硬盘上的各个分区。

#### 4. 高级格式化

高级格式化（也称为文件系统格式化）是在磁盘分区上建立文件系统并初始化数据结

构的过程。它实际上是在逻辑上划分磁道，并准备分区以存储文件和数据。高级格式化与操作系统紧密相关，不同的操作系统支持不同的文件系统类型和格式化程序。

高级格式化的过程与结果如下。

（1）初始化：在高级格式化过程中，分区会被初始化，并创建必要的文件系统结构和元数据。

（2）磁道划分：逻辑上划分磁道，为数据的存储和访问做准备。

（3）建立文件系统：根据所选的文件系统类型（如 NTFS、FAT32 等），在分区上建立相应的文件系统结构。

（4）结果：完成高级格式化后，分区就可以被称为卷（volume），并可用于存储和访问文件。

## 4.1.3　Linux 磁盘设备命名

在 Linux 操作系统中，磁盘设备的命名遵循一定的规则，这些规则基于设备的物理接口、位置和类型。

### 1．命名原则

命名原则参考如下。

原则 1，以"/dev"开头。

所有磁盘设备在 Linux 操作系统中的设备文件名都以"/dev"开头，这表示设备文件位于"/dev"目录下。

原则 2，磁盘类型与顺序。

紧跟在"/dev"之后的两个字母，用于表示磁盘的类型。例如，"sd"表示 SATA 接口，"hd"表示 IDE 接口（但是在现代 Linux 操作系统中，IDE 接口设备可能较少见），"vd"可能表示虚拟化硬盘（如 VMware 虚拟磁盘）。

接着是一个字母（a～z），用于表示磁盘的顺序。例如，"/dev/sda"表示第一个 SATA 硬盘，"/dev/sdb"表示第二个 SATA 硬盘，依此类推。

原则 3，分区编号。

如果磁盘上有分区，则分区会在设备文件名后加上一个数字（1～4 通常用于主分区和扩展分区，逻辑分区从"5"开始）。例如，"/dev/sda1"表示第一个 SATA 硬盘的第一个分区。

### 2．不同接口类型的命名

接口类型主要包括 SATA/SCSI/USB 接口和 IDE 接口，对应的命名如下。

SATA/SCSI/USB 接口：对于 SATA、SCSI 和 USB 接口的磁盘，其设备文件名通常以

/dev/sd[a～z]（或/dev/sd[a～z][1～15]用于具有多个分区的设备）的形式命名。其中，"s"表示 SATA 或 SCSI/USB 接口，[a～z]表示磁盘的顺序。

需要注意的是，虽然 SATA 和 SCSI/USB 接口的设备在命名上可能看起来相似（都使用/dev/sd 前缀），但是它们在系统内部的处理方式可能有所不同。

IDE 接口（较少见）：在较旧的 Linux 操作系统中，IDE 接口的磁盘可能以/dev/hd[a～d]的形式命名。然而，在现代 Linux 操作系统中，随着 IDE 接口的逐渐淘汰，这种命名方式已经较少见。

**3．持久设备命名规则**

除了上述基于物理接口和顺序的传统命名规则外，Linux 还提供了持久设备命名规则。这种规则使用设备的 UUID（全局唯一标识符）或 LABEL（标签）来命名设备，以避免设备编号因系统重启或设备插拔而发生变化。然而，需要注意的是，在大多数情况下，用户仍然会通过/dev/sdx 这样的传统命名方式来访问磁盘设备。

## 4.1.4 Linux 磁盘分区

Linux 磁盘分区是 Linux 操作系统管理中的一个重要环节，它允许用户将一个物理硬盘划分为多个逻辑分区，每个分区可以独立地使用和管理。

**1．分区类型**

Linux 磁盘分区主要分为以下几种类型。

类型 1，主分区。

主分区（primary partition）是磁盘上的基本分区，可以直接被系统识别并使用。每个硬盘最多只能有 4 个主分区（包括扩展分区，因为扩展分区也被视为一个主分区使用）。主分区可以立即被格式化并安装操作系统。

类型 2，扩展分区。

扩展分区（extended partition）是一种特殊的主分区，它本身不能被直接格式化或用作数据存储。扩展分区的目的是突破 4 个主分区的限制，它可以在其中创建多个逻辑分区。每个硬盘只能有一个扩展分区。

类型 3，逻辑分区。

逻辑分区（logical partition）是在扩展分区内部创建的分区。逻辑分区可以被格式化为不同的文件系统，并用于数据存储或其他用途。一个扩展分区可以包含多个逻辑分区。

**2．分区原理**

Linux 磁盘分区是通过修改磁盘分区表来实现的。分区表记录了硬盘上所有分区的信息，包括每个分区的起始位置、大小、类型等。在 Linux 中，常用的分区表格式有主引导记录（master boot record，MBR）和全局唯一标识分区表（guid partition table，GPT）两种。

主引导记录（MBR）是传统的分区表格式，它使用 64 B 的分区表项来记录分区信息，因此最多只能支持 4 个主分区或 3 个主分区加 1 个扩展分区。MBR 分区表还包含了引导加载程序（如 GRUB）的代码，用于在系统启动时加载操作系统。

全局唯一标识分区表（GPT）是一种更现代的分区表格式，它使用更大的空间来存储分区信息，并支持更多的分区数量和更大的硬盘容量。GPT 还提供了更强大的数据完整性和错误恢复能力。

### 3．分区操作

在 Linux 中，进行磁盘分区操作通常需要使用分区工具，如 fdisk、parted、gparted 等。这些工具提供了图形界面或命令行界面，允许用户创建、删除、调整分区大小等操作。

操作 1，查看磁盘信息：可以使用 fdisk 或 lsblk 命令来查看当前系统上的可用磁盘设备和分区信息。

操作 2，创建新分区：使用分区工具（如 fdisk 命令）进入交互式界面，按照提示输入命令来创建新分区。需要指定分区类型（主分区、扩展分区或逻辑分区）、起始位置、大小等信息。

操作 3，格式化分区：分区创建后，需要使用格式化命令（如 mkfs.ext4 命令）来指定文件系统类型并格式化分区。这将清除分区上的所有数据，并准备好分区以供使用。

操作 4，挂载分区：格式化后的分区需要挂载到文件系统的某个目录下才能被访问和使用。可以使用 mount 命令来挂载分区，并设置开机自动挂载（通过编辑/etc/fstab 文件完成）。

### 4．注意事项

在进行磁盘分区操作前，用户务必备份重要数据以防止数据丢失。分区操作涉及系统底层结构，需要谨慎操作以避免系统崩溃或数据损坏。不同的 Linux 发行版可能具有不同的分区工具和命令选项，因此建议参考具体发行版的官方文档或指南进行操作。

## 4.1.5　磁盘分区规划

在安装 Ubuntu 操作系统前，需先对磁盘分区以规划存储。安装过程中，Ubuntu 提供可视化工具简化分区步骤。安装完毕后，若需扩展存储，如添加新盘或调整旧盘分区，需借助专业的磁盘分区工具。分区规划应基于应用需求和磁盘实际容量，以确保系统性能和数据管理的有效性。

### 1．分区类型：Linux Native 与 Linux Swap

在 Linux 操作系统中，分区是一个重要的概念，它允许将硬盘分割成不同的部分，每个部分可以独立进行管理和使用。其中，Linux Native（本地分区）和 Linux Swap（交换分区）是两种基本的分区类型，它们在系统运行和资源管理中扮演着不同的角色。

类型 1，Linux Native（本地分区）。

Linux Native 分区是存放系统文件和用户数据的主要区域。这种分区类型可以使用多种文件系统格式，如 EXT2、EXT3、EXT4、XFS 等。Linux Native 分区主要用于存储系统文件、应用程序和用户数据。用户可以根据需要创建多个 Linux Native 分区，并为它们指定不同的挂载点（Mount Point），以便更好地组织和管理文件系统。每个 Linux Native 分区都需要指定一个挂载点，即它在文件系统中的入口目录。例如，根目录（/）通常挂载在一个 Linux Native 分区上，而用户目录（/home）和程序目录（/usr）等则可以挂载在不同的分区上。

类型 2，Linux Swap（交换分区）。

Linux Swap 分区是一种特殊类型的分区，它主要用于当物理内存不足时，将暂时不常用的数据从内存中交换到硬盘上，以释放内存空间供更活跃的程序使用。Linux Swap 分区作为虚拟内存使用，它可以在物理内存不足时提供额外的内存空间，从而避免系统因内存不足而崩溃。Linux Swap 分区的大小应根据系统的物理内存大小和实际需求进行设置。一般来说，Linux Swap 分区的大小应至少等于系统的物理内存量，但是也可以设置为物理内存的一至两倍。然而，过大的 Linux Swap 分区可能会导致性能下降，因为硬盘的读写速度远低于内存。Linux 操作系统支持创建多个 Linux Swap 分区，但是通常不需要太多。在实际应用中，一个或两个 Linux Swap 分区就足够满足大多数需求。

**2．规划磁盘分区**

在规划磁盘分区时，尽管理论上允许可创建无限分区，但是实际中往往根据实际需求精简数量。关键在于平衡磁盘容量、系统规模与特定用途，同时预留备份空间。为提升系统启动的健壮性，可考虑设立专门的/boot 分区，仅用于存放启动相关文件，该分区通常设定在磁盘起始位置，大小约 100 MB，以应对老旧硬件兼容性问题。/boot 分区非必选项，未设置时，引导文件将直接置于根分区。针对大容量磁盘，建议按功能划分，如/home 分区存储个人数据，/tmp 分区则专用于临时文件。分区数量增加时，需利用扩展分区来管理逻辑分区。若系统配置多硬盘，可灵活划分独立分区以优化数据管理。无论分区位于何盘，挂载至根目录是其有效使用的必要步骤。

## 4.1.6　磁盘分区工具

在 Ubuntu 操作系统中，为了应对多样化的磁盘管理需求，用户可从中选择多种磁盘分区工具。其中，命令行环境下的两款老牌工具 fdisk 和 parted 广受欢迎。fdisk 凭借其简单易用性和高度灵活性，在各大 Linux 发行版中均占据一席之地，是用户进行基本分区操作的理想选择。parted 工具则以其更强大的功能特性脱颖而出，不仅能够支持多样化的分区类型，还允许用户在不丢失数据的情况下调整分区大小，尽管其操作界面相对于 fdisk 工具而言稍显复杂。

对于偏好文本窗口界面的用户，Ubuntu 操作系统还提供了 cfdisk 工具，它进一步优化了用户体验，使分区操作界面更加直观易懂。用户仅需通过简单的命令行指令 sudo cfdisk 即可启动 cfdisk 工具。默认情况下它会对系统内的第一个磁盘进行分区管理，但如需对其他磁盘进行操作，用户则需在命令中明确指定相应的磁盘设备名。

对于那些追求更加专业化分区管理体验的用户，还可以选择安装 gparted 这款专门的图形界面分区工具。gparted 工具以其强大的功能和便捷的操作赢得了众多用户的青睐，无论是创建新分区、调整分区大小还是合并、删除分区，它都能为用户提供完善的解决方案。

## 4.1.7 使用 cfdisk 进行分区管理

在 Linux 操作系统中，对磁盘进行分区、建立文件系统和挂载这些分区到系统目录，是管理磁盘空间和存储数据的基本步骤。下面给出基于 cfdisk 命令进行分区操作的示例。

### 1．cfdisk 命令的基本使用

cfdisk 命令在大多数 Linux 发行版中都可以使用，包括但不限于 Debian、Ubuntu、Alpine、Arch Linux、Kali Linux、RedHat/CentOS、Fedora 和 Raspbian。

cfdisk 命令在 Linux 发行版中是默认安装的，如果在某些 Linux 发行版中无法使用该命令，通常可以通过 util-linux 安装包来解决。

在 Debian 和 Ubuntu 中，使用以下命令进行安装。

```
# sudo apt-get install util-linux
```

在 RedHat/CentOS 7 中，使用以下命令进行安装。

```
# sudo yum install util-linux
```

在 RedHat/CentOS 8 和 Fedora 中，使用以下命令进行安装。

```
# sudo dnf install util-linux
```

cfdisk 命令的基本语法如下。

```
cfdisk [选项] [设备]
```

选项说明如下。

-h, --help：显示帮助文本并退出。

-L, --color [=when]：显示彩色输出。可选参数为 when。也可以是 auto、never 或 always。如果省略 when 参数，将默认参数为 auto。

-V, --version：显示版本信息并退出。

-z, --zero：从内存中的零分区表开始。此选项不会在磁盘上将分区表归零，而是简单地在不读取现有分区表的情况下启动程序。

**2. 使用 cfdisk 命令创建一个基本的 Linux 分区**

使用 cfdisk 命令创建分区的步骤如下。

步骤 1：使用 lsblk 命令查看所有可用的块设备信息。lsblk 命令（list block）用于列出所有可用块设备的信息，而且还能显示它们之间的依赖关系，但是它不会列出 RAM 盘的信息，命令如下。

```
# lsblk
```

运行效果如图 4-2 所示。

```
NAME    MAJ:MIN RM   SIZE RO TYPE MOUNTPOINT
sda       8:0    0     8G  0 disk
sdb       8:16   0    32G  0 disk
sr0      11:0    1   244M  0 rom  /lib/live/mount/medium
loop0     7:0    0 206.2M  1 loop /lib/live/mount/rootfs/filesystem.squashfs
```

图 4-2　查看所有可用的块设备信息

步骤 2：创建新的分区。在 sdb 磁盘上使用 cfdisk 命令新建分区，命令如下。

```
sudo cfdisk /dev/sdb
```

运行效果如图 4-3 所示。

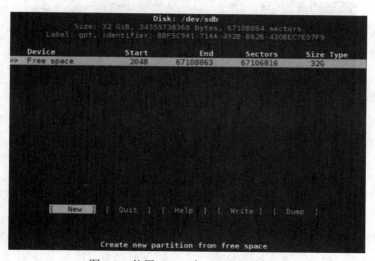

图 4-3　使用 cfdisk 在 sdb 上新建分区

输入此命令后，将进入分区编辑器，然后访问 sdb 磁盘。

步骤 3：需要创建根分区。这需要根据磁盘的字节数来进行分割。sdb 的磁盘大小是 32 GB。在 cfdisk 命令中使用键盘上的方向键选择需要分配的空间。使用箭头选择"New"，然后按"Enter"键。

步骤 4：输入新建分区大小，例如输入"15G"，按"Enter"键确认，如图 4-4 所示。这个新建的分区将被称为根分区（或/dev/sdb1）。

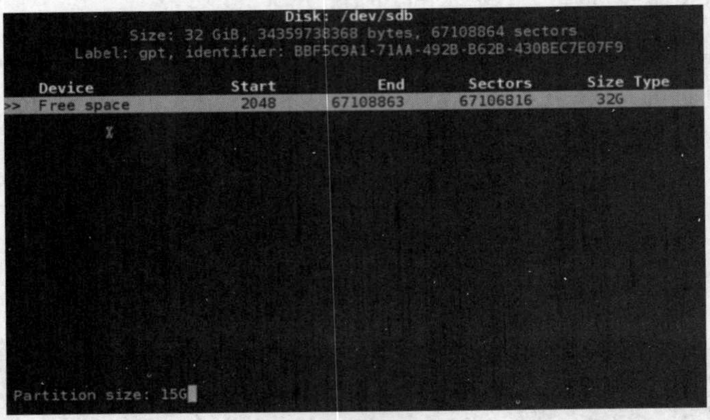

图 4-4　指定根分区大小

步骤 5：创建 home 分区（/dev/sdb2）。需要在 cfdisk 中再选择一些空闲分区。使用箭头选择"New"选项，然后按"Enter"键。之后输入 home 分区的大小，然后按"Enter"键来创建 home 分区，如图 4-5 所示。

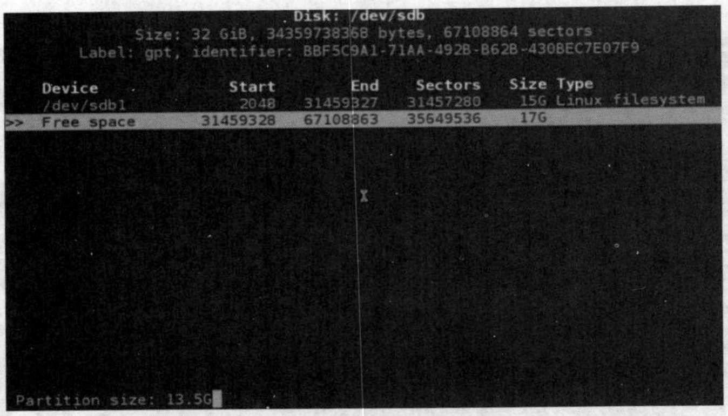

图 4-5　创建 home 分区

步骤 6：创建交换分区。同步骤 5 一样，先找空闲分区，并使用箭头选择"New"选项。之后计算 Linux 想使用多大的交换分区。需要注意的是，交换分区通常和计算机的内存差不多大。

交换分区创建完毕，需要指定其类型。使用上下箭头来选择它，使用左右箭头选择"Type"。找到"Linux swap"选项，如图 4-6 所示，然后按"Enter"键。所有分区创建后就可以将其写入到磁盘。使用右箭头键，选择"Write"选项，然后按"Enter"键，便将新创建的分区写入到磁盘中，如图 4-7 所示。

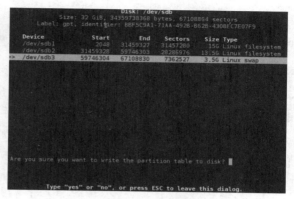

图 4-6　创建交换分区　　　　　　图 4-7　将分区信息写入磁盘

## 任务 4.2　文件系统管理

**任务介绍**

　　Linux 文件系统是 Linux 操作系统的核心组件，它负责管理存储在硬盘上的数据和文件。Linux 文件系统通过树状结构，从根目录（/）开始，向下扩展出各种目录和文件，实现高效的数据存储与访问。Linux 支持多种文件系统类型，如 EXT4、XFS 等，以确保数据的安全与性能。一切皆文件的理念，使得 Linux 能统一管理硬件资源、程序文件与用户数据。

　　本任务的 4.2.1～4.2.2 为任务相关知识，4.2.3～4.2.5 为任务实验步骤。

　　本任务的要求如下。

　　1）掌握建立文件系统的基本操作方法。

　　2）掌握挂载文件系统的基本操作方法。

　　3）掌握维护文件系统的基本操作方法。

### 4.2.1　常见的 Linux 文件系统

　　Linux 操作系统支持多种文件系统格式，每种文件系统都有其独特之处，选择哪种文件系统取决于具体的应用需求、存储硬件和个人偏好。以下是常用的几种 Linux 文件系统。

#### 1．EXT4 格式

　　用途：第四代扩展文件系统（fourth extended filesystem，EXT4）是许多 Linux 发行版

默认的文件系统，它提供了良好的性能和可靠性。

优势：支持大文件、大分区、文件压缩、在线碎片整理等特性。EXT4 还具备日志功能，增强了数据的安全性。

### 2．XFS 格式

用途：XFS 一种高性能的日志文件系统，1993 年由美国硅图公司（Silicon Graphics，SGI）开发，特别适用于高性能的写入密集型应用，如数据库和文件服务器。

优势：支持非常大的文件和卷，以及高并发操作。XFS 的设计使得它在数据一致性和性能上表现出色。

### 3．NTFS 格式

用途：新技术文件系统（new technology file system，NTFS）是微软公司开发的 Windows 文件系统，在 Linux 中可以通过第三方驱动，如 ntfs-3g 命令来读取和写入。

优势：对于需要在 Linux 环境中访问 Windows 文件系统的用户来说，NTFS 格式提供了兼容性。

### 4．FAT32 格式

用途：文件分配表（file allocation table，FAT）是一种由微软发明并拥有部分专利的文件系统。FAT32 格式指的是文件分配表采用 32 位二进制数记录管理的磁盘文件。FAT 文件系统的核心是文件分配表，命名由此得来。因为是一种较旧的文件系统，它广泛用于 USB 闪存驱动器和移动存储设备，电视和车载系统往往支持此类格式。

优势：兼容性广，几乎所有操作系统都支持 FAT32 文件系统，使得数据交换变得简单。

### 5．exFAT 格式

用途：扩展文件分配表（extended file allocation tabl，exFAT），是微软公司在 Windows Embeded 5.0 以上（包括 Windows CE 5.0/6.0、Windows Mobile5/6/6.1）中引入的一种适用于闪存的文件系统，为了解决 FAT32 等不支持 4 GB 及更大的文件问题而推出的，是专为闪存存储设计的文件系统，支持大于 4 GB 的文件和大容量存储设备。

优势：随着闪存存储设备的普及，exFAT 格式在 Linux 中的支持也逐渐得到改善，提供了更好的兼容性和性能。

### 6．Btrfs 格式

用途：Btrfs（通常念成 Butter FS）是一种现代化的文件系统，支持高级特性，如数据完整性校验、快照、文件系统级压缩和写入拷贝（copy-on-write，COW）。

优势：这些特性使得 Btrfs 格式在需要高数据完整性和灵活性的场景下非常有用。

### 7．tmpfs 格式

用途：虚拟内存文件系统（tmpfs）是一种基于内存的临时文件系统，通常用于存储临时文件，如/dev/shm 文件。

优势：读、写速度非常快，因为所有数据都存储在内存中。但是系统重新引导时会丢失所有数据。

## 4.2.2 文件系统常用命令

### 1. df

df（disk free）命令主要用于显示文件系统的磁盘空间占用情况。它能够帮助用户了解各个挂载点的可用空间和已用空间，以便管理存储资源。

df 命令的使用语法如下。

```
df [选项] [FILE]
```

选项说明如下。

-a, --all：显示所有文件系统，包括虚拟文件系统。

-B, --block-size=SIZE：指定块大小，以特定单位显示磁盘空间信息（如 MB、GB）。

-h, --human-readable：以人类可读的格式显示输出结果。

-H, --si：以 1000 作为基数，以 SI 单位显示输出结果（如 MB、GB）。

-i, --inodes：显示 inode（索引节点）使用情况而不是块使用情况。

-k, --kilobytes：以 kB 作为单位显示磁盘空间信息。

-l, --local：仅显示本地文件系统。

-m, --portability：使用 POSIX 输出格式。

-n, --no-sync：不执行文件系统同步操作。

-P, --portability：使用 POSIX 输出格式。

-t, --type=TYPE：仅显示指定类型的文件系统。

-T, --print-type：显示文件系统的类型。

-x, --exclude-type=TYPE：排除指定类型的文件系统。

--sync：在显示文件系统信息之前执行文件系统同步操作。

--total：在输出的最后一行显示总计。

-v, --verbose：详细显示文件系统信息。

--help：显示帮助信息并退出。

--version：显示版本信息并退出。

df 命令的实例如下。

实例 1，显示文件系统的磁盘使用情况统计，命令如下。

```
# df
Filesystem      1K-blocks    Used      Available    Use%      Mounted on
/dev/sda6       29640780     4320704   23814388     16%       /
```

| udev | 1536756 | 4 | 1536752 | 1% | /dev |
|------|---------|---|---------|-----|------|
| tmpfs | 617620 | 888 | 616732 | 1% | /run |
| none | 5120 | 0 | 5120 | 0% | /run/lock |
| none | 1544044 | 156 | 1543888 | 1% | /run/shm |

说明如下。

Filesystem：文件系统的名称或标识符。

1K-blocks：文件系统的总容量，以 1 kB 块为单位。即文件系统总大小。

Used：文件系统已经使用的容量，以 1 kB 块为单位。

Available：文件系统中仍然可用的容量，以 1 kB 块为单位。

Use%：文件系统已使用容量占总容量的百分比。

Mounted on：文件系统被挂载到的目录或位置。

实例 2，以人类可读的方式显示磁盘空间使用情况，命令如下。

```
# df -h
Filesystem      Size    Used    Avail   Use%    Mounted on
/dev/sda6       29G     4.2G    23G     16%     /
udev            1.5G    4.0K    1.5G    1%      /dev
tmpfs           604M    892K    603M    1%      /run
none            5.0M    0       5.0M    0%      /run/lock
none            1.5G    156K    1.5G    1%      /run/shm
```

实例 3，显示磁盘使用的文件系统信息，命令如下。

```
# df test
Filesystem      1K-blocks   Used        Available Use%   Mounted on
/dev/sda6       29640780    4320600     23814492  16%    /
```

实例 4，显示所有的信息，命令如下。

```
# df --total
Filesystem      1K-blocks   Used      Available   Use%    Mounted on
/dev/sda6       29640780    4320720   23814372    16%     /
udev            1536756     4         1536752     1%      /dev
tmpfs           617620      892       616728      1%      /run
none            5120        0         5120        0%      /run/lock
none            1544044     156       1543888     1%      /run/shm
total           33344320    4321772   27516860    14%
```

### 2. du

du（disk usage）命令用于显示目录或文件的大小，并会显示指定的目录或文件所占用的磁盘空间。

du 命令的使用语法如下。

```
du [选项] [FILE]
```

选项说明如下。

-a：列出所有的文件与目录容量，因为文件系统仅默认统计目录下的文件量。

-h：以人们较易读的容量格式（G/M）显示。

-s：仅显示指定目录或文件的总大小，而不显示其子目录的大小。

-S：包括子目录下的总计，与-s 有点差别。

-k：以 kB 为单位，列出容量显示。

-m：以 MB 为单位，列出容量显示。

du 命令的实例如下。

实例 1，显示目录或者文件所占空间，命令如下。

```
# du
608      ./test6
308      ./test4
4        ./scf/lib
4        ./scf/service/deploy/product
4        ./scf/service/deploy/info
12       ./scf/service/deploy
16       ./scf/service
4        ./scf/doc
4        ./scf/bin
32       ./scf
8        ./test3
1288     .
```

实例 2，以方便阅读的格式显示 test 目录所占空间情况，命令如下。

```
# du -h test
608K     test/test6
308K     test/test4
4.0K     test/scf/lib
4.0K     test/scf/service/deploy/product
4.0K     test/scf/service/deploy/info
12K      test/scf/service/deploy
16K      test/scf/service
4.0K     test/scf/doc
4.0K     test/scf/bin
32K      test/scf
8.0K     test/test3
1.3M     test
```

实例 3，检查根目录下每个目录所占用的容量，命令如下。

```
# du -sm /*
7        /bin
6        /boot
.....中间省略....
0        /proc
.....中间省略....
1        /tmp
```

```
3859     /usr       <==系统初期最大就是他!
77       /var
```

### 3. mkfs

mkfs（make file system）命令用于在特定的分区上建立 Linux 文件系统。

mkfs 命令的使用语法如下。

```
mkfs [选项] [-t [系统类型]] 设备 [大小]
```

选项说明如下。

-t：文件系统类型，可以是 auto、minix、unix、xt、xv 等。

-c：检查设备分区是否有坏块。

-l filename：将坏块的列表存入文件中。

-V：显示版本信息。

mkfs 命令的实例如下。

实例 1，创建文件系统，命令如下。

```
# sudo mkfs /dev/sdb1
```

实例 2，在设备上创建 EXT4 文件系统，命令如下。

```
# sudo mkfs -t ext4 /dev/sdb1
```

实例 3，使用 mkfs.vfat 创建 FAT32 文件系统，命令如下。

```
# sudo mkfs.vfat /dev/sdb1
```

实例 4，使用 mkfs.ext4 创建含有保留块的文件系统，命令如下。

```
# sudo mkfs.ext4 -m 1 /dev/sdb1
```

### 4. fsck

fsck（file system check）命令用于检查与修复 Linux 文件系统，可以同时检查一个或多个 Linux 文件系统。

fsck 命令的使用语法如下。

```
fsck [选项] [filesys]
```

filesys：device 名称（eg./dev/sda1）、mount 点（eg./或/usr）。

选项说明如下。

-t：给定文件系统的形式，若在/etc/fstab 中已有定义或 Linux 内核本身已支持的，则不需加上此选项。

-s：依序一个一个地执行 fsck 指令来检查。

-A：对/etc/fstab 中所有列出来的分区做检查。

-C：显示完整的检查进度。

-d：列出 e2fsck 的调试结果。

-p：同时有-A 条件时，同时有多个 fsck 的检查一起执行。

-R：同时有-A 条件时，省略/不检查。

-V：详细显示模式。

-a：如果检查有错则自动修复。

-r：如果检查有错则由使用者回答是否修复。

fsck 命令的实例如下。

实例 1，检查所有的文件系统，命令如下。

```
# fsck -A
```

让 fsck 命令检查/etc/fstab 定义的所有文件系统。

实例 2，检查指定的文件系统，命令如下。

```
# fsck /dev/sda1
```

fsck 命令将检查 /dev/sda1 设备对应的文件系统。

实例 3，在检查过程中显示详细信息，命令如下。

```
# fsck -V /dev/sda1
```

在检查 /dev/sda1 设备时显示详细的信息。

实例 4，进行交互式修复，命令如下。

```
# fsck -r /dev/sda1
```

fsck 命令在对/dev/sda1 进行检查时，对所有发现的问题提供交互式提示，让用户决定是否修复。

实例 5，自动修复发现的问题，命令如下。

```
# fsck -y /dev/sda1
```

这将使 fsck 命令在检查/dev/sda1 设备时，自动修复所有发现的问题。

实例 6，检查多个文件系统，命令如下。

```
# fsck /dev/sda1 /dev/sdb2
```

fsck 将依次检查/dev/sda1 和/dev/sdb2 设备对应的文件系统。对于所有设备，fsck 命令将采取与检查单个设备时相同的策略。

## 5．dumpe2fs

dumpe2fs 命令用于输出"EXT2/EXT3"文件系统的超级块和块组信息。

dumpe2fs 命令的使用语法如下。

```
dumpe2fs[选项]
```

选项说明如下。

-b：输出文件系统中预留的块信息。

-ob<超级块>：指定检查文件系统时使用的超级块。

-ob<块大小>：检查文件系统时使用的指定的块大小。

-h：仅显示超级块信息。

-i：从指定的文件系统镜像文件（映像文件）中读取文件系统信息。

-x：以 16 进制格式输出信息块成员。

dumpe2fs 命令的实例如下。

实例，输出/dev/sda1 文件系统的超级块和块组信息，命令如下。

```
# dumpe2fs /dev/sda1
```

执行结果如图 4-8 所示。

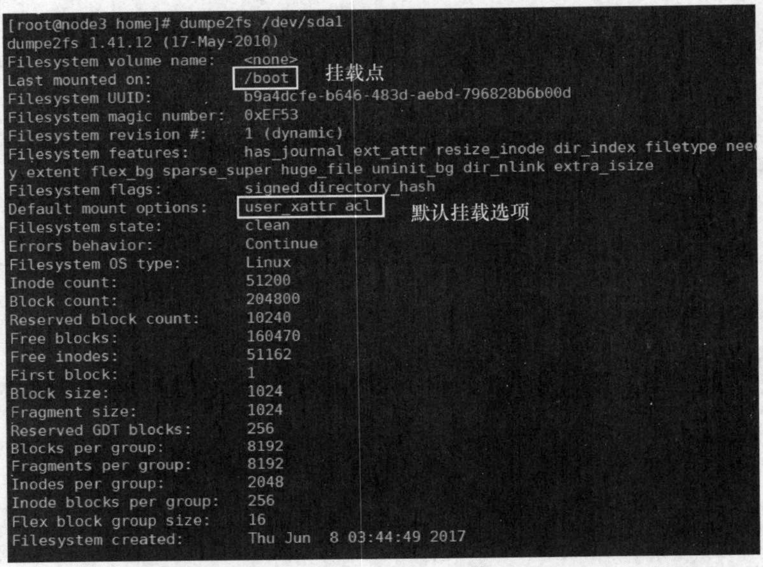

图 4-8　/dev/sda1 文件系统的超级块和块组信息

### 6．mount

mount 是 Linux 操作系统中用于挂载文件系统的关键命令。无论是挂载硬盘驱动器、网络共享还是其他文件系统，mount 命令都是进行文件系统挂载的主要工具。

mount 命令的使用语法如下。

```
mount [选项] [device] [dir]
```

选项说明如下。

-V：显示程序版本。

-h：显示辅助信息。

-v：显示比较信息，通常和-f用来除错。

-a：将/etc/fstab 中定义的所有文件系统挂载上。

-F：这个命令通常和-a 一起使用，它会为每一个 mount 命令的动作产生一个进程负责执行。在系统需要大量挂载上 NFS 文件时可以加快挂载上的动作。

-f：通常用于除错。它会使 mount 并不执行实际挂载上的动作，而是模拟整个挂载上的过程。通常会和-v 一起使用。

-n：一般而言，mount 命令在挂载上后会在/etc/mtab 中写入一笔信息。但是在系统中没有可写入文件系统存在的情况下可以用这个选项取消这个动作。

-s-r：等于-oro。

-w：等于-orw。

-L：将含有特定标签的硬盘分割挂载上。

-U：将文件分割序号为含有特定标签的文件系统挂下。-L 和-U 必须在/proc/partition 这种文件存在时才有意义。

-t：指定文件系统的形态，通常不必指定。mount 命令会自动选择正确的形态。

-o async：打开非同步模式，所有的文件读写动作都会用非同步模式执行。

-o sync：在同步模式下执行。

-o atime、-o noatime：当 atime 文件打开时，系统会在每次读取文件时更新文件的上一次调用时间。当我们刷新文件系统时可能会把这个选项关闭，以减少写入的次数。

-o auto、-o noauto：打开/关闭自动挂载上模式。

-o defaults：使用预设的选项 rw、suid、dev、exec、auto、nouser、and async.-o dev、-o nodev-o exec、-o noexec 允许可执行文件被执行。

-o suid、-o nosuid：允许可执行文件在 root 权限下执行。

-o user、-o nouser：使用者可以执行 mount/umount 的动作。

-o remount：将一个已经挂载的文件系统重新用不同的方式挂载上。例如原先是只读的系统，现在用可读写的模式重新挂载上。

-o ro：用只读模式挂载上。

-o rw：用可读写模式挂载上。

-o loop=：使用 loop 模式将一个文件当成硬盘分割挂载上系统。

mount 命令的实例如下。

实例 1，将/dev/hda1 挂在/mnt 之下，命令如下。

```
#mount /dev/hda1 /mnt
```

实例 2，将/dev/hda1 用只读模式挂在/mnt 之下，命令如下。

```
#mount -o ro /dev/hda1 /mnt
```

实例 3，将/tmp/image.iso 这个光盘的 image 文件使用的 loop 模式挂在/mnt/cdrom 之下。用这种方法可以将网络上可以找到的 Linux 光盘 ISO 文档在不烧录光盘的情况下检查其内容，命令如下。

```
#mount -o loop /tmp/image.iso /mnt/cdrom
```

实例 4，挂载网络文件系统（NFS），命令如下。

```
#mount -t nfs server:/share /mnt/nfs-share
```

### 7．quota

quota 命令用于显示磁盘已使用的空间与限制。执行 quota 指令，可查询磁盘空间的限制，并得知已使用多少空间。

quota 命令的使用语法如下。

```
quota [选项] [用户名]
```

选项说明如下。

-a：显示所有用户的磁盘配额使用情况。

-f<文件系统>：指定文件系统，显示该文件系统的磁盘配额使用情况。

-h：以人类可读的格式显示磁盘配额使用情况。

-v：显示用户的磁盘配额使用情况，并包括文件数。

-c：以 CSV 格式输出磁盘配额使用情况。

<用户名>：指定要查看配额的用户。

quota 命令的实例如下。

实例 1，使用 quota 命令显示用户的磁盘配额使用情况，命令如下。

```
quota
```

实例 2，使用 quota 命令显示指定用户的磁盘配额使用情况，命令如下。

```
quota username
```

实例 3，使用 quota 命令以人类可读的格式显示用户的磁盘配额使用情况，命令如下。

```
quota -h
```

实例 4，使用 quota 命令显示所有用户的磁盘配额使用情况，命令如下。

```
quota -a
```

实例 5，使用 quota 命令显示指定文件系统的磁盘配额使用情况，命令如下。

```
quota -f /dev/sda1
```

实例 6，使用 quota 命令显示用户的磁盘配额使用情况，并包括文件数，命令如下。

```
quota -v
```

实例 7，使用 quota 命令显示用户的磁盘配额使用情况，并以 CSV 格式输出，命令如下。

```
quota -c
```

## 4.2.3  使用 mkfs 创建文件系统

找出要使用的磁盘，在终端输入 lsblk 并列出所有可用块设备的信息，在其中找到想创建文件系统的分区或盘符，如图 4-9 所示。

```
# lsblk
```

```
NAME     MAJ:MIN RM   SIZE RO TYPE MOUNTPOINT
sda       8:0     0     8G  0 disk
sdb       8:16    0    32G  0 disk
├─sdb1    8:17    0    15G  0 part
├─sdb2    8:18    0  13.5G  0 part
├─sdb3    8:19    0   3.5G  0 part
sr0      11:0     1   244M  0 rom  /lib/live/mount/medium
loop0     7:0     0 206.2M  1 loop /lib/live/mount/rootfs/filesystem.squashfs
```

图 4-9    所有可用块设备信息

将第二个硬盘的 /dev/sdb1 作为第一个分区。此时需要注意，如果是针对 /dev/sdb 使用 mkfs 命令，该操作会作用于整个 /dev/sdb 分区。要在一个特定的分区上创建新文件系统，只需输入特定分区的信息即可，如图 4-10 所示。

```
# sudo mkfs.ext4 /dev/sdb1
```

```
mke2fs 1.42.13 (17-May-2015)
Creating filesystem with 3932160 4k blocks and 983040 inodes
Filesystem UUID: f38e9d90-4273-4d55-8b19-e5cbc99ad525
Superblock backups stored on blocks:
        32768, 98304, 163840, 229376, 294912, 819200, 884736, 1605632, 265420
8

Allocating group tables: done
Writing inode tables: done
Creating journal (32768 blocks): done
Writing superblocks and filesystem accounting information: done
```

图 4-10    针对/dev/sdb1 创建一个文件系统

## 4.2.4    使用命令行工具挂载文件系统

创建图像文件：命令如下。使用 dd 命令来创建图像文件，图像文件是通过获取源数据并将其放入图像中创建的。

```
dd if=/dev/zero of=~/howtogeek.img bs=1M count=250
```

其中，if（输入文件）选项告诉 dd 命令使用/dev/zero 作为输入数据源，这将是一个零流；of（输出文件）选项为图像文件提供名称 "howtogeek.img"。

图像文件的大小由添加到其中的块的大小和数量决定。使用 bs（块大小）选项请求 1 MB 的块大小；使用 count 选项请求 250 个块。这将为我们提供一个 250 MB 的文件系统。发出此命令时，需调整块数以满足实际需要以及 Linux 计算机上的备用容量。

创建文件系统，命令如下。将 howtogeek.img 设置为 EXT2 的文件系统，如图 4-11 所示。其主要目的是告知操作系统将 howtogeek.img 视为图像文件。

```
mkfs.ext2 ~/howtogeek.img
```

```
mke2fs 1.44.1 (24-Mar-2018)
Discarding device blocks: done
Creating filesystem with 256000 1k blocks and 64000 inodes
Filesystem UUID: 110fa4e4-2fc1-45b3-b932-da0602e14c17
Superblock backups stored on blocks:
        8193, 24577, 40961, 57345, 73729, 204801, 221185

Allocating group tables: done
Writing inode tables: done
Writing superblocks and filesystem accounting information: done
```

图 4-11    将 howtogeek.img 设置为 EXT2 的文件系统

创建临时挂载点，命令如下。这是一个临时设置，在 /mnt 中创建一个名为"geek"的挂载点。在完成后将其删除。

```
# sudo mkdir /mnt/geek
```

挂载文件系统，命令如下。

```
# sudo mount /howtogeek.img /mnt/geek
```

更改挂载点的文件所有权，以便对其具有读、写权限，命令如下。

```
# sudo chown dave:users /mnt/geek/
```

验证，命令如下。现在可使用新的文件系统。切换至文件系统中，并将一些文件复制到其中。

```
# cd /mnt/geek
# cp ~/Documents/Code/*.? .
```

此命令会将所有具有单字母扩展名的文件从/Documents/Code 目录复制到新的文件系统中。使用 ls 命令检查是否被复制成功，运行结果如图 4-12 所示。

```
# ls
```

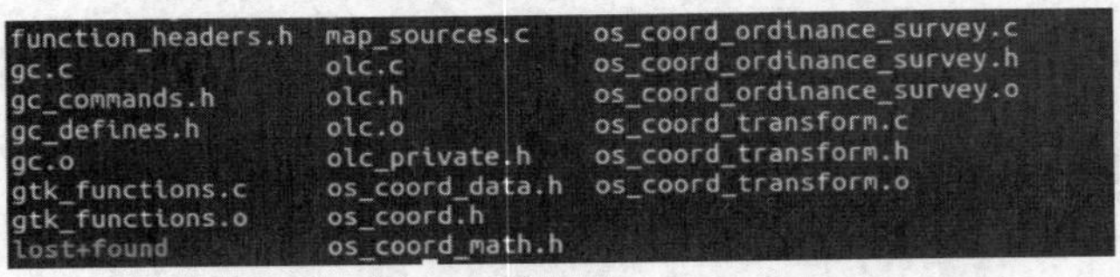

图 4-12　使用 ls 查看/mnt/geek 下的文件

文件复制成功，表示文件系统已经成功创建、挂载以及使用。

卸载文件系统，命令如下。

```
# sudo umount /mnt/geek
```

卸载完毕返回/mnt/geek 并检查文件，命令如下。这时应该看不到任何文件，因为它们虽然在之前创建的文件系统中，但是该文件系统已经被系统卸载。

```
# cd /mnt/geek
# ls
```

卸载完成后，删除"geek"挂载点。使用 rmdir 命令，具体如下。

```
# cd /mnt
# sudo rmdir geek
```

## 4.2.5　使用 quota 命令进行磁盘配额管理

Linux 操作系统是多用户、多任务的操作系统，但是硬件资源是固定而且有限的，如果某些用户不断地在 Linux 操作系统上创建文件或者存放电影，硬盘空间总有一天会被占满。

针对这种情况，root 用户就需要使用磁盘容量配额服务限制某位用户或某个用户组针对特定文件夹可以使用的最大硬盘空间或最大文件个数，一旦达到这个最大值就不再允许继续使用。

可以使用 quota 命令进行磁盘容量配额管理，从而限制用户的硬盘可用容量或所能创建的最大文件个数。quota 命令可以用来监控用户的磁盘配额使用情况，并向用户发送警告信息。

### 1. 安装 quota

quota 命令在大多数 Linux 发行版中都可以使用，包括 Debian、Ubuntu、RedHat/CentOS 等。如果在某些 Linux 发行版中没有预装 quota 命令，可以通过以下命令进行安装。

在 Debian 和 Ubuntu 发行版中，使用以下命令进行安装。

```
# sudo apt install quota
```

在 CentOS 和 RedHat 发行版中，使用以下命令进行安装。

```
# sudo dnf install quota
```

需要注意的是：quota 命令需要 root 或具有 sudo 权限的用户才能查看和管理磁盘配额；quota 命令只能用于支持磁盘配额的文件系统，如 EXT3、EXT4 等，使用时应确保用户的文件系统支持磁盘配额功能。

### 2. 使用 mount 命令查看配置前的服务状态

在对/boot 目录配置前，需要使用 mount 命令查看/boot 目录是否包含 quota 配额服务，命令如下。

```
# mount | grep boot
/dev/sda1 on /boot type xfs (rw,relatime,seclabel,attr2,inode64,noquota)
```

### 3. 修改/etc/fstab 配置文件

从上面命令的结果可知，/boot 目录不包含 quota 配额服务，需要使用 Vim 编辑器修正/etc/fstab 配置文件。/etc/fstab 系统中默认如下内容。

```
UUID=32635a67-1a0f-4df4-907f-f9bf12f87488 /boot   xfs   defaults        1 2
```

将/etc/fstab 默认内容修改为：

```
UUID=32635a67-1a0f-4df4-907f-f9bf12f87488 /boot   xfs   defaults,uquota  1 2
```

使用 cat 命令查看文件是否修正成功，运行效果如图 4-13 所示。

```
# cat /etc/fstab
```

图 4-13　使用 cat 查看/etc/fstab 文件的内容

### 4．重启系统，再次查看配置后的磁盘容量配额服务

使用 reboot 命令重启系统，重启完毕后再次使用 mount 命令查看/boot 目录是否已经具有磁盘配额服务，命令如下。

```
# reboot
# mount | grep boot
/dev/sda1 on /boot type xfs (rw, relatime, seclabel, attr2, inode64, usrquota)
```

### 5．为普通用户针对/boot 目录增加写的权限

使用 ll 命令查看到普通用户对当前/boot 分区只有读和执行权限，使用 chmod 命令增加普通用户的写权限，再次使用 ll 命令可以看到普通用户具有可读、可写、可执行权限，说明权限修正成功。命令如下。

```
# ll -d /boot
dr-xr-xr-x. 3 root root 4096 Oct 15 18:41 /boot
# chmod -Rf o+w /boot
# ll -d /boot
dr-xr-xrwx. 3 root root 4096 Oct 15 18:41 /boot
```

### 6．创建测试用户

创建测试用户用于测试新建用户对于/boot 分区的配额操作。首先查看存储用户信息的/etc/passwd 文件中最后几位的用户信息，然后新增测试用户，最后再次查看/etc/passwd 文件中最后几位的用户信息是否包含刚刚创建的测试用户。命令如下。

```
# tail -n 3 /etc/passwd
tcpdump:x:72:72::/:/sbin/nologin
linuxprobe:x:1000:1000:linuxprobe:/home/linuxprobe:/bin/bash
apache:x:48:48:Apache:/usr/share/httpd:/sbin/nologin
# useradd tom
# tail -n 3 /etc/passwd
linuxprobe:x:1000:1000:linuxprobe:/home/linuxprobe:/bin/bash
apache:x:48:48:Apache:/usr/share/httpd:/sbin/nologin
tom:x:1001:1001::/home/tom:/bin/bash
```

### 7．设置磁盘配额

使用 xfs_quota 命令为 tom 用户在/boot 目录中设置磁盘配额，命令如下。

```
# xfs_quota -x -c 'limit bsoft=3m bhard=6m isoft=3 ihard=6 tom' /boot
## -x 表示专家模式，-c 表示以参数的形式设置要执行的命令，设置了/boot 目录针对 tom 用户可以
使用的最大磁盘软限制为 3MB，硬限制为 6MB，文件个数的软限制为 3 个，硬限制为 6 个。
# xfs_quota -x -c report /boot   ## 查看/boot 目录的磁盘配额情况
User quota on /boot (/dev/sda1)
                              Blocks
User ID          Used      Soft        Hard     Warn/Grace
---------- -------------------------------------------------
root            95348         0           0     00 [--------]
tom                 0      3072        6144     00 [--------]
```

```
# su - tom    ## 切换至 tom 用户
Last login: Sat Oct 24 22:36:39 CST 2020 on pts/1
Last failed login: Sat Oct 24 22:36:58 CST 2020 on pts/1
There was 1 failed login attempt since the last successful login.
$ whoami
tom
$ dd if=/dev/zero bs=2M count=1 of=/boot/a.txt
## 在/boot 目录中创建大小为 2MB 的文件
1+0 records in
1+0 records out
2097152 bytes (2.1 MB) copied, 0.00122827 s, 1.7 GB/s
$ dd if=/dev/zero bs=20M count=1 of=/boot/b.txt
## 在/boot 目录中创建大小为 20MB 的文件，显示超过磁盘配额
dd: error writing '/boot/b.txt': Disk quota exceeded
1+0 records in
0+0 records out
4194304 bytes (4.2 MB) copied, 0.00490335 s, 855 MB/s
$ rm /boot/{a.txt,b.txt} -f   ## 删除 a.txt、b.txt
$ touch /boot/{a.txt,b.txt}    ## 一次性创建两个文件
$ rm /boot/{a.txt,b.txt} -f    ## 删除
$ touch /boot/{a.txt,b.txt,c.txt,d.txt,e.txt,f.txt,g.txt}
## 一次性创建 7 个文件，显示超过磁盘配额
touch: cannot touch '/boot/g.txt': Disk quota exceeded
```

## 8. 针对用户的磁盘配额修改目录

针对 tom 用户的磁盘配额，使用 edquota 命令修改/boot 目录，命令如下。

```
$ su - root   ## 切换至 root 用户
Password:
Last login: Sat Oct 24 22:32:42 CST 2020 from 192.168.3.4 on pts/2
# xfs_quota -x -c report /boot   ## 查看磁盘配额
User quota on /boot (/dev/sda1)
                                Blocks
User ID          Used          Soft          Hard     Warn/Grace
---------- -------------------------------------------------------
root             95348            0             0      00 [--------]
tom                  0         3072          6144      00 [--------]
# edquota -u tom
## edquota -u user 对用户的磁盘配额进行设置，执行命令后进入编辑模式，修改红色标记内容
Disk quotas for user tom (uid 1001):
  Filesystem     blocks       soft         hard      inodes      soft       hard
  /dev/sda1        0          3072        100044        6          3         10
# xfs_quota -x -c report /boot   ## 查看磁盘配额
User quota on /boot (/dev/sda1)
                                Blocks
User ID          Used          Soft          Hard     Warn/Grace
---------- -------------------------------------------------------
```

```
root              95348              0              0      00 [--------]
tom                   0           3072         100044      00 [--------]
# rm -f /boot/*.txt   ## 删除/boot 目录下所有 txt 文本
# su - tom    ## 切换至 tom 用户
Last login: Sat Oct 24 22:37:11 CST 2020 on pts/1
$ dd if=/dev/zero bs=20M count=1 of=/boot/a.txt ## 创建大小为 20MB 的文件
1+0 records in
1+0 records out
20971520 bytes (21 MB) copied, 0.015644 s, 1.3 GB/s
$ dd if=/dev/zero bs=200M count=1 of=/boot/a.txt
## 创建大小为 200MB 的文件，显示超出磁盘配额
dd: error writing '/boot/a.txt': Disk quota exceeded
1+0 records in
0+0 records out
10285056 bytes (10 MB) copied, 1.86754 s, 5.5 MB/s
$ rm -f /boot/*.txt
$ touch /boot/{01..07}.txt   ## 创建 7 个文件
$ rm -f /boot/*.txt
$ touch /boot/{01..12}.txt ## 创建 12 个文件，因为设置了 10 个配额，因此有 2 个无法创建
touch: cannot touch '/boot/11.txt': Disk quota exceeded
touch: cannot touch '/boot/12.txt': Disk quota exceeded
```

## 9. 在其他目录中进行测试

通过以下命令可以进行磁盘配额测试。

```
# whoami
root
# cat /etc/fstab   ## 查看配置文件

#
# /etc/fstab
# Created by anaconda on Thu Oct 15 18:36:35 2020
#
# Accessible filesystems, by reference, are maintained under '/dev/disk'
# See man pages fstab(5), findfs(8), mount(8) and/or blkid(8) for more info
#
/dev/mapper/rhel_linuxprobe-root /       xfs     defaults      1 1
UUID=32635a67-1a0f-4df4-907f-f9bf12f87488 /boot xfs defaults,uquota  1 2
/dev/mapper/rhel_linuxprobe-swap swap    swap    defaults   0 0
/dev/cdrom      /media/mounttest        iso9660 defaults        0        0
/dev/sdb1       /mnt/sdb1test   xfs     defaults        0        0
/dev/sdb2       swap    swap    defaults        0        0
# mount | grep /mnt/sdb1test  ## 查看 /mnt/sdb1test 是否有磁盘配额服务
/dev/sdb1 on /mnt/sdb1test type xfs (rw,relatime,seclabel,attr2,inode64,noquota)
# vim /etc/fstab   ##修改配置文件
/dev/sdb1       /mnt/sdb1test   xfs     defaults,uquota 0        0
# cat /etc/fstab
```

```
#
# /etc/fstab
# Created by anaconda on Thu Oct 15 18:36:35 2020
#
# Accessible filesystems, by reference, are maintained under '/dev/disk'
# See man pages fstab(5), findfs(8), mount(8) and/or blkid(8) for more info
#
/dev/mapper/rhel_linuxprobe-root /    xfs      defaults       1 1
UUID=32635a67-1a0f-4df4-907f-f9bf12f87488 /boot  xfs  defaults,uquota  1 2
/dev/mapper/rhel_linuxprobe-swap swap        swap      defaults       0 0
/dev/cdrom        /media/mounttest       iso9660 defaults     0       0
/dev/sdb1         /mnt/sdb1test    xfs      defaults,uquota 0       0
/dev/sdb2         swap     swap     defaults       0       0
```

### 10. 重启 Linux 操作系统

重启系统的命令为 reboot，命令如下。

```
reboot
```

### 11. 查看/mnt/sdb1test 中磁盘容量配额

查看/mnt/sdb1test 中磁盘容量配额的命令如下。

```
# mount | grep /mnt/sdb1test   ## 已经开启磁盘容量配额服务
/dev/sdb1 on /mnt/sdb1test type xfs (rw,relatime,seclabel,attr2,inode64,
usrquota)
```

### 12. 设置磁盘配额

使用 xfs_quota 设置/mnt/sdb1test 对 tom 用户的磁盘配额，命令如下。

```
# ls /mnt/sdb1test/
# ll -d /mnt/sdb1test/
drwxr-xr-x. 2 root root 6 Oct 24 23:30 /mnt/sdb1test/
# chmod -Rf o+w /mnt/sdb1test/   ## 增加写的权限
# ll -d /mnt/sdb1test/
drwxr-xrwx. 2 root root 6 Oct 24 23:30 /mnt/sdb1test/
# xfs_quota -x -c 'limit bsoft=10m bhard=100m isoft=5 ihard=10 tom' /mnt/
sdb1test/   ## 设置最大文件 100MB，最多文件 10 个
# xfs_quota -x -c report /mnt/sdb1test/   ## 查看
User quota on /mnt/sdb1test (/dev/sdb1)
                                Blocks
User ID         Used        Soft        Hard    Warn/Grace
---------- --------------------------------------------------
root            0           0           0       00 [--------]
tom             0         10240       102400    00 [--------]
```

### 13. 测试配额效果

测试配额效果的命令如下。

```
# su - tom
```

```
Last login: Sat Oct 24 23:08:13 CST 2020 on pts/1
$ dd if=/dev/zero bs=5M count=1 of=/mnt/sdb1test/a.txt   ## 5 MB
1+0 records in
1+0 records out
5242880 bytes (5.2 MB) copied, 0.0136401 s, 384 MB/s
$ dd if=/dev/zero bs=50M count=1 of=/mnt/sdb1test/a.txt   ##50 MB
1+0 records in
1+0 records out
52428800 bytes (52 MB) copied, 0.156174 s, 336 MB/s
$ dd if=/dev/zero bs=500M count=1 of=/mnt/sdb1test/a.txt   ## 500 MB，超过限额
dd: error writing '/mnt/sdb1test/a.txt': Disk quota exceeded
1+0 records in
0+0 records out
104857600 bytes (105 MB) copied, 1.33644 s, 78.5 MB/s
$ rm -f /mnt/sdb1test/*
$ touch /mnt/sdb1test/{01..08}.txt   ## 8 个文件
$ rm -f /mnt/sdb1test/*
$ touch /mnt/sdb1test/{01..15}.txt   ## 15 个文件，5 个超过限额
touch: cannot touch '/mnt/sdb1test/11.txt': Disk quota exceeded
touch: cannot touch '/mnt/sdb1test/12.txt': Disk quota exceeded
touch: cannot touch '/mnt/sdb1test/13.txt': Disk quota exceeded
touch: cannot touch '/mnt/sdb1test/14.txt': Disk quota exceeded
touch: cannot touch '/mnt/sdb1test/15.txt': Disk quota exceeded
```

从上面可以看出，当创建的文件超过 10 个时，系统会提示 Disk quota exceeded。

### 14．使用 edquota 命令修改配额

使用 edquota -u tom 命令修改配额，配额上限为 1000 MB，20 个文件。使用后效果如下。

```
$ su - root
Password:
Last login: Sat Oct 24 23:27:27 CST 2020 from 192.168.3.4 on pts/0
# edquota -u tom   ## 修改配额，见下图，上限 1000MB，20 个文件
# xfs_quota -x -c report /mnt/sdb1test/User quota on /mnt/sdb1test
(/dev/sdb1)                          BlocksUser ID       Used        Soft
 Hard   Warn/Grace---------- --------------------------------------------
-root                 0        0         0     00 [--------]tom
  0     10240    1024000     00 [--------]
```

### 15．测试修改配额效果

测试配额修改的命令如下。

```
# su - tom
Last login: Sat Oct 24 23:35:24 CST 2020 on pts/0
$ rm -f /mnt/sdb1test/*
$ dd if=/dev/zero bs=500M count=1 of=/mnt/sdb1test/a.txt
1+0 records in
1+0 records out
```

```
524288000 bytes (524 MB) copied, 1.5145 s, 346 MB/s
$ rm -f /mnt/sdb1test/*
$ dd if=/dev/zero bs=1500M count=1 of=/mnt/sdb1test/a.txt
dd: error writing '/mnt/sdb1test/a.txt': Disk quota exceeded
1+0 records in
0+0 records out
1048576000 bytes (1.0 GB) copied, 1.86438 s, 562 MB/s
$ rm -f /mnt/sdb1test/*
$ touch /mnt/sdb1test/{01..15}.txt
$ rm -f /mnt/sdb1test/*
$ touch /mnt/sdb1test/{01..25}.txt
touch: cannot touch '/mnt/sdb1test/21.txt': Disk quota exceeded
touch: cannot touch '/mnt/sdb1test/22.txt': Disk quota exceeded
touch: cannot touch '/mnt/sdb1test/23.txt': Disk quota exceeded
touch: cannot touch '/mnt/sdb1test/24.txt': Disk quota exceeded
touch: cannot touch '/mnt/sdb1test/25.txt': Disk quota exceeded
## 没有问题
```

# 任务 4.3　挂载和使用外部存储设备

## 任务介绍

在 Linux 操作系统中，所有设备都被抽象为文件，如硬盘、光驱、U 盘等常见设备。这些设备文件允许用户像处理普通文件一样对它们进行操作，尽管它们本质上是特殊的文件类型。因此，管理这些设备实际上是对其对应的设备文件进行编辑、修改等操作。

本任务的 4.3.1 为任务相关知识，4.3.2～4.3.5 为任务实验步骤。

本任务的要求如下。

1）掌握如何挂载和使用光盘的方法。

2）掌握制作和使用光盘映像的方法。

3）掌握挂载和使用 USB 设备的方法。

## 4.3.1　设备文件

Linux 操作系统引入设备文件的核心目的是实现设备独立性，这一机制极大地简化了用户与外部设备的交互过程。在 Linux 中，无论是硬盘、光驱，还是其他各种外设，都被抽象为文件系统中的文件，即设备文件。这一设计让用户可以像操作普通文件一样访问和控制这些外部设备，极大地提升了系统的易用性和扩展性。

通过将外设视为文件进行管理，Linux 操作系统巧妙地避免了因外设增加而导致的兼容性和管理问题。每当有新设备加入系统时，只需在内核中添加相应的设备文件，即可实现对该设备的支持和访问。这样，设备文件就成为外设与操作系统之间的桥梁，为用户提供了一个统一的接口。

值得注意的是，Linux 操作系统本身并不直接包含控制外设的指令，这些指令都被封装在设备驱动程序中。设备文件不仅用于跟踪设备和包含其对应的驱动程序，还包含了设备权限、类型等关键信息，以及两个用于内核识别的唯一设备号。这些信息使得 Linux 操作系统能够高效地管理多种类型的设备，即使系统中存在多个同类型的设备，也能够通过唯一的设备号来区分它们，从而实现精准控制和管理。

例如，/dev/sda 是指系统中的一个硬盘驱动器，主设备号 sd 代表硬盘驱动器，次设备号 a 代表硬盘驱动器编号。sda 的意思是系统中的第一个硬盘驱动器。如要查看设备信息，可执行以下命令。

```
#1s-1a /dev/tty
crw-rw-rw-1 root dialout 5,0 sep 20 15:21 /dev/tty
# ls -l /dev/sda
brw-rw----1  root disk 8,0 sep 20 15:25 /dev/sda
```

从输出结果中可以看到，/dev/tty 设备的属性是 crw-rw-rw-。注意，第一个字符是 c，表示字符设备文件，说明设备是鼠标、键盘等设备类型。可以看到/dev/sda 设备的属性是 brw-rw-----。注意，第一个字符是 b，表示该设备是块设备，比如硬盘、光驱等。

Ubuntu 操作系统中，硬件设备被视作文件处理，每个设备拥有主、次设备号以区分类型与具体实例。主号标识设备类别，次号指向具体设备。这些设备文件统一存放于/dev目录。Linux 中的设备名称与其他操作系统不同，体现了其独特的架构与设计理念。常见的硬件设备与 Linux 中设备名称的对应关系见表 4-1。

表 4-1  常见的硬件设备与 Linux 中设备名称的对应关系

| 硬件设备 | Linux 中的设备名称 |
| --- | --- |
| IDE 硬盘 | /dev/hd[a-d] |
| SCSI 硬盘 | /dev/sd[a-p] |
| 光驱 | /dev/cdrom |
| 鼠标 | /dev/mouse |
| 网卡 | /dev/ethn(n 从 0 开始) |
| U 盘 | /dev/sd[a-p] |
| 打印机 | /dev/1p[0-2] |

### 4.3.2　挂载和使用光盘

#### 1．识别光盘设备

在 Linux 操作系统中，光盘设备通常被识别为/dev/cdrom、/dev/sr0、/dev/hdc（较老的系统）等。为了准确地找到光盘的设备名称，可以使用 lsblk 或 ls -l /dev | grep cdrom 命令列出系统中的所有设备，并找到与光盘相对应的设备名称。

#### 2．创建挂载点

挂载点是一个目录，用于将光盘的文件系统连接到 Linux 的文件系统树中。如果还没有挂载点，可以使用 mkdir 命令在/mnt 或/media 目录下创建一个新的挂载点目录，命令如下。

```
# sudo mkdir /mnt/cdrom
```

#### 3．挂载光盘

使用 mount 命令将光盘挂载到指定的挂载点。这需要指定光盘的设备名称和挂载点目录。由于 Linux 操作系统可以自动识别光盘的文件系统（通常是 ISO 9660），因此通常不需要指定文件系统类型。命令如下。

```
# sudo mount /dev/cdrom /mnt/cdrom
```

#### 4．使用光盘

挂载成功后，就可以通过访问挂载点目录访问光盘上的文件系统了。例如，可以使用 cd 命令切换到挂载点目录，然后使用 ls 命令列出光盘上的文件和目录，命令如下。

```
# cd /mnt/cdrom
# ls
```

#### 5．卸载光盘

当不再需要访问光盘时，应使用 umount 命令卸载光盘。在卸载之前，请确保没有程序或文件正在访问光盘。命令如下。

```
# sudo umount /mnt/cdrom
```

如果卸载失败，可能是因为光盘正在被使用。此时，可以尝试先关闭所有可能正在访问光盘的程序或文件，然后再次卸载。

#### 6．注意事项

在挂载和卸载光盘时，应确保有足够的权限（通常需要 root 权限）。在卸载光盘之前，请确保没有程序或文件正在访问光盘，以避免数据丢失或损坏。如果使用的是虚拟机，并且想要挂载 ISO 映像文件作为光盘，可以在虚拟机设置中指定 ISO 映像文件的路径，并勾选相应的选项来模拟光盘的挂载，如图 4-14 所示。

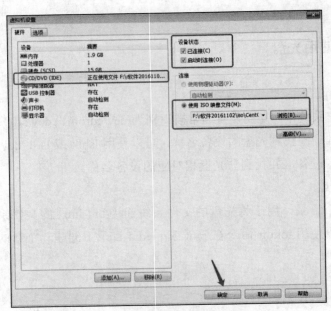

图 4-14　在虚拟机中使用光盘

### 4.3.3　制作和使用光盘映像

制作和使用光盘映像在 Linux 操作系统中是一种常见的操作，主要涉及创建 ISO 映像文件、挂载 ISO 映像文件以及使用其中的内容。以下是详细过程和说明。

**1. 制作光盘映像（ISO 文件）**

在 Linux 操作系统中，制作 ISO 文件通常使用命令行工具，如 dd、cp 或 mkisofs。以下是几种常用的方法。

方法 1，使用 dd 命令制作光盘映像。

dd 命令是一个用于复制和转换文件的工具，也可以用来制作 ISO 文件。但是需要注意的是，dd 命令会直接复制整个设备（如光盘驱动器）的内容，包括空白部分，因此生成的 ISO 文件可能会比实际数据大得多。命令如下。

```
# dd if=/dev/cdrom of=my_cdrom.iso bs=4M
```

这里，if 指定输入文件（即光盘驱动器），of 指定输出文件（即生成的 ISO 文件），bs 指定块大小以加快复制速度。

方法 2，使用 cp 命令制作光盘映像。

对于简单的需求，如果只需要复制光盘上的数据而不关心文件系统的具体结构，则可以使用 cp 命令。但是这种方法通常不适用于制作可启动的 ISO 文件。命令如下。

```
# cp /dev/cdrom my_cdrom.iso
```

注意：这种方法可能会因为权限问题而失败，通常需要使用 sudo 命令来提升权限。

方法 3，使用 mkisofs 命令制作光盘映像

mkisofs 命令是一个专门用于创建 ISO 9660 映像文件的工具，它可以将指定的目录和文件打包成一个 ISO 文件。这是制作可启动 ISO 文件的常用方法。命令如下。

```
# mkisofs -r -o my_cdrom.iso /path/to/directory
```

这里，-r 选项表示允许 Rock Ridge 扩展（用于 UNIX/Linux 操作系统），-o 选项指定输出文件名，/path/to/directory 是包含要打包文件的目录路径。

### 2. 挂载和使用光盘映像

制作好 ISO 文件后，可以将其挂载到 Linux 操作系统的虚拟光盘驱动器上，以便像访问真实光盘一样访问其中的内容。步骤如下。

步骤 1：创建挂载点。创建一个目录作为挂载点。这个目录将用作访问 ISO 文件内容的入口，命令如下。

```
# sudo mkdir /mnt/cdrom
```

步骤 2：挂载 ISO 文件。使用 mount 命令，将 ISO 文件挂载到之前创建的挂载点。由于 ISO 文件不是真正的设备，因此需要使用-o loop 选项告诉 mount 命令以循环方式挂载文件，命令如下。

```
# sudo mount -o loop my_cdrom.iso /mnt/cdrom
```

步骤 3：访问 ISO 文件中的内容。挂载成功后，就可以通过访问挂载点目录（这个例子中是/mnt/cdrom）来浏览和使用 ISO 文件中的文件了。

步骤 4：卸载 ISO 文件。当不再需要访问 ISO 文件时，应使用 umount 命令将其卸载，命令如下。

```
# sudo umount /mnt/cdrom
```

注意：在挂载和卸载 ISO 文件时，请确保有足够的权限（通常需要 root 权限）。

如果挂载或卸载命令失败，可能是因为挂载点正在被使用或 ISO 文件正在被其他程序访问。此时，请确保没有程序或文件正在访问挂载点或 ISO 文件，然后再次尝试挂载或卸载。

制作和使用光盘映像时，请确保使用的工具和命令与计算机安装的 Linux 发行版本兼容。

## 4.3.4  挂载和使用 USB 设备

挂载和使用 USB 设备在 Linux 操作系统中是一种常见的操作，它允许用户访问存储在 USB 设备（如 U 盘、移动硬盘等）上的数据。

### 1. 挂载 USB 设备

挂载 USB 设备的步骤如下。

步骤 1：识别 USB 设备，即需要识别连接到 Linux 操作系统的 USB 设备及其分区。

可以使用 lsusb 命令列出所有连接的 USB 设备，但是 lsusb 通常只显示设备的基本信息，如供应商 ID 和产品 ID，而不直接显示设备文件（如/dev/sdb）。为了获取设备文件，可以使用 fdisk -l 或 lsblk 命令，命令如下。

```
# lsusb      # 列出 USB 设备信息
# fdisk -l   # 或 lsblk，列出所有磁盘和分区信息
```

在 fdisk -l 或 lsblk 的输出条目中，找到与用户的 USB 设备相对应的条目。通常，USB 设备会被识别为/dev/sdb、/dev/sdc 等（具体名称可能因系统而异），并且可能包含多个分区（如/dev/sdb1、/dev/sdb2 等）。

步骤 2：创建挂载点。挂载点是一个目录，用于将 USB 设备的文件系统连接到 Linux 的文件系统树中。在/mnt 或/media 目录下创建一个新的挂载点目录，命令如下。

```
# sudo mkdir /mnt/usb
```

步骤 3：挂载 USB 设备。使用 mount 命令将 USB 设备挂载到指定的挂载点，需要指定 USB 设备的设备文件（如/dev/sdb1）和挂载点目录（如/mnt/usb）。命令如下。

```
# sudo mount /dev/sdb1 /mnt/usb
```

如果 USB 设备使用的是非默认的文件系统类型（如 NTFS、exFAT 等），则可能需要使用-t 选项来指定文件系统类型。

```
# sudo mount -t ntfs /dev/sdb1 /mnt/usb
```

步骤 4：访问 USB 设备。挂载成功后，就可以通过访问挂载点目录（在本案例中是/mnt/usb 目录）浏览和使用 USB 设备上的文件。

### 2．使用 USB 设备

一旦 USB 设备被挂载，就可以像访问本地文件系统一样访问它。可以使用 cd 命令切换到挂载点目录，然后使用 ls、cp、mv、rm 等命令来浏览、复制、移动或删除文件。

### 3．卸载 USB 设备

当不再需要访问 USB 设备时，应使用 umount 命令将其卸载。在卸载之前，请确保没有程序或文件正在访问 USB 设备，命令如下。

```
# sudo umount /mnt/usb bash
```

如果卸载命令失败，可能是因为 USB 设备正在被使用。此时，可以尝试先关闭所有可能正在访问 USB 设备的程序或文件，然后再次尝试卸载。

### 4．注意事项

在挂载和卸载 USB 设备时，请确保有足够的访问权限（通常需要 root 权限）。

在卸载 USB 设备之前，请确保没有程序或文件正在访问它，以避免数据丢失或损坏。

如果 USB 设备包含多个分区，并且需要同时访问它们，可以为每个分区分别创建挂载点并挂载。

对于可移动存储设备（如 U 盘），Linux 操作系统通常会在插入时自动挂载它们（这

取决于系统的配置和权限设置）。但是，手动挂载可以提供更多的控制和灵活性。

## 4.3.5　外部设备自动挂载

如果在终端中手动挂载外部设备，系统重启后就会失效。如果想要系统每次启动时自动挂载外部设备，可以直接修改/etc/fstab 文件，将挂载命令加入到该文件中。

### 1．查看所有分区的 UUID

UUID（Universally Unique Identifier）即通用唯一识别码，由一组 32 位数的 16 进制数字所构成。对于外部设备文件来说设备标识符在每次开机都有可能发生改变，但是设备的 UUID 不会发生变化。

使用 blkid 命令可查看所有分区的 UUID，命令如下。

```
# blkid
```

输出如图 4-15 所示。

```
/dev/sr0: UUID="2018-11-07-13-43-45-00" LABEL="config-2" TYPE="iso9660"
/dev/vda1: UUID="96127705-1cef-42cb-9ae1-6f9fe239ae78" TYPE="ext4"
/dev/vdb1: UUID="e943fbb7-020a-4c64-a48a-2597eb2496df" TYPE="ext4"
```

图 4-15　查看分区的 UUID

### 2．修改/etc/fstab 文件

将期望启动时就挂载的设备分区/dev/vdb1 中的 UUID 复制出来，然后写入到/etc/fstab 文件中。可通过 Vim 直接编辑/etc/fstab，或者通过 echo 命令输入如下内容，命令如下。

```
# echo "UUID=e943fbb7-020a-4c64-a48a-2597eb2496df /vdb1 ext4 defaults 0 0"
>> /etc/fstab
```

使用修改的文件前先用 cat 命令查看/etc/fstab 文件内容，以确保添加成功。

### 3．挂载重启

将/etc/fstab 文件中定义的所有分区系统进行挂载，挂载完毕后重启系统，命令如下。

```
# mount -a
# reboot
```

# 任务 4.4　逻辑卷管理

## 任务介绍

逻辑卷管理（logical volume manager，LVM）是 Linux 系统下的一种高级的磁盘分区

管理工具，它提供了一个逻辑层来增强磁盘管理的灵活性。LVM 允许将多个物理分区或磁盘组合成卷组，进而在卷组上创建逻辑卷。这些逻辑卷可独立格式化并挂载使用。LVM 极大地简化了磁盘空间的管理，支持动态调整卷大小、快照备份及跨磁盘扩展等功能，无须担心数据迁移，有效地提升了存储管理的效率和灵活性。

本任务的 4.4.1 为任务相关知识，4.4.2～4.4.8 为任务实验步骤。

本任务的要求如下。

1）掌握 LVM 的基础概念。

2）掌握创建逻辑卷的操作方法。

3）掌握动态调整逻辑卷容量的操作方法。

4）掌握删除逻辑卷的操作方法。

## 4.4.1 LVM 基础

### 1. LVM 的基本概念

PV（physical volume，物理卷）：在逻辑卷管理系统最底层，可为整个物理硬盘或实际物理硬盘上的分区。它只是在物理分区中划出了一个特殊的区域，用于记载与 LVM 相关的管理参数。

VG（volume group，卷组）：建立在物理卷之上，一个卷组中至少要包括一个物理卷，卷组建立后可动态地添加卷到卷组中。一个逻辑卷管理系统工程中可有多个卷组。

LV（logical volume，逻辑卷）：建立在卷组基础之上，卷组中未分配空间可用于建立新的逻辑卷，逻辑卷建立后可以动态扩展和缩小空间。

PE（physical extent，物理区域）：是物理卷中可用于分配的最小存储单元。物理区域大小在建立卷组时指定，一旦确定则不能更改。同一卷组中所有物理卷的物理区域大小需一致，新的 PV 加入 VG 后，PE 的大小自动更改为 VG 中定义的 PE 大小。

LE（logical extent，逻辑区域）：是逻辑卷中可用于分配的最小存储单元，逻辑区域的大小取决于逻辑卷所在卷组中的物理区域的大小。由于受内核限制的原因，一个逻辑卷中最多只能包含 65 536 个 PE，所以一个 PE 的大小就决定了逻辑卷的最大容量，4 MB（默认）的 PE 决定了单个逻辑卷最大容量为 256 GB，若希望使用大于 256 GB 的逻辑卷，则创建卷组时需要指定更大的 PE。在 Red Hat Enterprise Linux AS 4 中 PE 大小范围为 8 KB～16 GB，并且必须是 2 的倍数。

### 2. LVM 的工作过程

一般来说，物理磁盘或分区之间是分隔的，数据无法跨盘或分区，而各磁盘或分区的大小固定，重新调整比较麻烦。LVM 可以将这些底层的物理磁盘或分区整合起来，抽象成容量资源池，以划分成逻辑卷的方式供上层使用，其最主要的功能是，可以在无须关机、无须重新格式化（准确地说，原来的部分无须格式化，只格式化新增的部分）的情况下弹性调整逻辑卷的大小，如图 4-16 所示。

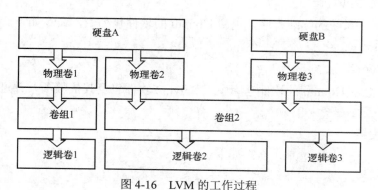

图 4-16　LVM 的工作过程

## 4.4.2　LVM 的安装与配置

### 1. 设置分区类型为 LVM

在安装 lvm2（以 lvm2 的安装为例）之前，如果系统中有未分配的磁盘空间，或者想要将现有的磁盘分区转换为 LVM 管理，需要先进行分区操作（使用 fdisk、parted 等工具），并设置分区类型为 LVM（通常是 8e）。命令如下。

```
# fdisk /dev/sdb

Command (m for help): n ## 新建
Command action
e extended
p primary partition (1-4)
p ## 主分区

Partition number (1-4): 1 ## 分区号
First cylinder (1-1044, default 1): ## 回车用默认的 1
Last cylinder, +cylinders or +size{K,M,G} (1-1044, default 1044): +1G ## 大小
Command (m for help): t ## 改变类型
Selected partition 1
Hex code (type L to list codes): 8e ## LVM 的分区代码
Changed system type of partition 1 to 8e (Linux LVM)
```

重复上面的操作来创建其他两个分区。分区创建完成后，使用 fdisk 工具查看分区信息，命令如下。

```
# fdisk -l
Device Boot Start End Blocks Id System
```

```
/dev/sdb1 1 132 1060258+ 8e Linux LVM
/dev/sdb2 133 264 1060290 8e Linux LVM
/dev/sdb3 265 396 1060290 8e Linux LVM
```

### 2．更新软件包列表

打开 Ubuntu 系统的终端程序，更新 Ubuntu 的软件包列表，命令如下。

```
# sudo apt update
```

### 3．安装 lvm2

以下命令会从 Ubuntu 的软件仓库中下载 lvm2 软件包及其依赖项，并进行安装。

```
# sudo apt install lvm2
```

### 4．验证安装

验证安装采用 lvm2 工具，命令如下。

```
# lvm2 -version   #或者 lvm version 命令
```

## 4.4.3　物理卷的创建与管理

根据上一节创建的分区来创建物理卷，命令如下。

```
# pvcreate /dev/sdb1
# pvcreate /dev/sdb2
# pvcreate /dev/sdb3
```

使用下列命令检查物理卷的创建情况。下面截取部分输出。"/dev/sdb2"是一个新的"1.01 GiB"物理卷。

```
# pvdisplay
  --- NEW Physical volume ---
  PV Name               /dev/sdb2
  VG Name
  PV Size               1.01 GiB
  Allocatable           NO
  PE Size               0
  Total PE              0
  Free PE               0
  Allocated PE          0
  PV UUID               jszvzz-ENA2-g5Pd-irhV-T9wi-ZfA3-0xo092
```

使用下列命令可以删除物理卷。

```
# pvremove /dev/sdb1
```

## 4.4.4　卷组的创建与管理

下列命令用来创建名为"volume-group1"的卷组，使用/dev/sdb1、/dev/sdb2 和/dev/sdb3 物理卷创建。

```
# vgcreate volume-group1 /dev/sdb1 /dev/sdb2 /dev/sdb3
```

使用下列命令可以验证卷组。

```
# vgdisplay
  --- Volume group ---
  VG Name               volume-group1
  System ID
  Format                lvm2
  Metadata Areas        3
  Metadata Sequence No  1
  VG Access             read/write
  VG Status             resizable
  MAX LV                0
  Cur LV                0
  Open LV               0
  Max PV                0
  Cur PV                3
  Act PV                3
  VG Size               3.02 GiB
  PE Size               4.00 MiB
  Total PE              774
  Alloc PE / Size       0 / 0
  Free  PE / Size       774 / 3.02 GiB
  VG UUID               bwd2pS-fkAz-lGVZ-qc7C-TaKv-fFUC-IzGNBK
```

从输出中可以看见卷组的使用量、总量及物理卷给卷组提供的空间。只要在这个卷组中还有可用空间，就可以随意创建逻辑卷。

可使用下列命令删除卷组。

```
# vgremove volume-group1
```

## 4.4.5　创建逻辑卷

下列命令创建一个名为"1v1"、大小为 100 MB 的逻辑卷。可使用小分区减少执行时间。这个逻辑卷使用之前要创建卷组的空间。

```
# lvcreate -L 100M -n lv1 volume-group1
```

逻辑卷可使用 lvdisplay 命令查看，命令如下。

```
# lvdisplay
  --- Logical volume ---
  LV Name               /dev/volume-group1/lv1
  VG Name               volume-group1
  LV UUID               YNQ1aa-QVt1-hEj6-ArJX-I1Q4-y1h1-OFEtlW
  LV Write Access       read/write
  LV Status             available
```

---

```
# open                   0
LV Size                  100.00 MiB
Current LE               25
Segments                 1
Allocation               inherit
Read ahead sectors       auto
- currently set to       256
Block device             253:2
```

现在逻辑卷创建完毕，可以格式化和挂载逻辑卷，命令如下。

```
# mkfs.ext4 /dev/volume-group1/lv1
# mkdir /lvm-mount
# mount /dev/volume-group1/lv1 /lvm-mount/
```

逻辑卷挂载成功之后，可以通过挂载点/lvm-mount/进行读、写。要创建和挂载其他的逻辑卷，重复这个过程即可。

最后，使用 lvremove 命令删除逻辑卷，命令如下。

```
# umount /lvm-mount/
# lvremove /dev/volume-group1/lv1
```

## 4.4.6  删除逻辑卷并扩展逻辑卷

调整逻辑卷的大小是 LVM 中最有用的功能。本小节学习如何扩展一个存在的逻辑卷。需要注意的是，调整逻辑卷大小之后，也需要对文件系统调整大小以进行匹配。这些额外的步骤，取决于文件系统的类型。示例步骤如下。

步骤 1：卸载掉 lv1 卷，命令如下。

```
# umount /lvm-mount/
```

步骤 2：设置卷的大小为 200 MB，命令如下。

```
# lvresize -L 200M /dev/volume-group1/lv1
```

步骤 3：检查磁盘错误，命令如下。

```
# e2fsck -f /dev/volume-group1/lv1
```

步骤 4：扩展文件系统，命令如下。

```
# resize2fs /dev/volume-group1/lv1
```

此时的 lv1 逻辑卷已经扩展到 200 MB。检查 LV 的状态来验证是否操作成功。

```
# lvdisplay
  --- Logical volume ---
  LV Name                /dev/volume-group1/lv1
  VG Name                volume-group1
  LV UUID                9RtmMY-0RIZ-Dq40-ySjU-vmrj-f1es-7rXBwa
  LV Write Access        read/write
  LV Status              available
```

```
# open                    0
LV Size                   200.00 MiB
Current LE                50
Segments                  1
Allocation                inherit
Read ahead sectors        auto
- currently set to        256
Block device              253:2
```

此时，这个 lv1 逻辑卷就可以再次挂载使用了。

## 4.4.7　缩减逻辑卷

此操作需要注意，减少后的逻辑卷的大小值若小于存储的数据大小，存储在后面的数据会丢失。缩减逻辑卷的步骤如下。

步骤 1：卸载卷，命令如下。

```
# umount /dev/volume-group1/lv1
```

步骤 2：检测磁盘错误，命令如下。

```
# e2fsck -f /dev/volume-group1/lv1
```

步骤 3：缩小文件系统，更新 EXT4 信息，命令如下。

```
# resize2fs /dev/volume-group1/lv1 100M
```

步骤 4：减少逻辑卷大小，命令如下。

```
# lvresize -L 100M /dev/volume-group1/lv1
WARNING: Reducing active logical volume to 100.00 MiB THIS MAY DESTROY YOUR DATA (filesystem etc.) Do you really want to reduce lv1? [y/n]: y Reducing logical volume lv1 to 100.00 MiB Logical volume lv1 successfully resized
```

步骤 5：验证调整后的逻辑卷大小，命令如下。

```
# lvdisplay
--- Logical volume ---
LV Name                   /dev/volume-group1/lv1
VG Name                   volume-group1
LV UUID                   9RtmMY-0RIZ-Dq40-ySjU-vmrj-f1es-7rXBwa
LV Write Access           read/write
LV Status                 available
# open                    0
LV Size                   100.00 MiB
Current LE                25
Segments                  1
Allocation                inherit
Read ahead sectors        auto
- currently set to        256
Block device              253:2
```

### 4.4.8 扩展卷组

本小节将讨论扩展卷组的方法，将一个物理卷添加到卷组。假设卷组"volume-group1"已满，需要扩展。而手上的硬盘（sdb）已经没有空闲分区，要添加另外一个硬盘（sdc）分区。这需要把 sdc 的分区添加到卷组加以扩展。具体步骤如下。

步骤 1：检测现在的卷组状态，命令如下。

```
# vgdisplay volume-group1
--- Volume group ---
  VG Name               volume-group1
  System ID
  Format                lvm2
  Metadata Areas        3
  Metadata Sequence No  8
  VG Access             read/write
  VG Status             resizable
  MAX LV                0
  Cur LV                1
  Open LV               0
  Max PV                0
  Cur PV                3
  Act PV                3
  VG Size               3.02 GiB
  PE Size               4.00 MiB
  Total PE              774
  Alloc PE / Size       25 / 100.00 MiB
  Free  PE / Size       749 / 2.93 GiB
  VG UUID               bwd2pS-fkAz-lGVZ-qc7C-TaKv-fFUC-IzGNBK
```

步骤 2：创建一个大小为 2 GB 分区的 sdc 硬盘，类型为 LVM（8e），命令如下。

```
# fdisk /dev/sdc
Command (m for help): n
Command action
   e   extended
   p   primary partition (1-4)
p
Partition number (1-4): 1
First cylinder (1-1044, default 1):
Using default value 1
Last cylinder, +cylinders or +size{K,M,G} (1-1044, default 1044): +2G

Command (m for help): t
```

```
Selected partition 1
Hex code (type L to list codes): 8e
Changed system type of partition 1 to 8e (Linux LVM)

Command (m for help): w
The partition table has been altered!
```

步骤 3：创建一个物理卷/dev/sdc1，命令如下。

```
# pvcreate /dev/sdc1
```

步骤 4：将物理卷/dev/sdc1 增加到已存在的卷组 volume-group1 上，命令如下。

```
# vgextend volume-group1 /dev/sdc1
```

步骤 5：使用 vgdisplay 命令来验证，可以看到卷组的容量已经增大，命令如下。

```
# vgdisplay
    --- Volume group ---
    VG Name                 volume-group1
    System ID
    Format                  lvm2
    Metadata Areas          4
    Metadata Sequence No    9
    VG Access               read/write
    VG Status               resizable
    MAX LV                  0
    Cur LV                  1
    Open LV                 0
    Max PV                  0
    Cur PV                  4
    Act PV                  4
    VG Size                 5.03 GiB
    PE Size                 4.00 MiB
    Total PE                1287
    Alloc PE / Size         25 / 100.00 MiB
    Free  PE / Size         1262 / 4.93 GiB
    VG UUID                 bwd2pS-fkAz-lGVZ-qc7C-TaKv-fFUC-IzGNBK
```

# 项目小结

　　本项目深入探讨了在 Linux 操作系统运维中，资源管理至关重要。它涵盖磁盘管理、文件系统管理、外设操作、逻辑卷管理等多个方面。有效管理资源能确保系统稳定运行，预防性能瓶颈，及时发现并解决潜在问题，提升整体运维效率与用户体验效果。因此，精通资源管理策略是 Linux 运维工程师不可或缺的核心能力。

## 课后练习

1. 在虚拟机或物理机上安装 Linux 操作系统，并配置 LVM。
2. 创建一个逻辑卷，挂载并格式化。
3. 编写脚本或手动执行命令，卸载逻辑卷并删除它。
4. 使用 lvm 命令验证逻辑卷是否已被删除。

# 项目 5　系统管理

本项目旨在通过实际操作练习，帮助读者系统掌握 Ubuntu 操作系统的进程管理、日志管理、备份与恢复，以及软件包管理的基础知识。通过完成本项目，读者将能够运用所学知识进行系统管理和维护，提升实际操作能力。

## 学习目标

1. 理解进程的概念及其管理方法。
2. 学会使用 crontab 工具进行定时任务管理。
3. 掌握日志的配置与分析方法。
4. 掌握系统备份与恢复的基本操作方法。
5. 熟悉 apt 工具的使用，能够进行软件包的安装、卸载及管理。

## 任务 5.1　进程管理

### 任务内容

进程是运行一个或多个线程的地址空间和这些线程所需要的系统资源。一般来说，Linux 操作系统会在进程之间共享程序代码和系统函数库，所以在任何时刻内存中都只有一份代码的拷贝。

本任务的 5.1.1 为任务相关知识，5.1.2～5.1.4 为任务实验步骤。

本任务的要求如下。

1）掌握进程的概念。

2）掌握 Linux 的进程管理方法。

3）掌握定时任务 crontab 的命令使用方法。

4）基于 crontab 命令完成定时任务。

## 5.1.1 进程简介

进程是指一个正在运行的程序，是操作系统进行资源分配和调度的基本单位。每个进程都有一个唯一的进程标识符（PID）。进程可以分为前台进程和后台进程，前者是用户直接与之交互的进程，后者在后台运行，不需要用户直接干预。进程与 Linux 内核和物理硬件的关系如图 5-1 所示。

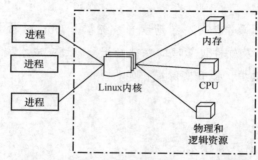

图 5-1　进程与 Linux 内核和物理硬件的关系

### 1．进程的状态

进程在其生命周期中会经历如下 4 种不同的状态。

运行（running）：进程正在运行或准备运行。

等待（waiting）：进程在等待某个事件（如 I/O 操作完成）。

停止（stopped）：进程已被停止，通常是由于接收到特定的信号。

僵尸（zombie）：进程已终止，但其父进程尚未获取其终止状态。

### 2．进程的类型

根据执行任务的不同，进程可以被划分成不同的类型。表 5-1 是不同的进程类型划分以及对应的描述。

表 5-1　不同的进程类型划分以及对应的描述

| 进程类型 | 描述 | 例子 |
| --- | --- | --- |
| 交互式进程 | 指需要用户通过命令行或者图形界面启动 | bash、chrome、top |
| 批处理进程 | 由终端调度并随后自动执行的进程 | updatedb、ldconfig |
| 守护进程 | 持续运行的服务器进程 | httpd、sshd |
| 线程 | 轻量级进程。在主进程内运行的任务，共享内存以及其他资源 | firefox、gnome-terminal-server |
| 内核线程 | 并非用户启动或者终止的内核任务，用户无法控制 | kthreadd、migration、ksoftirqd |

### 5.1.2　进程管理

在 Ubuntu 中，可以使用多种命令工具进行进程管理，如 ps、top、kill 等。

#### 1．ps 命令

ps 命令用于显示当前系统中运行的进程。常用的操作如下。

ps -e：显示所有进程，输出如图 5-2 所示。

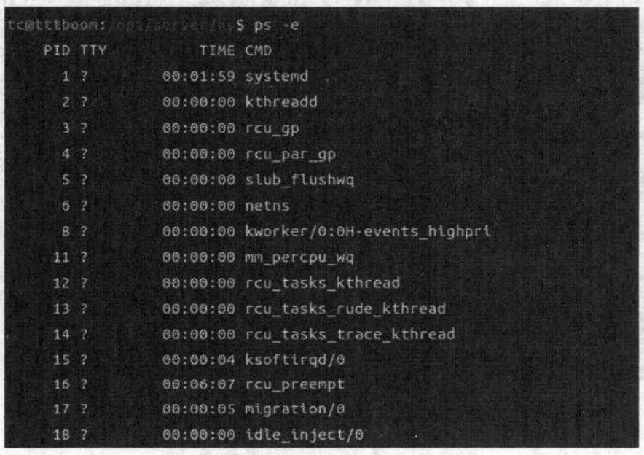

```
tc@tttboom:/opt/server/hy$ ps -e
    PID TTY          TIME CMD
      1 ?        00:01:59 systemd
      2 ?        00:00:00 kthreadd
      3 ?        00:00:00 rcu_gp
      4 ?        00:00:00 rcu_par_gp
      5 ?        00:00:00 slub_flushwq
      6 ?        00:00:00 netns
      8 ?        00:00:00 kworker/0:0H-events_highpri
     11 ?        00:00:00 mm_percpu_wq
     12 ?        00:00:00 rcu_tasks_kthread
     13 ?        00:00:00 rcu_tasks_rude_kthread
     14 ?        00:00:00 rcu_tasks_trace_kthread
     15 ?        00:00:04 ksoftirqd/0
     16 ?        00:06:07 rcu_preempt
     17 ?        00:00:05 migration/0
     18 ?        00:00:00 idle_inject/0
```

图 5-2　显示所有进程

ps -f：以完整格式显示进程信息，如图 5-3 所示。

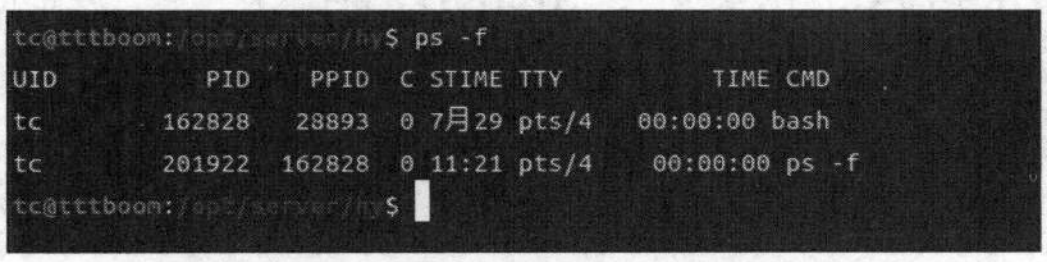

```
tc@tttboom:/opt/server/hy$ ps -f
UID          PID    PPID  C STIME TTY          TIME CMD
tc        162828   28893  0 7月29 pts/4    00:00:00 bash
tc        201922  162828  0 11:21 pts/4    00:00:00 ps -f
tc@tttboom:/opt/server/hy$
```

图 5-3　以完整格式显示的进程信息

ps aux：显示所有用户的进程信息，如图 5-4 所示。

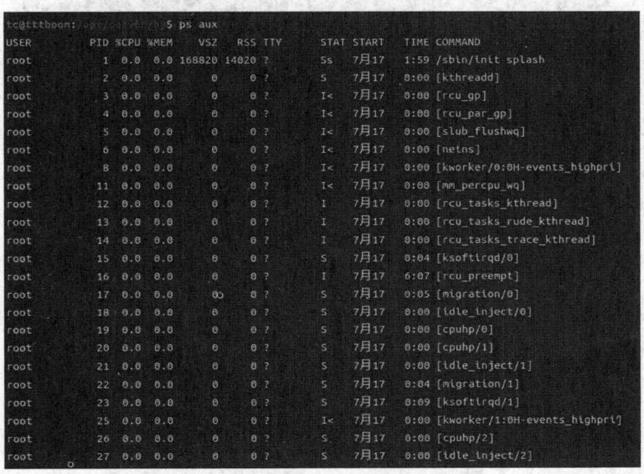

```
tc@tttboom:/opt/server/hy$ ps aux
USER         PID %CPU %MEM    VSZ   RSS TTY      STAT START   TIME COMMAND
root           1  0.0  0.0 168820 14020 ?        Ss   7月17   1:59 /sbin/init splash
root           2  0.0  0.0      0     0 ?        S    7月17   0:00 [kthreadd]
root           3  0.0  0.0      0     0 ?        I<   7月17   0:00 [rcu_gp]
root           4  0.0  0.0      0     0 ?        I<   7月17   0:00 [rcu_par_gp]
root           5  0.0  0.0      0     0 ?        I<   7月17   0:00 [slub_flushwq]
root           6  0.0  0.0      0     0 ?        I<   7月17   0:00 [netns]
root           8  0.0  0.0      0     0 ?        I<   7月17   0:00 [kworker/0:0H-events_highpri]
root          11  0.0  0.0      0     0 ?        I<   7月17   0:00 [mm_percpu_wq]
root          12  0.0  0.0      0     0 ?        I    7月17   0:00 [rcu_tasks_kthread]
root          13  0.0  0.0      0     0 ?        I    7月17   0:00 [rcu_tasks_rude_kthread]
root          14  0.0  0.0      0     0 ?        I    7月17   0:00 [rcu_tasks_trace_kthread]
root          15  0.0  0.0      0     0 ?        S    7月17   0:04 [ksoftirqd/0]
root          16  0.0  0.0      0     0 ?        I    7月17   6:07 [rcu_preempt]
root          17  0.0  0.0      0     0 ?        S    7月17   0:05 [migration/0]
root          18  0.0  0.0      0     0 ?        S    7月17   0:00 [idle_inject/0]
root          19  0.0  0.0      0     0 ?        S    7月17   0:00 [cpuhp/0]
root          20  0.0  0.0      0     0 ?        S    7月17   0:00 [cpuhp/1]
root          21  0.0  0.0      0     0 ?        S    7月17   0:00 [idle_inject/1]
root          22  0.0  0.0      0     0 ?        S    7月17   0:04 [migration/1]
root          23  0.0  0.0      0     0 ?        S    7月17   0:09 [ksoftirqd/1]
root          25  0.0  0.0      0     0 ?        I<   7月17   0:00 [kworker/1:0H-events_highpri]
root          26  0.0  0.0      0     0 ?        S    7月17   0:00 [cpuhp/2]
root          27  0.0  0.0      0     0 ?        S    7月17   0:00 [idle_inject/2]
```

图 5-4　所有用户的进程信息

## 2．top 命令

top 命令用于实时显示系统中各个进程的资源使用情况，如图 5-5 所示。可以通过键盘输入命令来操作进程，如输入"k"（杀死进程）、"r"（改变进程优先级）等。

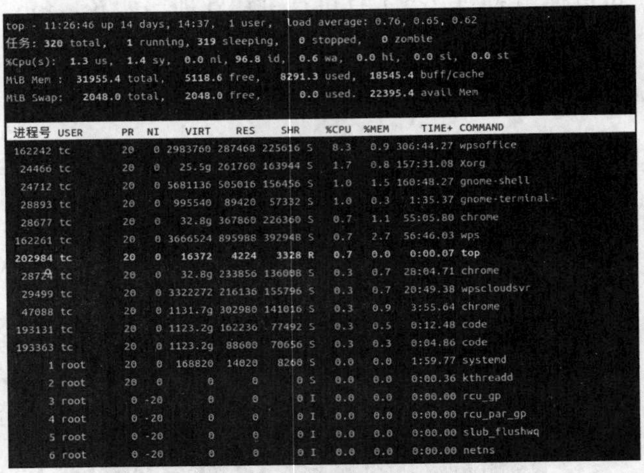

图 5-5　top 命令截图

## 3．kill 命令

kill 命令用于向进程发送信号，通常用于终止进程，如图 5-6 所示。常用的信号如下。SIGTERM（15）——请求进程正常终止；SIGKILL（9）——强制终止进程。Kill -9 命令会强制终止进程，示例如下。

```
kill -9 203550
```

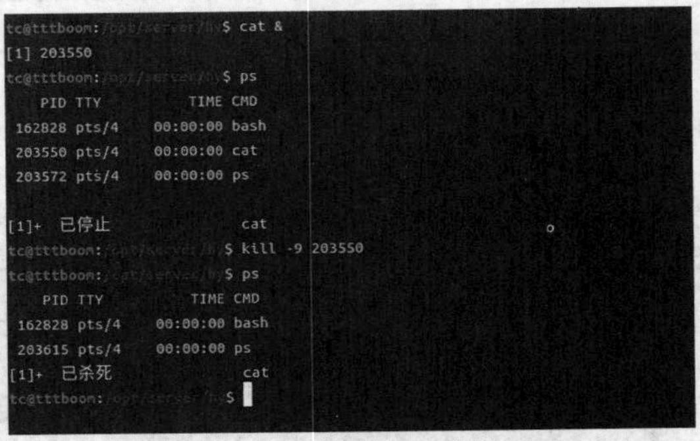

图 5-6　kill 命令截图

## 5.1.3　crontab

crontab 是 Linux 操作系统中用于定时执行任务的工具。它通过编辑用户的 crontab 文件来设定定时任务。

### 1. crontab 的文件格式

crontab 文件的每一行表示一个定时任务，格式如下。

```
* * * * * command
```

每个字段的含义如下。

第 1 列：分钟（0～59）。第 2 列：小时（0～23）。第 3 列：日期（1～31）。第 4 列：月份（1～12）。第 5 列：星期（0～7，其中 0 和 7 均表示星期日）。command：要执行的命令。

### 2. crontab 的常用命令

crontab -e：编辑当前用户的 crontab 文件。

crontab -l：显示当前用户的 crontab 文件。

crontab -r：删除当前用户的 crontab 文件。

## 5.1.4  使用 crontab 设置定时任务

示例任务：每天凌晨 2 点备份数据库。

编辑 crontab 文件的命令如下。

```
crontab -e
```

添加以下内容。

```
0 2 * * * /usr/bin/mysqldump -u root -p'password' mydatabase > /backup/
mydatabase.sql
```

该任务将在每天凌晨 2 点执行数据库备份操作，将结果保存到指定文件。

# 任务 5.2   日志管理

### 任务介绍

日志是系统运行时记录的重要信息，通常用于故障排除、安全审计和性能分析。Linux 提供了对应的配置日志工具和日志分析工具。

本任务的 5.2.1 为任务相关知识，5.2.2～5.2.3 为任务实验步骤。

本任务的要求如下。

1）掌握日志在 Linux 操作系统中的作用。

2）掌握常用的配置日志方法。

3）掌握常用的日志分析工具的使用方法。

## 5.2.1　日志介绍

Linux 操作系统中的日志通常存储在/var/log 目录下。常见的日志文件如下。

/var/log/syslog：系统日志，记录系统范围内的消息。

/var/log/auth.log：认证日志，记录登录和认证相关的信息。

/var/log/kern.log：内核日志，记录内核消息。

## 5.2.2　配置日志

rsyslog 是 Ubuntu 操作系统默认的日志记录守护进程。其配置文件为/etc/rsyslog.conf 和/etc/rsyslog.d/目录下的配置文件。

配置 rsyslog 的示例如下。

步骤 1：编辑配置文件，命令如下。

```
sudo nano /etc/rsyslog.d/50-default.conf
```

步骤 2：添加或修改为以下内容，命令如下。

```
*.info;mail.none;authpriv.none;cron.none    /var/log/messages
authpriv.*                                  /var/log/secure
mail.*                                      -/var/log/maillog
cron.*                                      /var/log/cron
```

步骤 3：重启 rsyslog 进程服务，命令如下。

```
sudo systemctl restart rsyslog
```

## 5.2.3　日志分析

可以使用多种工具对日志进行分析，如 grep、awk、sed 等，示例如下。

使用 grep 工具查找特定时间段的日志，命令如下。

```
grep 'Jul 31 10:' /var/log/syslog
```

该命令将查找 7 月 31 日 10 点的所有日志条目。

使用 awk 提取特定字段，命令如下。

```
awk '{print $1, $2, $3, $5}' /var/log/syslog
```

该命令将提取日志中的日期、时间和消息部分。

## 任务 5.3 备份与恢复

　　备份与恢复是操作系统管理与维护的重要环节。在备份过程中，常常需要对文件进行归档和压缩，基于备份的数据可以进行系统恢复。

　　本任务为实验步骤。

　　本任务的要求如下。

　　1）掌握归档和压缩命令的使用方法。

　　2）掌握完整备份与恢复命令的使用方法。

### 5.3.1 归档和压缩

　　在备份过程中，常常需要对文件进行归档或压缩。常用的命令工具有 tar 和 gzip。

**1. tar 命令**

tar 命令用于创建归档文件或解归档文件。

创建归档文件的命令如下。

```
tar -cvf archive.tar /path/to/directory
```

解归档文件的命令如下。

```
tar -xvf archive.tar
```

**2. gzip 命令**

gzip 命令用于压缩和解压缩文件。

压缩文件的命令如下。

```
gzip filename
```

解压缩文件的命令如下。

```
gzip -d filename.gz
```

### 5.3.2 完整备份与恢复

　　使用 tar 工具可以进行完整备份，命令如下。

```
sudo tar -cvpzf /backup/fullbackup.tar.gz --exclude=/backup --one-file-system /
```

该命令将整个系统备份到/backup/fullbackup.tar.gz，并排除备份目录本身。

　　使用 tar 工具可以基于完整的备份恢复系统，命令如下。

```
sudo tar -xvpzf /backup/fullbackup.tar.gz -C /
```
该命令将备份文件恢复到系统根目录。

# 任务 5.4　安装软件包与管理工具的基本使用

## 任务介绍

apt 是 Ubuntu 中的高级包管理工具，用于管理软件包的安装、升级和卸载。

本任务为实验步骤。

本任务的要求如下。

1）了解 apt。

2）掌握 apt 的安装与卸载软件包的方法。

3）了解 apt 的参数含义。

4）掌握 apt 更换软件源的方法。

### 5.4.1　apt 操作

安装软件包可以使用 apt install 命令，具体命令如下。

```
sudo apt install package_name
```
卸载软件包使用 apt remove 命令，具体命令如下。

```
sudo apt remove package_name
```
apt 工具还提供了如下操作。

apt update：更新软件包索引。

apt upgrade：升级已安装的软件包。

apt search：搜索软件包。

apt show：显示软件包的详细信息。

### 5.4.2　apt 换源

在 Ubuntu 系统中，有时需要更换软件源以提高下载速度或解决某些软件包无法下载的问题。软件源配置文件为"/etc/apt/sources.list"。

更换软件源的示例如下。

步骤 1：编辑软件源配置文件，命令如下。

```
sudo nano /etc/apt/sources.list
```

步骤 2：替换为新的软件源地址，命令如下。

```
deb http://mirrors.u**c.edu.cn/ubuntu/ bionic main restricted universe multiverse
deb http://mirrors.u**c.edu.cn/ubuntu/ bionic-updates main restricted universe multiverse
deb http://mirrors.u**c.edu.cn/ubuntu/ bionic-backports main restricted universe multiverse
deb http://mirrors.u**c.edu.cn/ubuntu/ bionic-security main restricted universe multiverse
```

步骤 3：更新软件包索引，命令如下。

```
sudo apt update
```

# 项目小结

本项目详细介绍了 Ubuntu 系统管理的各个方面，包括进程管理、日志管理、系统备份与恢复以及软件包管理。通过对进程的理解和管理，用户可以更高效地使用系统资源。通过对日志的配置与分析，用户可以更好地监控系统运行状况。系统备份与恢复确保了数据的安全性，而软件包管理则使系统的维护与扩展更加便捷。希望通过本项目的学习，用户能够更加熟练地管理 Ubuntu 操作系统，提升工作效率和系统安全性。

# 课后练习

1. 解释进程的不同状态及其含义。
2. 如何使用 ps 命令查看所有正在运行的进程？
3. 描述如何使用 crontab 工具创建一个每天凌晨 3 点执行的定时任务。
4. rsyslog 的配置文件通常位于哪个目录？
5. 如何使用 grep 命令查找特定日志文件中的特定关键字？
6. 描述使用 tar 命令进行系统完整备份的步骤。
7. 如何使用 gzip 命令压缩和解压缩文件？
8. 使用 apt 命令安装和卸载软件包的基本步骤是什么？
9. 更换 Ubuntu 软件源的步骤是什么？
10. 分别描述 apt update 命令和 apt upgrade 命令的作用。

# 项目 6　Shell 编程

在数字化时代，自动化是提升效率和精准度的关键。Shell 脚本作为 Linux 和 UNIX 系统的核心组成部分，提供了一种强大而灵活的方法，使系统管理员和开发者能够以最小的努力完成大量工作。

本项目将深入探讨 Shell 脚本，从基础知识到高级编程技巧，揭开 Shell 脚本的神秘面纱，探索其在系统运维中的广泛应用，帮助读者理解其结构，学习基本的编程步骤，以及如何执行和调试脚本。

## 学习目标

1. 理解 Shell 脚本的基础知识。
2. 掌握 Shell 变量的用法。
3. 掌握表达式与运算符的使用方法。
4. 掌握流程控制语句的使用方法和函数的定义。
5. 掌握正则表达式的使用方法。

## 任务 6.1　初识 Shell 脚本

### 任务介绍

Shell 是 Linux 操作系统中连接用户与内核的重要桥梁，提供了交互式模式和批处理模式两种主要的命令执行模式，以满足不同场景的需求。

这两种模式共同构成了 Shell 的强大功能，使用户既能进行即时的交互操作，又能通过脚本实现复杂的自动化任务。掌握 Shell 的这两种使用方式，对于高效管理 Linux 操作系统至关重要。

本任务的 6.1.1～6.1.4 为任务相关知识，6.1.5～6.1.6 为任务实验步骤。

本任务的要求如下。

1）理解 Shell 脚本的基本概念和其在 Linux 操作系统运维中的重要性。

2）掌握 Shell 脚本的构成和编程的基本步骤。

3）学会如何执行和调试 Shell 脚本。

## 6.1.1　什么是 Shell 脚本

Shell 脚本是一种用于自动化命令序列的脚本语言，主要在类 UNIX 的操作系统（如 Linux 和 macOS）中使用，允许用户将一系列的 Shell 命令、函数和控制结构组合在一起，形成一个可执行的程序。Shell 脚本可以执行常见的系统管理任务，例如文件操作、进程管理、网络配置、数据备份和恢复、系统监控等。

Shell 脚本通常使用文本编辑器编写，保存为普通的文本文件，文件名通常带有.sh 的扩展名。要使脚本可执行，必须为其设置执行权限，可以通过 chmod 命令来完成。

Shell 脚本的一些关键特性如下。

变量：用于存储数据，可以是字符串、数字或其他类型的值。

控制结构：如条件语句（if-else）、循环（for、while）和函数，用于控制脚本的流程。

输入/输出：脚本可以接收命令行参数，从标准输入读取数据，向标准输出写入信息。

命令替换：允许将命令的输出用作其他命令的输入或参数。

管道：将一个命令的输出直接作为另一个命令的输入，实现数据流的连续处理。

错误处理：脚本可以捕捉和响应错误，以便进行适当的错误处理或日志记录。

Shell 脚本的强大之处在于能够利用系统的所有功能，同时保持简单和易于学习的语法。

## 6.1.2　Shell 脚本与 Linux 操作系统运维

Shell 脚本在 Linux 操作系统运维中扮演着极其关键的角色，是系统管理员和 DevOps 工程师手中的一把利剑，用来自动化、简化和加速各种常规和复杂的系统管理任务。以下是 Shell 脚本在 Linux 操作系统运维中的一些主要应用和优势。

（1）定期备份：通过 cronjob 工具调度 Shell 脚本定期备份重要数据。

（2）系统监控：编写脚本持续监测系统资源（如 CPU、内存、磁盘使用情况）和网络状态。

（3）软件部署：创建脚本自动安装、更新和配置软件包，简化部署流程。

（4）批量文件操作：如重命名、移动、复制或删除大量文件。

（5）文件搜索：使用 grep、find 等命令在文件系统中搜索特定模式或文件。

（6）批量用户管理：脚本可以用来批量创建、修改或删除用户账号。

（7）权限调整：自动化文件和目录的权限更改，确保系统安全。

（8）日志文件过滤：解析日志文件，查找错误或异常事件。

（9）性能分析：从系统日志中提取数据，进行性能趋势分析。

（10）DNS 和路由设置：通过脚本自动化网络设备的配置。

（11）防火墙规则管理：动态添加、删除或更新防火墙规则。

（12）错误检测：脚本可以捕获和处理运行时的错误，防止系统故障。

（13）报警机制：在检测到异常情况时，自动发送电子邮件或短信通知。

（14）性能调优：编写脚本来分析系统瓶颈，优化资源分配。

（15）报告和文档自动生成：脚本可以整合数据，自动生成报告或文档。

（16）构建和测试：在 CI/CD 流水线中，脚本用于自动化构建、测试和部署过程。

（17）数据迁移：脚本可以简化跨系统或跨平台的数据迁移。

（18）灾难恢复：在系统崩溃或数据丢失的情况下，脚本可以帮助快速恢复。

Shell 脚本之所以在 Linux 操作系统运维中如此重要，是因为其提供了灵活性和可定制性，可以根据特定的系统需求和业务逻辑来编写。此外，Shell 脚本易于编写和修改，能够集成各种系统工具和命令，实现复杂的功能。总之，Shell 脚本是 Linux 操作系统运维人员手中的"瑞士军刀"，能够应对各种挑战，提高工作效率，保证系统的稳定性和安全性。

## 6.1.3　Shell 脚本的构成

Shell 脚本是由一系列命令组成的文本文件，这些命令通常是在终端中手动输入的。Shell 脚本允许将这些命令组织成一个文件，然后作为一个整体执行，这极大地提高了效率并减少了重复工作。下面通过一个简单的脚本展示其基本构成。

```
#!/bin/bash
#这是一个简单的 Shell 脚本，用于打印问候语
echo "Hello,World!"
```

下面逐步分析这个脚本的各个部分。

脚本第 1 行，声明解释器路径（Shebang），对应的代码如下。

```
#!/bin/bash
```

这行被称为"Shebang"（也写作#!），告诉系统使用哪个解释器来执行此脚本。在这个例子中，/bin/bash 指向 Bash Shell，是最常见的 Linux Shell 之一。

脚本第 2 行，注释，对应的代码如下。

```
#这是一个简单的 Shell 脚本，用于打印问候语
```

注释以"#"开头，用于描述脚本的目的、功能或任何其他相关信息。注释对于代码维护和理解非常重要。

脚本第 3 行，命令执行，对应的代码如下。

```
echo "Hello,World!"
```

这是脚本的实际命令，echo 是一个内置的 Shell 命令，用于将给定的字符串输出到标准输出（通常是终端）。在这个例子中，输出字符串"Hello,World!"。

现在看一个稍微复杂一点的例子。一个脚本会读取用户输入的名字，并打印个性化的问候语，代码如下。

```
#!/bin/bash
#这个脚本会根据用户的输入打印个性化的问候语
#提示用户输入名字
read -p "请输入你的名字:" name
#输出个性化问候语
echo "你好, $name! "
```

在这个扩展示例中，增加了以下元素。

脚本第 4 行，定义变量和赋值，对应的代码如下。

```
read -p "请输入你的名字:" name
```

read 命令用于从标准输入读取一行文本，并将其存储在变量 name 中。-p 参数能够显示提示消息。

脚本第 6 行，字符串插值，对应的代码如下。

```
echo "你好, $name! "
```

这里的$name 是字符串插值的语法，会被替换为变量 name 的实际值。这样，就可以输出包含用户输入的个性化消息。

以上就是 Shell 脚本的基本构成要素。更复杂的脚本可能还包括条件语句（if、case）、循环（for、while），函数（function），以及更高级的输入、输出重定向和管理操作。

## 6.1.4　Shell 编程的基本步骤

Shell 编程的基本步骤相对直观，遵循以下简单流程即可开始编写和执行 Shell 脚本。

### 1．编辑脚本

使用文本编辑器（如 Vi、Nano）创建新的文本文件。

在脚本首行加入 Shebang 指示符，明确指定脚本的解释器，示例如下。

```
#!/bin/bash
```

根据具体的需求编写脚本代码，包括变量定义、命令、控制结构等，添加注释来解释脚本的各个部分。

**2．保存脚本文件**

将脚本内容保存至文件，推荐使用".sh"作为文件扩展名，如 myscript.sh。

**3．赋予执行权限**

通过 chmod 命令为脚本添加执行权限。示例如下。

```
chmod +x myscript.sh
```

**4．测试脚本功能**

在安全环境中运行脚本来验证其行为和识别其中的错误。示例如下。

```
./myscript.sh
```

**5．调试与修正**

根据测试反馈进行必要的代码修改，确保脚本功能无误。利用 set –x 工具辅助进行调试，以追踪脚本执行过程。

**6．部署脚本**

将脚本置于系统适当目录，如/usr/local/bin，以便全局可执行，并确认所有必需的依赖项已正确安装。

遵循上述步骤，将能够高效地开发、维护和部署 Shell 脚本，实现系统任务的自动化处理。

## 6.1.5　执行 Shell 脚本

Shell 脚本的执行有多种方式。现从一个经典的"Hello,World!"脚本开始，学习如何创建和执行 Shell 脚本。

使用文本编辑器编辑如下内容。

```
#!/bin/bash
#这是一个简单的 Shell 脚本，用于打印问候语
echo "Hello,World!"
```

保存脚本为"hello.sh"文件，并放置在用户的主目录中。Shell 脚本的执行方式有以下几种。

**1．直接执行脚本**

最直接的方式是在命令行中执行脚本。首先，需要赋予脚本执行权限，然后就可以在命令行中执行脚本。如图 6-1 所示。

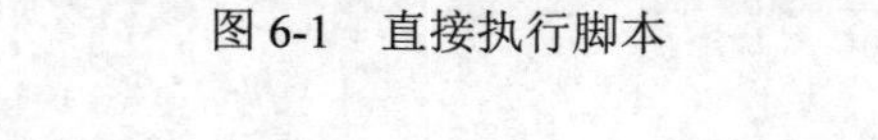

```
ubuntu@d800b9a96b62:~$ vim hello.sh
ubuntu@d800b9a96b62:~$ chmod +x hello.sh
ubuntu@d800b9a96b62:~$ ./hello.sh
Hello,World!
```

图 6-1　直接执行脚本

这里的 "./" 表示执行当前目录下的脚本文件。如果没有 "./" 前缀，Linux 会查找环境变量$PATH 定义的目录来定位命令，一般情况下$PATH 不会包括主目录，否则导致脚本执行失败。

## 2. 使用指定的 Shell 解释器执行脚本

还可以使用指定的 Shell 解释器来执行脚本，以脚本名作为参数。基本用法如下。

```
Shell 解释器 脚本文件 [参数]
```

使用指定的 Shell 解释器执行脚本如图 6-2 所示。

```
ubuntu@d800b9a96b62:~$ bash hello.sh
Hello,World!
```

图 6-2 使用指定的 Shell 解释器执行脚本

这样做的好处是，脚本不需要执行权限。此外，还可以在脚本名后添加参数，使脚本能够处理不同的输入。

## 3. 使用 source 命令执行脚本

source 命令（或.）可以在当前 Shell 环境中执行脚本，而不开启新的子 Shell，其用法如下。

```
source 脚本文件
```

或

```
.脚本文件
```

使用 source 命令执行脚本如图 6-3 所示。

```
ubuntu@d800b9a96b62:~$ source hello.sh
Hello,World!
```

图 6-3 使用 source 命令执行脚本

这种方式特别适用于需要在当前环境中修改变量或函数的情况。需要注意，这里用 source 命令，不允许使用 sudo 命令。

## 4. 通过输入重定向执行脚本

最后，还可以将脚本内容重定向给 Shell 解释器执行，其基本用法如下。

```
bash < 脚本名
```

通过输入重定向执行脚本如图 6-4 所示。

```
ubuntu@d800b9a96b62:~$ bash < hello.sh
Hello,World!
```

图 6-4 通过输入重定向执行脚本

这种方式允许 Shell 从指定文件读取命令行，并逐一执行。执行完毕后，控制权会返回到命令行状态。这种方式同样不需要脚本具有执行权限。

Shell 脚本执行的每种方式都有其特定的应用场景。掌握这些执行方式，有助于更灵活地运用 Shell 脚本完成自动化日常任务和解决复杂问题。

## 6.1.6　调试 Shell 脚本

在 Shell 脚本的开发过程中，调试是一个关键环节，有助于找出并修复脚本中的错误。Shell 解释器自带了一些选项，能够辅助进行有效的调试。以下是两种常用的调试选项及其使用方法。

### 1．-v 选项：显示读入和执行的命令

使用-v 选项可以让 Shell 在读入命令行时将其显示出来，有助于了解脚本的执行流程。如果读入命令行时发生错误，脚本的执行将被终止。这对于检查语法错误和命令格式非常有用。具体命令如下。

```
bash -v hello.sh
```

输出如图 6-5 所示。

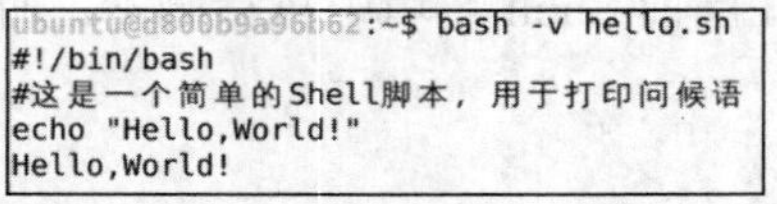

图 6-5　使用-v 选项调试脚本

### 2．-x 选项：跟踪命令执行

-x 选项在命令行执行前显示经过替换后的命令行，包括变量替换、参数替换等。除了显示替换后的变量赋值语句，该选项还在每一行命令前加上前缀"+"。这有助于理解脚本在实际执行时的具体行为。这种方法是调试逻辑错误的利器。具体命令如下。

```
bash -x hello.sh
```

使用-x 选项调试脚本如图 6-6 所示。

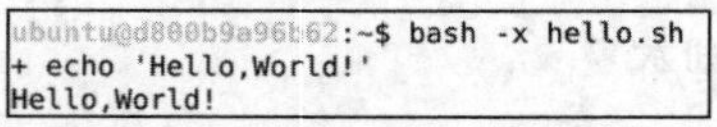

图 6-6　使用-x 选项调试脚本

这些调试选项不仅可以在命令行中使用，还可以在脚本内部使用 set 命令来激活或禁用。

（1）启用调试选项：set –v 或 set –x。

（2）禁用调试选项：set +v 或 set +x。

仅对脚本的某一部分进行调试时，可以在需要调试的部分前后分别使用 set –x 和 set +x 命令，以控制调试范围。

合理使用-v 和-x 选项，可以在开发 Shell 脚本的过程中更轻松地定位和解决问题，以提高脚本的稳定性和可靠性。

## 任务 6.2　使用 Shell 变量

### 任务介绍

与许多强类型语言不同，Shell 变量无须显式声明类型，无论是数字、字符串还是其他数据形式，都可以直接赋值和使用。Shell 变量主要包括用户自定义变量、环境变量和内部变量，各自拥有独特的应用场景和管理方式。

本任务的 6.2.1～6.2.8 为任务相关知识，6.2.9～6.2.10 为任务实验步骤。

本任务的具体要求如下。

1）掌握 Shell 变量的定义和使用方法。

2）理解环境变量和内部变量的区别及用途。

3）熟悉位置参数的使用方法和验证方法。

4）学会变量值的输出和读取方法。

5）理解并应用变量替换。

6）掌握 Shell 数组的创建和操作方法。

7）编写一个 Shell 脚本监控磁盘空间的使用情况。

### 6.2.1　用户自定义变量

在 Shell 编程中，变量是存储和传递数据的重要工具，允许程序员在脚本执行过程中动态地处理信息，从而增强脚本的功能性和灵活性。Shell 变量不需要预先声明类型，可以直接定义和修改，并且遵循一定的命名规则。

**1. 定义变量**

在 Shell 脚本中对定义变量显得非常直观，只需将变量名和值通过等号连接即可。用法如下。

变量名=值

值得注意的是，等号两边不应留有空格，这是 Shell 语法的一个关键点。如果值包含空格或其他特殊字符，应该用引号包围。变量名应符合以下规则。

（1）必须以字母（a～z 或 A～Z）开头。

（2）可以包含字母、数字和下划线（_）。

（3）不得包含空格和标点符号。

（4）不得与 Shell 的关键字或保留字相同。

示例如下。

```
#定义数字变量
num=42
#定义字符串变量
hello="HelloWorld!"
```

### 2．引用变量

要使用变量的值，需在变量名前添加美元符号"$"。对于复杂的表达式或为了避免歧义，推荐使用花括号"{}"来明确变量的边界。

示例如下。

```
#定义数字变量
num=42
#定义字符串变量
greeting="HelloWorld!"
echo "数字：$num"
echo "消息：${greeting}"
```

### 3．只读变量

为了防止被意外修改，可以使用 readonly 命令将变量设置为只读变量。一旦变量被声明为只读变量，其值将无法更改。

示例如下。

```
welcome="Welcome!"
readonly welcome
#下面这行将导致错误，因为 welcome 现在是只读的
welcome="Changed!"
```

### 4．删除变量

使用 unset 命令可以删除变量，使其不可再被访问。但是请注意，unset 命令不能用于删除只读变量。

示例如下。

```
num=42
unset num
#下面这行将导致错误，因为 num 已经被删除
echo "数字：$num"
```

## 6.2.2 环境变量

环境变量是 Shell 中的一种特殊变量类型，不仅在当前 Shell 实例中可用，而且在其

所有子 Shell 中都保持有效。相比之下，非环境的用户自定义变量仅限于当前的 Shell 实例，不会向下传递至子 Shell。

环境变量的作用范围比普通变量更广，可以被当前 Shell 进程以及任何由当前 Shell 启动的子进程继承。因此，环境变量常用于跨进程共享信息，如路径、配置选项等。

**1．类型**

环境变量可以分为如下两类。

（1）自定义环境变量：由用户定义，可以使用 export 命令将其作用域扩展到当前 Shell 及其子 Shell。

（2）Shell 内置环境变量：由 Shell 自动定义，无须用户手动设置，但是某些变量（如 PATH）可以被修改以适应特定需求。

**2．使用 export 命令**

要将一个变量提升为环境变量，以便在子 Shell 中访问，可以使用 export 命令。其基本用法如下。

```
export 变量名=变量值
```

这样定义的环境变量在当前 Shell 会话结束时失效，除非将相应的设置保存在用户的配置文件中，如/.bashrc 或/etc/profile 文件，这样每次启动新的 Shell 时都会加载这些环境变量。

**3．永久生效的环境变量**

若要让环境变量在每次 Shell 会话开始时自动加载，可以将 export 语句添加到用户的配置文件中。例如，在 Bash Shell 中，可以编辑/etc/profile 或/.bashrc 文件，并在其中加入 export 命令。

**4．删除环境变量**

使用 unset 命令可以移除一个环境变量，使其在当前 Shell 及后续子 Shell 中不再可用。然而，unset 命令不能移除只读环境变量。此外，env 命令可以用来列出当前环境中的所有变量，也可以用来临时修改环境变量的值。

在当前 Shell 及其子 Shell 中设置一个名为"MY_VAR"的环境变量，可以使用以下命令。

```
export MY_VAR="Hello,World!"
```

要在当前 Shell 中删除 MY_VAR 环境变量，可以使用如下命令。

```
unset MY_VAR
```

## 6.2.3　内部变量

在 Shell 编程中，内部变量是一种由 Shell 本身提供的特殊变量类型，携带有关 Shell

运行状态的关键信息。这些变量通常不可修改，主要用于脚本中的条件判断和流程控制。

内部变量涵盖了从命令执行状态到命令历史记录的广泛信息。下面列出了几个常用的内部变量及其含义，见表 6-1。

表 6-1　常用内部变量及其含义

| 内部变量 | 含义 |
|---|---|
| $? | 上一个命令的退出状态码。0 通常表示成功，非 0 值表示失败 |
| $# | 位置参数的数量 |
| $* | 所有位置参数的列表 |
| $@ | 所有位置参数的列表。被双引号包含时，"$@"与"$*"不同，见 6.2.4 |
| $0 | 脚本的名称（调用脚本时使用的文件名） |
| $! | 最后一个后台命令的进程 ID |

## 6.2.4　位置参数

在 Shell 脚本编程中，位置参数（也称命令行参数）是传递给脚本的附加信息，允许脚本根据不同的输入执行不同的操作。正确理解和使用位置参数对于编写灵活和动态的脚本至关重要。

位置参数是通过脚本执行时在命令行中提供的，被 Shell 自动分配给一组预定义的变量，即$1,$2,…,$n。如果参数超过 10 个，需要使用花括号来引用，如${11}、${12}等。

$0：表示脚本自身的文件名，是位置参数的一个特例。

$*和$@：代表所有传递给脚本或函数的参数。

$#：表示传递给脚本或函数的参数总数。

在调用脚本时，可以省略位置参数列表中靠后的参数。Shell 会将省略的参数视为空字符串。

$*和$@的行为受双引号的影响如下。

无双引号时，两者均将所有参数作为单个字符串输出，参数间以空格分隔。

加上双引号后，"$*"依然将所有参数视为一个整体，而"$@"将每个参数保持独立，即使参数中包含空格。

set 命令可以重置位置参数的值，或者显示当前的环境变量。其基本语法如下。

```
set [参数列表]
```

如果不带参数，set 命令将列出当前 Shell 环境中的所有环境变量。当提供参数列表时，set 命令会将这些参数依次赋值给位置参数$1, $2, …, $n。

脚本内容示例如下。

```
#!/bin/bash
echo "脚本名称:$0"
echo "参数总数:$#"
echo "所有参数:$@"
echo "第一个参数:$1"
echo "第二个参数:$2"
```

执行此脚本的命令如下。

```
./test.sh p1 "p 2" p3
```

输出结果如下。

```
脚本名称:./test.sh
参数总数:3
所有参数:p1 p 2 p3
第一个参数:p1
第二个参数:p 2
```

## 6.2.5　变量值输出

在 Shell 脚本中，变量的输出和格式控制是常见需求。Shell 脚本允许以特定格式展示数据，以增强脚本的可读性和实用性。

### 1. 使用 echo 命令输出变量

echo 命令是最简单的变量输出方式，可以显示文本和变量内容。要输出变量，只需在变量名前加上符号"$"。

命令如下。

```
str="OK!"
echo "这是一个字符串: $str"
```

为了更精确地控制输出格式，特别是当需要变量与其他文本紧密连接时，使用花括号进行变量替换会更合适。脚本示例如下。

```
month=7
echo "2024-${month}-10"
```

### 2. 字符串转义与引用

单引号与双引号：单引号内的内容会被 Shell 原样输出，不会解析其中的变量或特殊字符。双引号则允许变量替换，但是保留了某些特殊字符的含义。

转义字符：如果需要在双引号中显示美元符号"$"、反引号或双引号，需要使用转义字符"\"。

### 3. 使用 printf 命令进行格式化输出

printf 命令提供了更精细的输出控制，类似于 C 语言中的 printf( )函数，允许指定输出格式。与 echo 命令不同，printf 命令不会自动换行，需要显式添加 "\n" 来实现换行。

printf 命令的基本语法如下。

```
printf '格式字符串' [参数列表…]
```

格式字符串：可以包含普通文本和格式控制符，如%s（字符串）、%d（十进制整数）等。

参数列表：提供要输出的数据，参数之间用空格分隔。

printf 命令示例如下。

```
printf "%s 的年龄是%d 岁\n" "张三" 25
```

**4．格式控制符的重用与默认值**

如果参数数量多于格式控制符，printf 命令会重复使用格式控制符。如果缺少参数，%s 将默认使用 NULL，%d 将默认使用 0。

## 6.2.6　变量值读取

在 Shell 脚本编程中，read 命令是一个强大的工具，用于从标准输入（通常是键盘）读取用户输入。read 命令不仅能够读取单行文本，还能根据需求读取多个字段，并支持各种选项以增强输入的控制和处理。

read 命令的基本语法如下。

```
read [选项] [变量名…]
```

如果没有指定变量名，read 命令会将读取的数据存储到环境变量 REPLY 中。

可以指定一个或多个变量名，read 命令会将读取的字段分别存储到这些变量中。

read 命令示例如下。

```
read -p "请输入您的名字："
echo "您输入的名字是：$REPLY"
```

在这个例子中，read 命令没有指定变量名，所以输入的文本会被存储到 REPLY 环境变量中。

当指定多个变量名时，read 命令将根据空格来分割输入的字段，并分别赋值给指定的变量。命令示例如下。

```
read -p "请输入您的名字和年龄：" name age
echo "您输入的名字是：$name，年龄是：$age"
```

read 命令提供了多种选项，用于控制输入过程。

-p 选项用于定义提示信息，显示在输入行之前。

-n 选项用于限制输入的字符数量，当达到指定数量时自动结束输入。

-t 选项用于设置读取超时时间，单位为秒。

## 6.2.7　变量替换

变量替换是 Shell 脚本中的一项强大功能，允许根据变量的状态（如是否已定义、是否为空等）动态改变变量的值。最基本的变量替换形式是通过在变量名前后加上花括号 "{}"。这样处理不仅明确了变量的边界，而且在某些情况下可以避免在 Shell 解释器中产生歧义。

可以使用以下集中变量替换形式。

${var}：替换为变量本来的值。

${var:-word}：如果变量 var 为空或已删除，则返回 word，但是不改变 var 的值。

${var:=word}：如果变量 var 为空或已删除，则返回 word，并将 var 的值设置为 word。

${var:+word}：如果变量被定义，则返回 word，但是不改变 var 的值。

${var:?message}：如果变量 var 为空或已删除，则将消息 message 发送到标准错误输出，可以用来检测变量 var 是否可以被正常赋值。

## 6.2.8　数组

在 Shell 脚本中，数组是一种非常有用的工具，用于存储一系列相关的数据项。尽管 Bash 仅支持一维数组，但是其灵活性足以满足大多数脚本的需求。

Shell 数组的定义类似 C 语言，但是更为简洁。数组元素的索引从 0 开始，可以使用圆括号 "()" 来初始化数组，元素之间用空格分隔。

定义数组的示例如下。

```
#定义数组
colors=("Red" "Green" "Blue")
```

也可以单独定义数组的每个元素，索引不必连续，且没有固定上限。

单独定义数组元素的示例如下。

```
#单独定义数组元素
fruits[0]="Apple"
fruits[2]="Banana"
```

数组元素可以通过索引进行访问，索引可以是整数或算术表达式的值，但是必须是非负数。

输出数组示例如下。

```
echo "${colors[0]}"#输出"Red"
```

可以使用特殊的 "@" 或 "*" 符号来访问数组中的所有元素。

要获取数组中的元素数量，可以使用 "${#数组名[@]}" 语法。

输出数组元素个数的示例如下。

```
#输出数组元素个数
echo "数组元素个数:${#colors[@]}"
```

若要获取特定数组元素的长度，可以使用"${#数组名[n]}"，其中"n"是元素的索引。

输出数组元素长度的命令如下。

```
#输出数组元素长度
echo "第一个颜色的长度:${#colors[0]}"
```

### 6.2.9　验证位置参数

位置参数是 Shell 脚本中一种特殊的内部变量，用于接收和处理脚本运行时传递的命令行参数，为脚本提供了与外部交互的能力，使得脚本能够根据不同的输入执行不同的操作。

脚本的位置参数设计步骤如下。

步骤 1：显示脚本文件名和前两个位置参数。

步骤 2：显示所有位置参数及其个数。

步骤 3：使用 set 命令重新定义位置参数。

步骤 4：再次显示所有位置参数及其个数。

脚本的位置参数的示例代码如下所示。

```
#!/bin/bash
#显示脚本文件名和前两个位置参数
echo "脚本文件名：$0"
echo "第 1 个参数：$1"
echo "第 2 个参数：$2"

#显示所有位置参数及其个数
echo "参数值：$@"
echo "参数个数：$#"

#使用 set 命令重新定义位置参数
set X1 X2 X3 X4
#显示修改后的所有位置参数及其个数
echo "修改后的参数值：$@"
echo "修改后的参数个数：$#"
```

将上述脚本代码保存为文件"position_params.sh"，赋予执行权限，命令如下。

```
chmod +x position_params.sh
```

运行脚本并提供相应参数，命令如下。

```
./position_params.sh arg1 arg2 arg3
```

执行结果如图 6-7 所示。

```
ubuntu@d800b9a96b62:~$ vim position_params.sh
ubuntu@d800b9a96b62:~$ chmod +x position_params.sh
ubuntu@d800b9a96b62:~$ ./position_params.sh arg1 arg2 arg3
脚本文件名 : ./position_params.sh
第1个参数 : arg1
第2个参数 : arg2
参数值 : arg1 arg2 arg3
参数个数 : 3
修改后的参数值 : X1 X2 X3 X4
修改后的参数个数 : 4
```

图 6-7　示例代码的执行结果

## 6.2.10　编写 Shell 脚本监控磁盘空间使用情况

在服务器管理和日常运维工作中，监控磁盘空间使用情况是一项重要的任务。当磁盘空间接近满载时，可能会影响系统性能甚至导致服务中断。

针对这种情况，可编写设计如下步骤的脚本。

步骤 1：使用 df 命令获取磁盘分区的使用信息。

步骤 2：分析输出，确定磁盘空间使用百分比。

步骤 3：如果磁盘使用率超过 40%，则在终端输出警告信息。

该脚本的示例代码如下所示。

```
#!/bin/bash

#设置警告阈值
THRESHOLD=40

#获取所有磁盘分区的信息
DISK_USAGE=$(df -h)
#循环遍历每个分区
while IFS= read -r line
do
    #使用 awk 处理每一行，提取磁盘使用百分比
    USAGE_PERCENT=$(echo "$line" | awk '{print $5}' | sed 's/%//')

    #检查使用百分比是否超过了设定的阈值
    if [[ "$USAGE_PERCENT" -ge "$THRESHOLD" ]]
    then
        #提取分区名
        MOUNT_POINT=$(echo "$line" | awk '{print $6}')
        # 检查是否为根目录，如果是，则不输出
        if [ "$MOUNT_POINT" = "/" ]
        then
```

```
      continue
    fi
    #发送警告通知
    echo "警告：磁盘空间使用率超过$THRESHOLD%($MOUNT_POINT)! ">&2
  fi
done <<< "$DISK_USAGE"
#结束脚本
exit 0
```

将上述脚本代码保存为文件“disk_usage_warning.sh”，赋予执行权限，命令如下。

```
chmod +x disk_usage_warning.sh
```

运行脚本并提供目录路径作为参数，命令如下。

```
./disk_usage_warning.sh
```

执行结果如图 6-8 所示。

```
ubuntu@d800b9a96b62:~$ vim disk_usage_warning.sh
ubuntu@d800b9a96b62:~$ chmod +x disk_usage_warning.sh
ubuntu@d800b9a96b62:~$ ./disk_usage_warning.sh
警告：磁盘空间使用率超过40%(/etc/hosts)!
```

图 6-8　磁盘空间使用情况

# 任务 6.3　使用表达式与运算符

## 任务介绍

在 Shell 编程中，表达式是由变量、常量、运算符和函数组合而成的指令序列，用于计算一个值或执行某种操作。表达式是 Shell 脚本中的核心组成部分。利用表达式，脚本可执行数学运算、逻辑判断、文件和字符串操作等。

表达式在 Shell 脚本中广泛用于条件判断、循环控制、参数处理、文件操作、数学计算和模式匹配等场景。理解并熟练使用表达式是编写高效和功能丰富的 Shell 脚本的关键。

本任务的 6.3.1～6.3.2 为任务相关知识，6.3.3～6.3.5 为任务实验步骤。

本任务的具体要求如下。

1）掌握算术表达式与算术运算符的用法。

2）掌握逻辑表达式与逻辑运算符的用法。

3）掌握编写脚本处理文件的方法。

## 6.3.1　算术表达式与算术运算符

在 Shell 脚本中，算术表达式用于执行基本的数学运算，如加法、减法、乘法、除法和取模运算。算术运算符和算术表达式构成了 Shell 脚本中处理数值计算的基础。

**1．算术运算符**

以下是 Shell 中常用的算术运算符。

+：加法。

−：减法。

*：乘法。

/：除法（整数除法，结果向下取整）。

%：取模（求余数）。

**：幂运算（在 Bash 中可用，表示指数运算）。

**2．算术表达式的语法**

在 Shell 中，算术表达式通常在$(())或 let 命令中使用。$(())命令是推荐的现代语法，在所有支持算术运算的 Shell 中都可用，包括 Bash。

$(())命令的格式如下。

```
result=$((expression))
```

以计算两数之和为例，具体命令如下。

```
sum=$((5+3))
echo $sum #输出 8
```

let 命令的格式如下。

```
let "variable=expression"
```

虽然 let 命令仍然被广泛使用，但在某些 Shell 中可能不受支持，因此使用$(())命令更加通用和安全。

例如，编写一个脚本来计算两个变量的和，可以使用以下代码。

```
#!/bin/bash

#定义变量
num1=10
num2=20

#使用算术表达式计算总和
total=$((num1+num2))

#输出结果
echo "总和: $total"
```

注意事项如下。

（1）当使用$(())命令进行算术运算时，不要在操作数和运算符之间添加空格，否则 Shell 可能会误解表达式。

（2）算术运算通常处理整数。如果需要处理浮点数运算，可能需要使用 bc 等外部命令或脚本语言，如 Python。

（3）对于更复杂的数学函数（如平方根、三角函数等），可以使用 awk 或 bc 命令。

## 6.3.2　逻辑表达式与逻辑运算符

逻辑表达式是用来组合条件语句，从而形成更复杂的判断条件的工具。在编程和脚本语言中，逻辑表达式经常用于流程控制结构，比如 if 语句和循环中，以便根据多个条件的真假来决定程序的执行路径。

在 Shell 脚本中，test 命令（通常通过方括号"[]"或双方括号"[[]]"来调用）用于执行条件测试。test 命令支持多种类型的运算符，用于整数关系比较、字符串比较和文件属性测试。以下是一些主要的运算符分类。

### 1．整数关系运算符

整数关系运算符用于比较整数值，判断数值之间的关系，如相等、不等、大于、小于，具体如下。

-eq：等于。

-ne：不等于。

-gt：大于。

-ge：大于或等于。

-lt：小于。

-le：小于或等于。

### 2．字符串检测运算符

字符串检测运算符用于比较字符串或检查字符串的特性，如长度或内容，具体如下。

=：字符串等于。

!=：字符串不等于。

-z：字符串为空（长度为 0）。

-n：字符串非空（长度不为 0）。

-o：在 Bash 中用于逻辑 OR，在测试字符串时不常用。

### 3．文件测试运算符

文件测试运算符用于检查文件的属性，如文件是否存在、是否为目录、是否可读、可写或可执行等，具体如下。

-e：文件存在（任何类型）。

-f：文件是常规文件。

-d：文件是目录。

-c：文件是字符设备。

-b：文件是块设备。

-s：文件非空（有大小）。

-r：文件可读。

-w：文件可写。

-x：文件可执行。

### 4．逻辑运算符

逻辑运算符通常有以下 3 种。

1）AND（&&或 and）：如果两边的操作数都是真，则整个表达式为真。

2）OR（||或 or）：如果两边的操作数中的任何一个为真，则整个表达式为真。

3）NOT（!或 not）：如果操作数为真，则返回假；反之亦然。

在 Shell 脚本中，逻辑运算符可以用于测试多个条件。Shell 脚本主要使用&&和||作为逻辑运算符，并且可以用"!"表示逻辑非。

示例如下。

```
#!/bin/bash

#定义变量
a=5
b=10

#使用逻辑运算符
if [ $a -lt 10 ] && [ $b -gt 5 ]
then
  echo "a 小于 10 并且 b 大于 5"
fi

if [ $a -lt 10 ] || [ $b -lt 5 ]
then
  echo "a 小于 10 或者 b 小于 5"
else
  echo "其他情况."
fi

if ! [ $a -eq $b ]
then
  echo "a 不等于 b."
fi
```

在这个例子中，使用了"[]"作为测试命令，也被称为"test"命令。"[]"内部的条件由逻辑运算符连接。

在&&运算中，如果第一个操作数为假，则不会评估第二个操作数，因为结果肯定是假。同样，在||运算中，如果第一个操作数为真，则不会评估第二个操作数，因为结果肯定是真。

在某些脚本语言和环境中，还有其他逻辑运算符，如 XOR（异或）和 NAND（与非）。

### 6.3.3 编写 Shell 脚本统计目录和文件数量

在系统管理和日常文件操作中，有时需要快速地了解某一目录下有多少子目录和文件。编写一个 Shell 脚本来自动化这一过程可以大大提高工作效率。

该脚本设计步骤如下。

步骤 1：接收用户输入的目录路径。

步骤 2：使用 find 命令遍历目录及其子目录。

步骤 3：分别统计目录和文件的数量。

步骤 4：输出统计结果。

该脚本的实现代码如下所示。

```bash
#!/bin/bash

#检查是否提供了目录路径作为参数
if [ $# -ne 1 ]
then
    echo"请提供一个目录路径作为参数。"
exit 1
fi

#指定目录
directory="$1"

#使用 find 命令统计子目录和文件数量
directories=$(find "$directory" -type d|wc -l)
files=$(find "$directory" -type f|wc -l)

#输出结果
echo "在目录$directory 中:"
echo "子目录数量:$directories"
echo "文件数量:$files"
```

将上述脚本代码保存为文件"count_dirs_and_files.sh"，赋予执行权限，执行如下命令。

```
chmod +x count_dirs_and_files.sh
```

运行脚本并提供目录路径作为参数，执行如下命令。

```
sudo ./count_dirs_and_files.sh /etc
```

执行结果如图 6-9 所示。

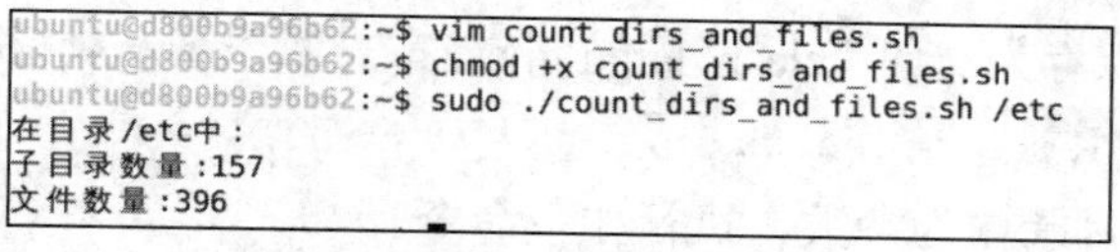

图 6-9　统计目录和文件数量

## 6.3.4　编写 Shell 脚本清理下载的大文件

在文件管理中，定期清理占用大量磁盘空间的大文件是一项常见的维护任务。编写一个 Shell 脚本来自动化这一过程不仅能节省时间，还能避免手动操作时可能出现的人为错误。

该类脚本设计步骤如下。

步骤 1：设置文件大小阈值。

步骤 2：遍历指定目录中的文件。

步骤 3：使用 du 命令检查文件大小。

步骤 4：如果文件大小超过阈值，将其移动到临时目录。

步骤 5：输出处理结果，包括移动的文件列表。

有如下场景，需要在"/home/ubuntu/Downloads"中存放超过 50 MB 的文件。该脚本的实现代码如下所示。

```bash
#!/bin/bash

#设定大文件的大小阈值（以 MB 为单位）
threshold_size=50

#指定源目录和临时目录
source_directory=$1
temp_directory=$2

#创建临时目录（如果不存在）
mkdir -p "$temp_directory"

#遍历源目录中的所有文件
find "$source_directory" -type f -size +"$((threshold_size*1024))"k -exec mv {} "$temp_directory" \;

#输出移动的文件列表
echo "以下文件已被移动到$temp_directory:"
```

```
find "$temp_directory" -type f -size +"$((threshold_size*1024))"k -printf
'%p (%sKB)\n'
```

将上述脚本代码保存为文件"clean_large_files.sh",赋予脚本执行权限,执行如下命令。

```
chmod +x clean_large_files.sh
```

运行脚本并提供目录作为参数,执行如下命令。

```
./clean_large_files.sh /home/ubuntu/Downloads /home/ubuntu/temps
```

执行结果如图 6-10 所示。

```
ubuntu@d800b9a96b62:~$ vim clean_large_files.sh
ubuntu@d800b9a96b62:~$ chmod +x clean_large_files.sh
ubuntu@d800b9a96b62:~$ ./clean_large_files.sh /home/ubuntu/Downloads /home/ubuntu/temps
以下文件已被移动到 /home/ubuntu/temps:
/home/ubuntu/temps/vgg19-dcbb9e9d.pth (574673361KB)
```

图 6-10    清理下载的大文件

### 6.3.5    定时执行 Shell 脚本

定时任务是计算机系统维护中一项关键的自动化功能,允许用户或系统管理员预设任务,以便在未来的特定时间或间隔自动执行。在 Linux 和类 UNIX 系统中,定时任务通常通过 cron 守护进程来实现。定时任务在系统管理、数据处理、安全性维护等多个方面发挥着重要作用。

将脚本设置为定时任务,可以在每天凌晨 1 点自动执行,这样可以确保系统维护和数据管理任务的自动化和定期执行。实现定时执行 Shell 脚本的步骤如下。

步骤 1:编辑 Cron 表。打开终端,输入"crontab –e"命令编辑 Cron 表。这将使用默认的文本编辑器打开 Cron 配置文件。

步骤 2:添加 Cron 作业。在打开的 Cron 配置文件中,添加"每天凌晨 1 点"执行脚本,具体脚本内容如下。

```
0 1 * * * /home/ubuntu/count_dirs_and_files.sh /etc >/dev/null 2 > & 1
0 1 * * * /home/ubuntu/clean_large_files.sh /home/ubuntu/Downloads /home/ub
untu/temps >/dev/null2>&1
```

这里的 0 1 * * * 是一个 Cron 表达式,表示"每天凌晨 1 点"。

步骤 3:保存并退出。在编辑器中保存更改并退出。cron 守护进程将自动加载新的 Cron 表。

步骤 4:验证 Cron 作业。为了确认 Cron 作业是否正确设置,可以再次查看 Cron 表,结果如图 6-11 所示。

```
crontab –l
```

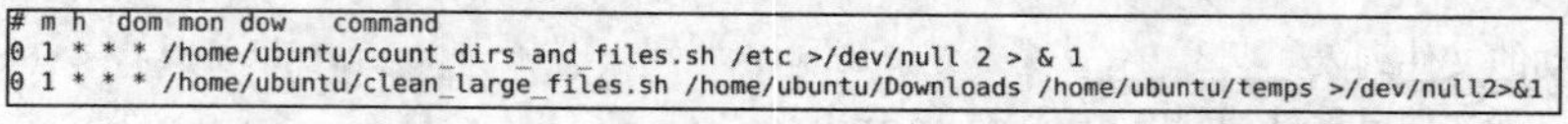

```
# m h  dom mon dow   command
0 1 * * * /home/ubuntu/count_dirs_and_files.sh /etc >/dev/null 2 > & 1
0 1 * * * /home/ubuntu/clean_large_files.sh /home/ubuntu/Downloads /home/ubuntu/temps >/dev/null2>&1
```

图 6-11    定时任务表

注意事项如下。

（1）确保脚本有执行权限。

（2）如果脚本需要环境变量或其他依赖，确保在 Cron 作业中正确设置。

（3）重定向输出到"/dev/null"是为了避免 Cron 发邮件通知，除非需要日志记录，否则建议保留这个重定向。

# 任务 6.4　实现流程控制

## 任务介绍

在计算机编程和脚本编写中，流程控制是实现自动化任务的关键组成部分。通过流程控制，能够定义程序的逻辑结构，使程序能够根据不同的条件做出响应，执行一系列复杂操作。

本任务的 6.4.1～6.4.4 为任务相关知识，6.4.5～6.4.6 为任务实验步骤。

本任务的具体要求如下。

1）了解多命令的组合执行过程。

2）掌握条件语句、分支结构、循环结构的基本用法。

3）编写脚本以实现批量操作。

## 6.4.1　多命令的组合执行

在 Shell 脚本中，有时需要执行一系列命令，这些命令之间的执行顺序或逻辑依赖关系非常重要。

### 1．&&运算符

&&运算符用于确保只有当左侧的命令成功执行后，右侧的命令才会被执行。其使用格式如下。

```
command1&&command2
```

&&示例的命令如下。

```
touch file1.txt&&echo "成功">>file1.txt
```

上述命令首先尝试创建 file1.txt，如果成功，则将文本追加到文件中。

### 2．||运算符

||运算符用于确保只有当左侧的命令失败时，右侧的命令才会被执行。其使用格式

如下。

```
command1||command2
```

||示例的命令如下。

```
rm -f file2.txt||echo "删除失败"
```

上述命令尝试删除 file2.txt，如果文件不存在或无法删除，则输出一条消息。

**3．&&和||的联合使用**

通过组合使用这两个运算符，可以实现更复杂的逻辑控制。

&&和||运算符联合使用的命令如下。

```
touch file3.txt&&echo "成功">>file3.txt||echo "创建失败"
```

上述命令首先尝试创建"file3.txt"并写入文本，如果创建或写入失败，则输出一条消息。

**4．括号组合**

使用括号可以改变命令执行的顺序，实现更复杂的逻辑。

示例命令如下。

```
(touch file4.txt&&echo "成功">>file4.txt)||echo "创建失败"
```

上述命令将"touch file4.txt"和"echo"成功">>file4.txt"作为一个整体，如果整体失败，则输出一条消息。

## 6.4.2 条件语句

条件语句是 Shell 脚本中的一项重要流程控制结构，用于不同的条件执行不同的代码块。通过使用 if、elif（可选）和 else（可选）关键字，可以构建复杂的逻辑结构，让脚本能够根据不同的条件采取不同的行动。掌握条件语句的使用，可以让用户的脚本更加健壮和灵活。

if 语句的基本语句如下。

```
if 条件
then
   #如果条件为真时执行的命令
elif 另一个条件
then
   #如果之前的条件为假且这个条件为真时执行的命令
else
   #如果所有之前的条件均为假时执行的命令
fi
```

上面语句的解释如下。

条件：条件表达式，可以是布尔表达式或者测试命令。

then：标记条件语句的开始。

elif：可选关键字，用于添加额外的条件。

else：可选关键字，用于指定在所有条件都不成立时要执行的代码块。

fi：结束条件语句。

例如，使用条件语句比较两个数字，并根据比较的结果执行不同的操作，具体代码如下。

```
#!/bin/bash

#定义两个数字
n1=10
n2=20

#比较两个数字
if [ "$n1" -gt "$n2" ]
then
  echo "数字$n1 大于$n2。"
elif [ "$n1" -lt "$n2" ]
then
  echo "数字$n1 小于$n2。"
else
  echo "数字$n1 等于$n2。"
fi
```

## 6.4.3　分支结构

在 Shell 脚本中，case 语句是一种非常有用的分支结构，能够根据变量的值执行不同的代码块。相比于传统的 if-else 结构，case 语句提供了一种更简洁的方式来处理多个条件分支。

case 分支的基本语句如下。

```
case 变量 in
  模式 1)
    #如果变量匹配模式 1，则执行这些命令
  ;;
  模式 2)
    #如果变量匹配模式 2，则执行这些命令
  ;;
  模式 3)
    #如果变量匹配模式 3，则执行这些命令
  ;;
*)
    #如果变量没有匹配任何模式，则执行这些命令
```

```
  ;;
esac
```

上面语句的解释如下。

变量：用于匹配的变量。

模式：可以是具体的字符串或通配符模式。

*)：默认分支，当变量不匹配任何模式时执行。

;;：用于结束每个模式块。

case 语句也可以处理多个条件，具体示例代码如下。

```
#!/bin/bash

#获取用户输入
echo "请输入一个数字: "
read num

#使用 case 语句处理数字
case $num in
  1|2|3)
    echo "数字介于 1～3 之间。"
  ;;
  4|5|6)
    echo "数字介于 4～6 之间。"
  ;;
  *)
    echo "数字不在 1～6 之间。"
  ;;
esac
```

### 6.4.4 循环结构

循环结构是 Shell 脚本中的重要组成部分，用于重复执行一段代码直到满足特定条件为止。循环结构可以简化脚本，避免重复编写相同的代码。循环结构主要包含 for 循环、while 循环和 until 循环。

#### 1．for 循环

for 循环是最常用的循环结构之一，用于遍历一个列表或序列中的元素，可以处理一个或多个值，甚至是一个命令的输出结果。

for 循环的基本语句如下。

```
for 变量 in 列表
do
  #循环体内的命令
```

```
done
```

上面的语句解释如下。

变量：每次循环时使用的变量。

列表：可以是单个或多个值，也可以是一个范围或命令的输出。

例如，基于 for 循环遍历一个目录中的所有文件，并打印每个文件的名称，具体代码如下。

```
#!/bin/bash

#指定目录路径
dir="/etc"
#使用 for 循环遍历目录中的所有文件
for file in $(ls "$dir")
do
  echo "文件:$file"
done
```

### 2．while 循环

while 循环用于在给定条件为真时重复执行一组命令。只要条件一直为真，循环就会一直执行。

while 循环的基本语句如下。

```
while 条件
do
  #循环体内的命令
done
```

例如，使用 while 循环不断地请求用户输入，直到输入特定值为止，具体代码如下。

```
#!/bin/bash

#初始化变量
input=""

#使用 while 循环等待特定输入
while true
do
  echo "请输入'exit'来退出: "
  read input
  if [ "$input" = "exit" ]
  then
    echo "退出循环。"
    break
  else
    echo "输入的是:$input"
  fi
done
```

### 3. until 循环

until 循环与 while 循环类似，但是其条件是在循环开始时进行检查。循环会一直执行，直到给定的条件变为真。

until 循环的基本语句如下。

```
until 条件
do
    #循环体内的命令
done
```

例如，使用 until 循环不断请求用户输入，直到输入特定值为止，具体代码如下。

```
#!/bin/bash

#初始化变量
input=""

#使用 until 循环等待特定输入
until [ "$input" = "exit" ]
do
    echo "请输入'exit'来退出: "
    read input
    echo "输入的是:$input"
done
```

### 4. break 和 continue

在 Shell 脚本中，break 和 continue 是两种重要的流程控制语句，用于在循环中控制程序的执行流程。break 语句用于立即退出循环，而 continue 语句用于跳过当前循环迭代的剩余部分，直接进入下一个迭代。

break 语句用于提前终止循环，即使循环条件仍然为真。一旦执行 break 语句，循环将立即停止执行，并继续执行循环之后的代码。

例如，从一个文件中读取数字，并在找到特定数字时停止读取，具体代码如下。

```
#!/bin/bash

#打开文件
file_path="/home/ubuntu/numbers.txt"

#从文件中读取数字
while IFS= read -r number
do
    echo "读取到的数字:$number"
    if [ "$number" -eq 100 ]
    then
        echo "找到数字100，结束循环。"
        break
```

```
    fi
done < "$file_path"
```

continue 语句用于跳过当前循环迭代的剩余部分，并直接进入下一个迭代。这对于忽略某些特定条件下的迭代非常有用。

例如，打印一个文件中的数字，但是要跳过所有偶数，具体代码如下。

```
#!/bin/bash

#打开文件
file_path="/home/ubuntu/numbers.txt"

#从文件中读取数字
while IFS= read -r number
do
  if [ $((number%2)) -eq 0 ]
  then
    echo "跳过偶数:$number"
    continue
  fi
  echo "奇数:$number"
done < "$file_path"
```

在某些情况下，可能需要同时使用 break 和 continue 语句来控制循环的执行流程。

例如，从一个文件中读取数字，并在找到特定数字时停止读取，但是要跳过所有的偶数，具体代码如下。

```
#!/bin/bash

#打开文件
file_path="/home/ubuntu/numbers.txt"

#从文件中读取数字
while IFS= read -r number
do
  if [ "$number" -eq 100 ]
  then
    echo "找到数字100，结束循环。"
    break
  fi
  if [ $((number%2)) -eq 0 ]
  then
    echo "跳过偶数:$number"
    continue
  fi
  echo "奇数:$number"
done < "$file_path"
```

### 6.4.5 编写脚本从用户列表文件中批量添加用户

在系统管理中，有时需要批量创建多个用户账户。手动创建这些账户不仅耗时而且容易出错。通过编写 Shell 脚本来自动化这一过程，不仅可以提高效率，还能确保一致性。

该脚本的设计步骤如下。

步骤 1：读取包含用户名的文本文件。

步骤 2：对于文件中的每个用户名，使用 useradd 命令创建一个新的系统用户。

步骤 3：处理可能的错误情况，如用户名已存在等。

创建一个 user_list.txt 文件，文件内容如下。

```
user1
user2
user3
user4
```

该脚本的代码如下。

```
#!/bin/bash

#读取用户文件
user_list_file="/home/ubuntu/user_list.txt"

#检验用户文件是否存在
if [ ! -f "$user_list_file" ]
then
  echo "用户文件不存在。"
  exit 1
fi

#读取用户名
while IFS= read -r username
do
  #校验用户是否存在
  if id "$username" &>/dev/null
  then
    echo "用户$username 已经存在。"
  else
    #添加用户
    useradd "$username"
    echo "用户$username 添加成功。"
  fi
done < "$user_list_file"
```

将上述脚本保存为文件"add_users.sh"，并赋予脚本执行权限，执行如下命令。

```
chmod +x add_users.sh
```

执行脚本，结果如图 6-12 所示。

```
sudo ./add_users.sh
```

```
ubuntu@d800b9a96b62:~$ vim user_list.txt
ubuntu@d800b9a96b62:~$ vim add_users.sh
ubuntu@d800b9a96b62:~$ chmod +x add_users.sh
ubuntu@d800b9a96b62:~$ sudo ./add_users.sh
用户user1添加成功。
用户user2添加成功。
用户user3添加成功。
用户user4添加成功。
```

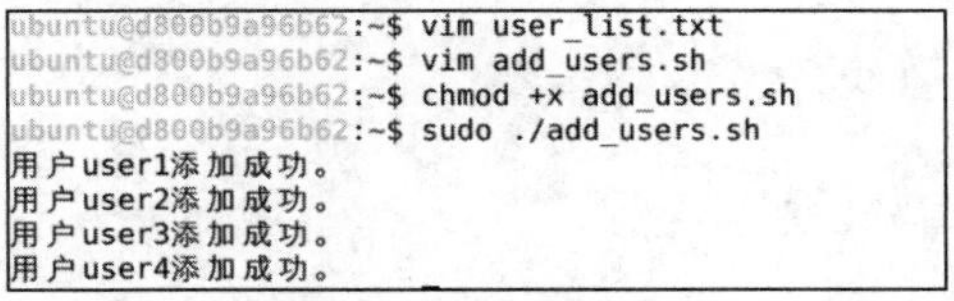

图 6-12　批量添加用户

## 6.4.6　编写脚本判断一批主机的在线状态

在系统管理和网络监控中，经常需要检查一批主机是否在线。编写一个 Shell 脚本来自动化这一过程可以极大地提高效率。

该脚本设计步骤如下。

步骤 1：接收主机列表文件的路径作为参数。

步骤 2：检查主机列表文件是否存在。

步骤 3：逐行读取主机列表文件中的每一行。

步骤 4：使用 ping 命令向每个主机发送一个 ICMP 请求包，并检查返回的响应。

步骤 5：输出每个主机的在线状态。

创建一个"host_list.txt"文件，文件内容如下。

```
ptpress.com.cn
bjxintong.com.cn
192.168.0.1
```

该脚本的代码如下。

```
#!/bin/bash

#定义主机文件
host_list_file="/home/ubuntu/host_list.txt"

#检验主机文件是否存在
if [ ! -f "$host_list_file" ]
then
  echo "主机文件不存在"
  exit 1
fi

#读取主机
```

```
while IFS= read -r host
do
  #ping主机，并查看返回的响应
  if ping -c 1 "$host" &>/dev/null
  then
    echo "主机$host 在线。"
  else
    echo "主机$host 离线。"
  fi
done < "$host_list_file"
```

将上述脚本保存为文件"check_hosts_status.sh"，并赋予脚本执行权限，命令如下。

```
chmod +x check_hosts_status.sh
```

运行脚本，执行结果如图6-13所示。

```
./check_hosts_status.sh
```

```
ubuntu@d800b9a96b62:~$ vim host_list.txt
ubuntu@d800b9a96b62:~$ vim check_hosts_status.sh
ubuntu@d800b9a96b62:~$ chmod +x check_hosts_status.sh
ubuntu@d800b9a96b62:~$ ./check_hosts_status.sh
主机jd.com在线。
主机taobao.com在线。
主机192.168.0.1离线。
```

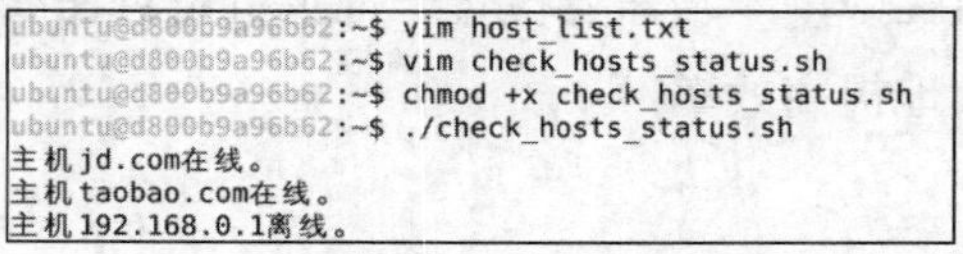

图 6-13　主机的在线状态

# 任务 6.5　使用函数实现模块化程序设计

## 任务介绍

在 Shell 脚本编程中，函数是一种强大的工具，用于封装可复用的代码片段，使脚本更加模块化和易于维护。通过将常用的功能封装成函数，不仅可以提高代码的可读性和可维护性，还可以避免重复编写相似的代码。

本任务的 6.5.1～6.5.2 为任务相关知识，6.5.3～6.5.4 为任务实验步骤。

本任务的具体要求如下。

1）掌握函数的定义和调用方法。

2）掌握函数返回值的用法。

3）掌握使用函数改进 Shell 程序设计的方法。

### 6.5.1　函数的定义和调用

在 Shell 脚本中，函数必须先定义才能调用。函数定义的格式如下。

```
[function] 函数名(){
```

```
    命令
    [return 返回值]
}
```

函数定义的解释如下。

function 关键字是可选的，可以省略。

函数名：函数的名称。

{}：函数定义的开始和结束符号。

命令：函数执行的命令。

return 返回值：可选，用于设置函数的返回值。如果不加该语句，则会将最后一条命令的运行结果作为返回值。

例如，定义一个函数显示欢迎消息，代码如下。

```
#!/bin/bash

#定义函数
show_welcome(){
  echo "欢迎！"
}

#调用函数
show_welcome
```

在 Shell 脚本中，函数的参数传递与其他编程语言有所不同。参数不是放在括号内显式定义，而是像 Shell 命令那样使用位置参数。调用函数时，只需给出函数名和参数即可，不需要加括号。函数的调用形式如下。

```
函数名 参数 1 参数 2…参数 n
```

在函数体内部，可以通过位置参数$n 的形式来获取参数的值。例如，$1 表示第一个参数，$2 表示第二个参数，依此类推。

例如，定义一个接受参数的函数，并在函数内部使用这些参数，代码如下。

```
#!/bin/bash

#定义函数
greet_user(){
  echo "你好, $1！"
}

#调用函数
greet_user "张三"
```

## 6.5.2　函数的返回值

在 Shell 脚本中，函数可以通过 return 语句返回一个状态码，用于表示函数执行的成功与否。状态码是一个 0～255 之间的整数，0 通常表示成功，非 0 值则表示某种类型的错误。

以下是 return 语句的一些要点。

要点 1，return 语句必须在函数体内部。

要点 2，如果没有显式使用 return 语句，则函数的返回值默认为函数体内最后执行的命令的返回状态。

要点 3，函数的返回值不能直接获取，而是需要使用内部变量"$?"来获取。

要点 4，"$?"必须紧跟在函数调用之后才能获取正确的返回值。

例如，定义一个函数来检查一个数字是否为偶数，并返回相应的状态码，代码如下。

```bash
#!/bin/bash

#定义函数
is_even(){
  if [ $(($1%2)) -eq 0 ]
  then
    return 0
  else
    return 1
  fi
}

#调用函数并检查返回值
number=4
is_even $number
if [ $? -eq 0 ]
then
  echo "$number 是偶数。"
else
  echo "$number 不是偶数。"
fi
```

注意区分 exit 与 return 语句。

（1）exit 语句用于退出整个脚本，并可选择性地返回一个状态码。

（2）return 语句仅用于退出当前函数，并返回一个状态码。

由于 return 语句只能返回 0～255 之间的整数，因此如果需要返回其他类型的数据（如字符串或数组），可以采用以下方法变通。

### 1．使用全局变量

在函数内部设置全局变量，然后在函数外部使用该变量获取返回的数据。

例如，定义一个函数获取用户的名字，并将名字作为字符串返回，代码如下。

```bash
#!/bin/bash
```

```
#定义全局变量
user_name=""

#定义函数
get_user_name(){
    read -p "请输入您的名字:" user_name
}

#调用函数
get_user_name

#使用全局变量获取返回的数据
echo "您的名字是:$user_name"
```

**2．使用标准输出**

在函数内部使用 echo 或 printf 语句将数据输出到标准输出，然后在函数外部使用 read 或其他命令捕获输出。

例如，定义一个函数获取用户的年龄，并将字符串输出，代码如下。

```
#!/bin/bash

#定义函数
get_user_age(){
    read -p "请输入您的年龄:" age
    echo "您的年龄是:$age"
}

#调用函数并捕获输出
msg=$(get_user_age)

#使用捕获的数据
echo "返回值:$msg"
```

## 6.5.3  在 Shell 脚本中使用函数

在 Shell 脚本中，通过将重复的代码封装成函数，可以使脚本更加模块化和易于维护。下面使用函数的方式将 6.4.6 小节中的脚本进行重构。

该脚本设计步骤如下。

步骤 1：定义检查单个主机状态的函数。

步骤 2：定义读取主机列表文件并检查每台主机状态的函数。

步骤 3：定义主程序入口。

步骤 4：执行主程序。

创建一个"host_list.txt"文件，内容如下。

```
ptpress.com.cn
bjxintong.com.cn
192.168.0.1
```

该脚本的代码如下。

```
#!/bin/bash

#定义函数检查单个主机的状态
check_host_status(){
  local host="$1"
  #ping主机，并查看返回的响应
  if ping -c 1 "$host" &>/dev/null
  then
    echo "主机$host 在线。"
  else
    echo "主机$host 离线。"
  fi
}

#定义函数读取主机列表文件并检查每台主机的状态
check_hosts_in_file(){
  local host_list_file="$1"
 if [ ! -f "$host_list_file" ]
  then
    echo "主机文件不存在。"
    exit 1
  fi

  while IFS= read -r host
  do
    check_host_status "$host"
  done < "$host_list_file"
}

#主程序入口
main(){
  #定义主机文件
  host_list_file="/home/ubuntu/host_list.txt"

  #调用检查主机状态的函数
  check_hosts_in_file "$host_list_file"
}
```

```
#执行主程序
main
```

将上述脚本保存为文件"check_hosts_status.sh"，赋予脚本执行权限，执行如下命令。

```
chmod +x check_hosts_status.sh
```

执行结果如图 6-14 所示。

```
./check_hosts_status.sh
```

```
ubuntu@d800b9a96b62:~$ vim host_list.txt
ubuntu@d800b9a96b62:~$ vim check_hosts_status.sh
ubuntu@d800b9a96b62:~$ chmod +x check_hosts_status.sh
ubuntu@d800b9a96b62:~$ ./check_hosts_status.sh
主机 jd.com在线。
主机 taobao.com在线。
主机 192.168.0.1离线。
```

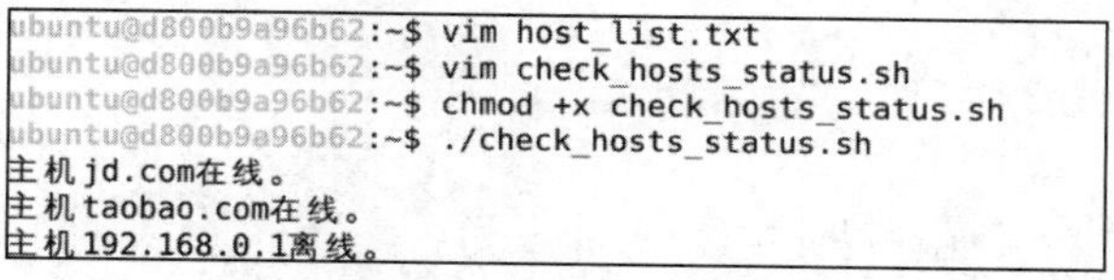

图 6-14　主机的在线状态

## 6.5.4　编写脚本批量检测网站的可访问性

在 Web 开发和系统管理中，经常需要检查一批网站是否可以正常访问。编写一个 Shell 脚本来自动化这一过程可以极大地提高效率。

该脚本设计步骤如下。

步骤 1：定义一个网站列表数组。

步骤 2：遍历数组中的每个网站。

步骤 3：使用 curl 命令向每个网站发送一个 HTTP 请求，并检查返回的状态码。

步骤 4：输出每个网站的可访问性状态。

该脚本的代码如下。

```
#!/bin/bash

#定义网站列表数组
websites=("https://www.ptpress.com.cn" "https://www.bjxintong.com.cn"
"http://localhost")

#定义检查网站可访问性的函数
check_website_accessibility(){
  local url="$1"
  if curl --silent --head --fail "$url" &>/dev/null
  then
    echo "网站$url 可以访问。"
  else
    echo "网站$url 不可以访问。"
  fi
}
```

```
#读取网站列表并检查每个网站的可访问性
check_websites(){
  for website in "${websites[@]}"
  do
    check_website_accessibility "$website"
  done
}

#主程序入口
main(){
  #调用函数以检查网站列表中的网站
  check_websites
}

#执行主程序
main
```

将上述脚本保存为文件"check_websites_accessibility.sh",并赋予脚本执行权限,执行如下命令。

```
chmod +x check_websites_accessibility.sh
```

运行脚本,执行结果如图 6-15 所示。

```
./check_websites_accessibility.sh
```

```
ubuntu@d800b9a96b62:~$ vim check_websites_accessibility.sh
ubuntu@d800b9a96b62:~$ chmod +x check_websites_accessibility.sh
ubuntu@d800b9a96b62:~$ ./check_websites_accessibility.sh
网站https://www.jd.com可以访问。
网站https://www.taobao.com可以访问。
网站http://localhost不可以访问。
```

图 6-15  网站访问情况

# 任务 6.6  使用 Shell 正则表达式高效处理文本

## 任务介绍

在文本处理和数据提取中,正则表达式是一种极其强大的工具,用于精确地匹配、搜索、替换和提取文本。Shell 脚本支持多种正则表达式的使用方式,包括基本正则表达式(BRE)和扩展正则表达式(ERE)。

本任务的 6.6.1～6.6.3 为任务相关知识,6.6.4 为任务实验步骤。

本任务的具体要求如下。

1）理解正则表达式的构成元素。

2）掌握如何在 Shell 脚本中使用正则表达式。

## 6.6.1　为什么要使用正则表达式

无论是进行简单的字符串匹配还是复杂的模式识别，正则表达式都能提供一种简洁而灵活的方式来处理文本数据。正则表达式在 Shell 脚本中的使用具有以下优势。

### 1．精确匹配

使用正则表达式能够精确匹配特定的文本模式，无论是一些固定的字符串还是复杂的模式组合。例如，可以使用正则表达式匹配所有的电子邮件地址、电话号码或日期格式。

### 2．模式搜索

正则表达式可以用于在大量文本数据中搜索符合特定模式的内容。例如，可以快速定位到包含特定关键词的所在行。

### 3．文本替换

正则表达式可以用于替换文本中的匹配项。例如，可以将所有的 URL 替换为指向特定页面的链接。

### 4．数据提取

正则表达式非常适合用于从文本中提取特定的信息。例如，从日志文件中提取出所有的时间戳或错误代码。

### 5．高效处理

使用正则表达式能够高效地处理大量的文本数据，减少不必要的循环和条件判断。例如，使用正则表达式可以显著地减少脚本中的代码量，以提高执行速度。

### 6．灵活性强

正则表达式支持多种元字符和语法结构，可以根据需要构建复杂的模式。例如，使用量词、字符集、分支等特性来匹配多种变化的模式。

### 7．跨平台兼容性强

大多数操作系统和编程环境都支持正则表达式的使用。这意味着可以在不同的平台上使用相同的正则表达式来处理文本数据。

## 6.6.2　正则表达式的构成

正则表达式的构成主要包括以下元素。

### 1．普通字符

普通字符代表自身，用于匹配文本中的相应字符。例如，"a"匹配文本中的字母"a"。

## 2．元字符

元字符具有特殊的含义，用于构造复杂的匹配模式。常见的元字符如下。

.：匹配任何单个字符（除了换行符）。

^：匹配字符串的开头。

$：匹配字符串的结尾。

*：匹配前面的字符零次或多次。

+：匹配前面的字符一次或多次。

?：匹配前面的字符零次或一次。

{*m,n*}：匹配前面的字符至少 *m* 次，最多 *n* 次。

[…]：定义一个字符集，匹配其中的任何一个字符。

|：逻辑或运算符，用于匹配多个选项中的任意一个。

()：用于分组，改变匹配优先级。

## 3．转义字符

当需要匹配元字符本身时，需要使用转义字符"\"。例如，"\"匹配点号"."。

## 4．预定义字符类

预定义字符类用于匹配一类字符，具体如下。

\d：匹配任何数字字符（等价于[0～9]）。

\D：匹配任何非数字字符。

\w：匹配任何字母、数字字符（等价于[a～z、A～Z、0～9]）。

\W：匹配任何非字母、数字字符。

\s：匹配任何空白字符。

\S：匹配任何非空白字符。

## 5．边界匹配

边界匹配用于匹配字符串或单词的边界，具体如下。

\b：匹配单词边界。

\B：匹配非单词边界。

## 6.6.3　正则表达式的类型

正则表达式有几种不同的类型，每种类型都有其特定的语法和特点。在 Shell 脚本中，常见的正则表达式类型包括基本正则表达式（basic regular expression，BRE）、扩展正则表达式（extended regular expression，ERE）和兼容正则表达式（perl compatible regular expression，PCRE）。

## 1．BRE

BRE 是最早的正则表达式类型，使用元字符"^"和"$"来匹配字符串的开始和结束，使用\[和\]来定义字符集，使用\{和\}来指定重复次数。

常用的元字符如下。

.：匹配任何单个字符（除了换行符）。

^：匹配字符串的开头。

$：匹配字符串的结尾。

\*：匹配前面的字符零次或多次。

\+：匹配前面的字符一次或多次。

\?：匹配前面的字符零次或一次。

\{$m,n$\}：匹配前面的字符至少 $m$ 次，最多 $n$ 次。

\[和\]：定义一个字符集。

\b：匹配单词边界。

\B：匹配非单词边界。

\d：匹配任何数字字符（等价于 0~9）。

\D：匹配任何非数字字符。

\w：匹配任何字母、数字字符（等价于 a~z，A~Z，0~9）。

\W：匹配任何非字母、数字字符。

\s：匹配任何空白字符。

\S：匹配任何非空白字符。

## 2．ERE

ERE 是一种更现代的正则表达式类型，支持更多直观的元字符，如.、*、+和?，无须转义即可直接使用。

其新增加的常用元字符如下。

*：匹配前面的字符零次或多次。

+：匹配前面的字符一次或多次。

?：匹配前面的字符零次或一次。

{$m, n$}：匹配前面的字符至少 $m$ 次，最多 $n$ 次，$m < n$。

[…]：定义一个字符集。

## 3．PCRE

PCRE 是一种与 Perl 语言兼容的正则表达式类型，支持更多的高级功能，如命名捕获组、前瞻断言等。

其新增加的常用元字符如下。

(?=···)：正向前瞻断言，用于匹配紧随其后的模式。

(?!···)：负向前瞻断言，用于匹配不紧随其后的模式。

(?<=···)：正向回溯断言，用于匹配紧随其前的模式。

(?<!···)：负向回溯断言，用于匹配不紧随其前的模式。

## 6.6.4 在 Shell 脚本中使用正则表达式

在系统监控中，经常需要检查磁盘空间的使用情况，并在使用率超过一定阈值时发出警告。接下来展示如何使用正则表达式来优化一个检查磁盘空间使用率并发出警告的脚本。

该脚本设计步骤如下。

步骤 1：设置警告阈值。

步骤 2：获取磁盘分区信息。

步骤 3：循环遍历磁盘分区信息。

步骤 4：使用正则表达式提取磁盘使用的百分比。

步骤 5：检查使用的百分比是否超过阈值。

步骤 6：发送警告通知。

步骤 7：结束脚本。

该脚本的代码如下。

```
#!/bin/bash

#设置警告阈值
THRESHOLD=40

#获取所有磁盘分区的信息
DISK_USAGE=$(df -h)

#循环遍历每个分区
while IFS= read -r line
do
  #使用正则表达式提取磁盘使用百分比
  if [[ $line =~ ([0-9]+)% ]]
  then
    USAGE_PERCENT=${BASH_REMATCH[1]}

    #检查使用百分比是否超过了设定的阈值
    if [ "$USAGE_PERCENT" -ge "$THRESHOLD" ]
    then
```

```
    #提取分区名
      MOUNT_POINT=$(echo "$line" | awk '{print $6}')
      # 检查是否为根目录，如果是，则不输出
      if [ "$MOUNT_POINT" = "/" ]
      then
      continue
      fi

      #发送警告通知
      echo "警告：磁盘空间使用率超过$THRESHOLD%($MOUNT_POINT)！">&2
    fi
  fi
  done <<< "$DISK_USAGE"

  #结束脚本
  exit 0
```

将上述脚本保存为文件“disk_usage_warning.sh”，并赋予脚本执行权限，执行如下命令。

```
chmod +x disk_usage_warning.sh
```

执行结果如图 6-16 所示。

```
./disk_usage_warning.sh
```

```
ubuntu@d800b9a96b62:~$ vim disk_usage_warning.sh
ubuntu@d800b9a96b62:~$ chmod +x disk_usage_warning.sh
ubuntu@d800b9a96b62:~$ ./disk_usage_warning.sh
警告：磁盘空间使用率超过40%(/etc/hosts)！
```

图 6-16 磁盘空间使用情况

## 项目小结

本项目详细介绍了在 Linux 操作系统中，既可以使用 Shell 命令，以交互方式解释和执行用户输入的命令，也可以使用程序设计语言，编写 Shell 程序以完成系统自动化运维的任务。通过本项目的实施，读者将能够深入地了解 Shell 编程的基本知识，并初步掌握 Shell 脚本的编程技能，从而能够编写简单的 Shell 脚本完成各种系统运维任务。

## 课后练习

### 一、选择题

1. Shell 脚本的主要用途是什么？（　　）

A. 文本编辑　　　　B. 图形界面设计

C. 系统自动化运维 　　　　　　　　D. 数据库管理

2. Shell 脚本的变量声明需要使用哪种关键字？（　　　）

A. var 　　　　　　B. let 　　　　　　C. declare 　　　　　　D. 无关键字

3. 在 Shell 脚本中，如何引用第一个位置参数？（　　　）

A. $1 　　　　　　B. $0 　　　　　　C. $# 　　　　　　D. $*

4. 在 Shell 脚本中，如何定义一个简单的函数？（　　　）

A. function myFunc(){echo "Hello";}

B. def myFunc(){echo "Hello";}

C. myFunc=function(){echo "Hello";}

D. myFunc(){echo "Hello";}

5. 在 Shell 脚本中，如何输出变量的值？（　　　）

A. print $variable 　　　　　　B. echo $variable

C. output $variable 　　　　　　D. show$variable

6. 在 Shell 脚本中，如何将两个命令的输出连接在一起？（　　　）

A. command1&&command2 　　　　　　B. command1||command2

C. command1;command2 　　　　　　D. command1|command2

7. 如何使用 for 循环迭代数组中的元素？（　　　）

A. for i in ${array[@]};do

B. for i in array;do

C. foreach i in ${array[@]};do

D. loop i in ${array[@]};do

8. 如何在 Shell 脚本中使用正则表达式以匹配电子邮件地址？（　　　）

A. grep '[\w.-]+@[a-zA-Z0-9.-]+\.[a-zA-Z]{2,4}' filename

B. grep '[\w.-]+@[a-zA-Z0-9.-]+\.[a-zA-Z]{2,4}$' filename

C. grep '[\w.-]+@[a-zA-Z0-9.-]+\.[a-zA-Z]{2,4}?' filename

D. grep '[\w.-]+@[a-zA-Z0-9.-]+\.[a-zA-Z]{2,4}*' filename

9. 如何在 Shell 脚本中定义一个数组？（　　　）

A. array=(element1 element2)

B. array[element1]=element2

C. array={element1,element2}

D. array=['element1','element2']

10. 如何在 Shell 脚本中使用正则表达式匹配以.txt 结尾的文件？（　　　）

A. grep '\.txt$' filename

B.　grep '\.txt' filename

C.　grep '.txt$' filename

D.　grep '.txt' filename

## 二、简答题

1.　简述 Shell 脚本在 Linux 操作系统中的作用。

2.　如何执行一个 Shell 脚本?

3.　简述 Shell 脚本中变量的作用。

4.　解释 Shell 脚本中的位置参数。

5.　简述 Shell 脚本中的变量和环境变量的区别。

## 项目 7　部署 Ubuntu 服务器

Linux 是操作系统的后起之秀，Ubuntu 是目前 Linux 操作系统的优秀代表。本项目将向读者介绍 Ubuntu 服务器的基础知识，包括 Ubuntu 服务器的安装、远程管理的基本操作和命令行的使用方法等。

### 学习目标

1）了解 Ubuntu 服务器版本，学会安装 Ubuntu 服务器。

2）学会通过 SSH 远程登录和管理 Ubuntu 服务器。

3）熟悉 Apache 的安装与配置。

4）熟悉 MySQL 的安装与配置。

## 任务 7.1　安装 Ubuntu 服务器

### 任务介绍

本任务包括服务器的介绍、Ubuntu 服务器的安装以及网络配置等内容。

本任务的 7.1.1～7.1.2 为任务相关知识，7.1.3～7.1.4 为任务实验步骤。

本任务的具体要求如下。

1）了解什么是服务器及相关知识。

2）熟悉服务器的搭建和使用方法。

### 7.1.1　什么是服务器

服务器是在网络环境中提供计算能力并运行软件应用程序的特定 IT 设备，它在网络中为其他客户机（如个人计算机、智能手机、ATM 机等终端设备）提供计算或者应用服务。一般来说服务器都具备承担响应服务请求、承担服务、保障服务的能力。服务器相比普通计算机，具有高速的 CPU 运算能力，长时间的可靠运行能力，强大的 I/O 数据吞吐能力以及具备高扩展性。服务器作为电子设备，其内部的结构十分复杂。服务器的主要构件有 CPU、内存、芯片组、I/O 设备、存储器、外围设备、稳压器、电源和冷却系统。下面介绍服务器的功能和特性。

**1．功能**

服务器的英文名称为"server"，指的是在网络环境中为客户机（client）提供各种服务的、特殊的专用计算机。在网络中，服务器承担着数据的存储、转发、发布等关键任务，是各类基于客户机/服务器（C/S）模式，或 B/S 模式网络中不可或缺的重要组成部分。

从广义上讲，服务器是指网络中能对其他机器提供某些服务的计算机系统。从狭义上来讲，服务器是专指某些高性能计算机，能够通过网络，对外提供服务。服务器作为网络的节点，可以存储、处理网络上 80% 的数据、信息，因此也被称为网络的灵魂。

**2．特性**

服务器既然是一种高性能的计算机，它的构成肯定与平常所用的计算机有很多相似之处，诸如有 CPU、内存、硬盘、各种总线等，只不过它是能够提供各种共享服务（网络、Web 应用、数据库、文件、打印等）以及其他方面的高性能应用。它的高性能主要体现在高速度的运算能力、长时间的可靠运行、强大的外部数据吞吐能力等方面，是网络的中枢和信息化的核心。

由于服务器是针对具体的网络应用特别定制的，因而服务器又与普通计算机在处理能力、稳定性、可靠性、安全性、可扩展性、可管理性等方面存在很大的区别。最大的差异就是在多用户、多任务环境下的可靠性上。用普通计算机当作服务器的用户一定都经历过突然的停机、网络中断、不时地丢失存储数据等事件，这都是因为普通计算机的设计制造从来没有保证过多用户、多任务环境下的可靠性，而一旦发生严重故障，其带来的损失将是难以预料的。一方面，每台服务器所面对的是整个网络的用户，需要 7×24 小时不间断地工作，所以它必须具有极高的稳定性；另一方面，为了实现高速以满足众多用户的需求，服务器通过采用对称多处理器（SMP）安装、插入大量的高速内存来保证工作。它的主板可以同时安装几个甚至几十、上百个 CPU（服务器所用的也不是普通的 CPU，是厂商专门为服务器开发生产的）。内存方面当然也不一样，无论在内存容量，还是性能、技术等方面都与普通计算机有根本的不同。

另外，服务器为了保证足够的安全性，还采用了大量普通计算机没有的技术，如冗余技术、系统备份技术、在线诊断技术、故障预报警技术、内存纠错技术、热插拔技术和远程诊断技术等，使绝大多数故障能够在不停机的情况下得到及时的修复，具有极强的可管理性。可以从可靠性（reliability，R）、可用性（availability，A）、可扩展性（scalability，

S）、易用性（usability，U）、可管理性（manageability，M）来衡量服务器是否达到了其设计目的，这也是服务器的 RASUM 衡量标准。

## 7.1.2　Ubuntu 服务器

　　Ubuntu 已成为重要的服务器平台。Ubuntu 服务器不再局限于传统服务器的角色，它在不断增加新的功能。它可让公共或私有数据中心在经济和技术上都具有出色的可扩展性。无论是部署 OpenStack 云、Hadoop 集群还是上万个节点的大型渲染场，Ubuntu 服务器都能提供性价比最佳的横向扩展能力。Ubuntu 为快速发展的企业提供灵活、安全、可随处部署的技术，已获得业内领先硬件 OEM 厂商的认证，并提供全面的部署工具，让基础架构可以物尽其用。无论是部署 NoSQL 数据库、Web 场，还是云，Ubuntu 出色的性能和多用性都能满足其需求。精简的初始安装和整合式的部署与应用程序建模技术，使 Ubuntu 服务器成为简单部署与规模化管理的出色解决方案。它还提供实现虚拟化和容器化的捷径，只需几秒钟便可创建虚拟机和计算机容器。

## 7.1.3　安装 Ubuntu 服务器版

　　项目 1 中介绍过 Ubuntu 桌面版的安装过程，下面介绍安装 Ubuntu 服务器版的步骤，具体如下。

　　步骤 1：启动虚拟机（实际装机大多是将计算机设置为从光盘启动，将安装光盘插入光驱，再重新启动），引导成功则出现图 7-1 所示的"欢迎界面"。选择语言类型，这里选择"English"，按回车键。

图 7-1　安装显示的"欢迎界面"

步骤 2：出现图 7-2 所示的对话框，选择键盘配置，这里选择"Chinese"选项，确认选中下面的"Done"菜单，按回车键。

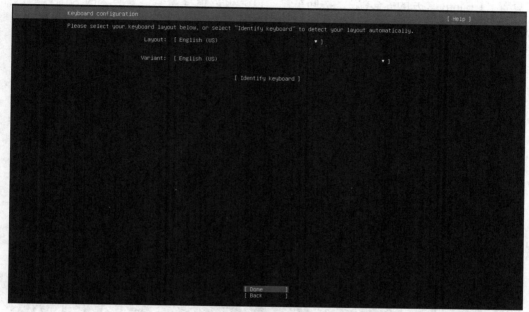

图 7-2　选择键盘配置

步骤 3：出现图 7-3 所示的对话框，选择要安装的平台，这里选择"Install Ubuntu"选项，按回车键。

图 7-3　选择安装的平台

步骤 4：出现图 7-4 所示的对话框，根据需要配置网络连接，这里保持默认设置（通过 DHCP 服务器自动分配），按回车键。

步骤 5：出现"Configure proxy"对话框，根据需要配置 HTTP 代理，这里保持默认设置（不配置任何代理），按回车键。

步骤 6：出现图 7-5 所示的对话框，根据需要设置 Ubuntu 软件包安装源，这里保持默认设置（Ubuntu 官方的安装源），按回车键。以后可以根据需要将安装源改为国内的，如阿里云提供的 Ubuntu 软件包安装源。

图 7-4　配置网络连接

图 7-5　配置 Ubuntu 软件包安装源

步骤 7：出现图 7-6 所示的对话框，设置文件系统，这里选择第 2 项，使用 LVM（逻辑卷管理），按回车键。

图 7-6 设置文件系统

服务器大多处于高速可用的动态环境中，调整磁盘存储空间有时可不重新引导系统，采用 LVM（逻辑卷管理）就可满足这种要求。

步骤 8：出现图 7-7 所示的对话框，选择要安装系统的磁盘，这里保持默认设置，按回车键。

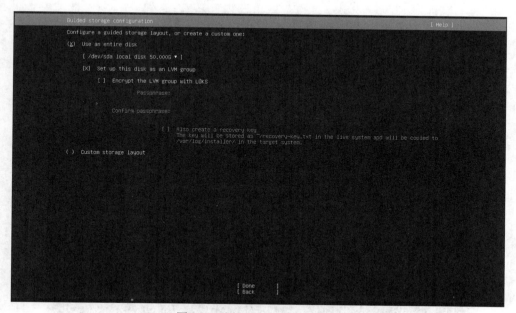

图 7-7 选择要安装系统的磁盘

步骤 9：出现图 7-8 所示的对话框，给出文件系统设置摘要，这里选中"Done"选项确认这些设置，按回车键。如果要修改，可以选择"Reset"选项重新设置。

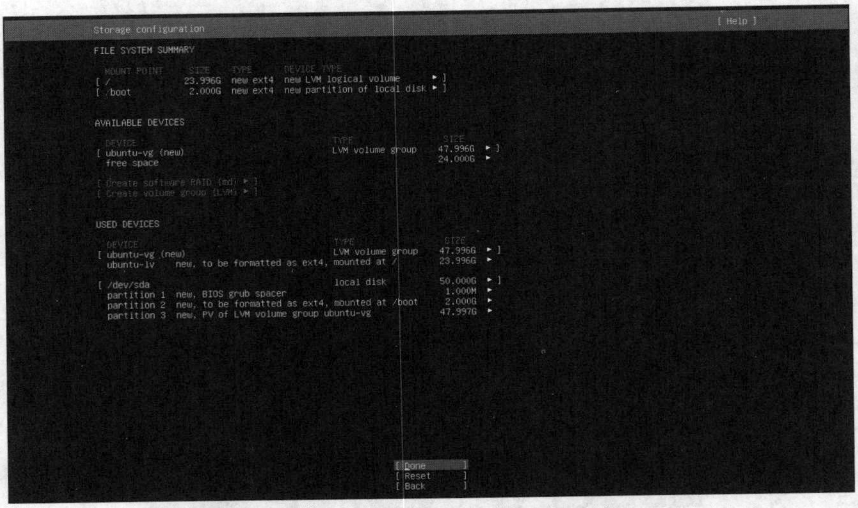

图 7-8 确认文件系统设置

步骤 10：弹出图 7-9 所示的对话框，提示接下来的磁盘格式化操作具有"破坏性"，这里选中"Continue"选项并按回车键，继续后面的操作。

步骤 11：出现图 7-10 所示的对话框，依次设置用户全名、服务器主机名、用户名（账户）、密码及确认密码，按回车键。

图 7-9 确认继续操作

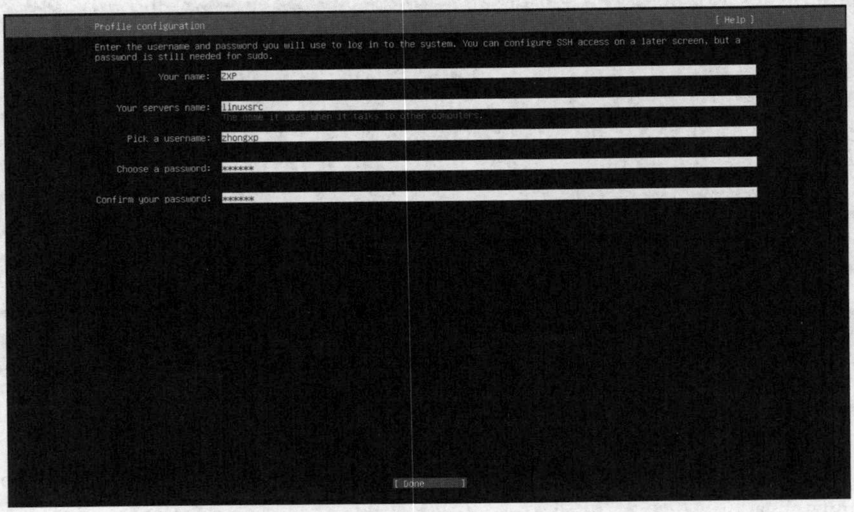

图 7-10 设置用户账户和主机名

步骤 12：出现图 7-11 所示的对话框，选中"Install OpenSSH server"选项，安装 SSH 服务器提供远程管理服务，按回车键。

图 7-11　安装 SSH

步骤 13：出现图 7-12 所示的对话框，选择特色服务器中的 Snap 安装，列出了适合服务器环境的流行软件 Snap 包。作为示范，这里选中"docker"选项以安装 Docker 平台，按回车键。

Docker 是目前最流行的软件容器平台，提供了传统虚拟化的替代解决方案，越来越多的应用程序以容器的形式在开发、测试和生产环境中运行。

图 7-12　选择特色服务器

步骤 14：安装完毕出现图 7-13 所示的对话框，选择"View full log"选项可查看完整的安装日志，这里选中"Reboot Now"选项。按回车键以重启服务器。

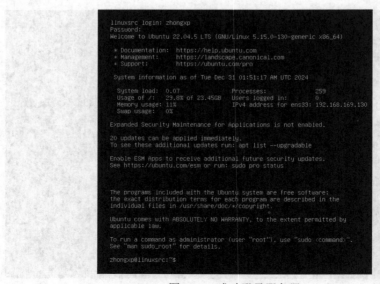

图 7-13　安装完毕

此时可以移除安装介质（本例中，通过虚拟机操作很简单），否则启动过程中会给出相关的提示。系统启动完成之后，按回车键，出现登录提示，分别输入用户名和密码即可登录，如图 7-14 所示。

图 7-14　成功登录服务器

### 7.1.4　调整网络配置

Ubuntu 18.04 版的网络配置方式与之前的版本相比有了很大的改动，并且服务器版本与之前的桌面系统是不同的。Ubuntu 18.04 LTS 服务器版网络配置使用的是 netplan 工具，它将网卡的配置都整合到一个 YAML 格式的 "/etc/netplan/*.yaml" 文件中，不同版本中的文件名不尽相同。

netplan 是抽象网络配置生成器，是一个用于配置 Linux 网络的简单工具。只需使用一个 YAML 文件描述每个网络接口所需要的配置，netplan 即可根据这个配置描述，生成所有需要的配置，不管选用的是哪种底层管理工具。netplan 从 "/etc/netplan/*.yaml" 中读取配置，配置可以是管理员或者系统安装人员设计的；也可以是云镜像或者其他操作系统部署设施自动生成的。在系统启动阶段早期，netplan 在/run 目录中生成配置文件并将设备控制权交给相关后台程序。

这里所用的网络配置文件为 "/etc/netplan/50-cloud-init.yaml"。查看该文件，得知当前配置内容如下。

```
network:
  ethernets:
      ens33:
          dhcp4: true
  version: 2
```

YAML 文件一定要注意缩进格式。ethernets 表示以太网。网络接口采用的是统一的网络设备命名，这里为 ens33。这是一个以太网卡（en），使用的热插拔插槽索引号（s），索引号是 33。"dhcp4: true" 表示 IP 地址，TCP/IP 参数由 DHC 服务器自动分配。

服务器应当使用静态 IP 地址，这里通过修改上述配置文件来调整网络配置，可使用 Vi 或 Nano 工具修改。这里修改如下。

```
network:
  ethernets:
      ens33:
          addresses: [192.168.199.211/24]
          gateway4: 192.168.199.1
          nameservers:
              addresses: [114.114.114.114, 8.8.8.8]
          dhcp4: no
          optional: no
  version: 2
```

其中，addresses 设置静态 IP 地址，gateway4 设置默认路由（IPv4 网关），nameservers 设置 DNS 服务器。optional 表示是否允许在不等待这些网络接口完全激活的情况下启动系统，true 值表示允许，no 表示不允许。

设置完成后运行以下命令更新网络的设置，使其生效。

```
sudo netplan apply
```

如果使用的是 SSH 远程登录，则需要重新登录，因为 IP 地址更改了。再次使用 ip a
命令查看服务器 IP 设置，会发现其中的 ens33 网络接口设置，如下所示。

```
2: ens33: <BROADCAST,MULTICAST,UP,LOWER_UP> mtu 1500 qdisc fq_codel state
UP group
default qlen 1000
  link/ether 00:0c:29:cd:55:66 brd ff:ff:ff:ff:ff:ff
  inet 192.168.199.211/24 brd 192.168.199.255 scope global ens33
       valid_lft forever preferred_lft forever
  inet6 fe80::20c:29ff:fecd:5566/64 scope link
       valid_lft forever preferred_lft forever
```

# 任务 7.2   远程管理 Ubuntu 服务器

## 任务介绍

本任务主要介绍远程管理 Ubuntu 服务器的方法，包括通过 SSH 和 Web 界面等。
本任务的 7.2.1～7.2.2 为任务相关知识，7.2.3～7.2.4 为任务实验步骤。
本任务的具体要求如下。
1）掌握通过 SSH 操作 Ubuntu 服务器的方法。
2）掌握通过 Web 界面操作 Ubuntu 服务器的方法。

## 7.2.1   SSH 概述

安全外壳协议（Secure Shell，SSH）是一种加密的网络传输协议，可在不安全的网络
中为网络服务提供安全的传输环境。它通过在网络中创建安全隧道来实现 SSH 客户端和
服务器之间的连接。最早的时候，互联网通信都是明文通信，一旦被截获，内容就会被暴
露。1995 年，芬兰学者 Tatu Ylonen 设计了 SSH，将登录信息全部加密。由此 SSH 成为互
联网安全的一个基本解决方案，迅速在全世界获得推广，目前已经成为所有操作系统的标
准配置。

OpenSSH 是免费的 SSH 版本，是一种可信赖的安全连接工具。Linux 平台广泛使用
OpenSSH 程序来实现 SSH。

## 7.2.2　什么是远程桌面

远程桌面是微软公司为了方便网络管理员管理维护服务器而推出的一项服务，从 Windows 2000 Server 版本开始引入。网络管理员使用远程桌面把程序连接到任意一台开启了远程桌面控制功能的计算机上，就好比自己操作该计算机一样，可以运行程序，维护数据库等。远程桌面从某种意义上类似于早期的 telnet，它可以将程序运行等工作交给服务器，而返回给远程控制计算机的仅仅是图像和鼠标、键盘运动变化的轨迹。

## 7.2.3　通过 SSH 远程登录服务器

在 Ubuntu 服务器安装过程中可以选择安装 OpenSSH server，上述安装示范中已经这样做了。如果没有安装，可以执行以下命令安装 tasksel 工具。

```
sudo apt install tasksel
```

然后执行以下命令直接安装 OpenSSH 服务器。

```
sudo tasksel install openssh-server
```

安装之后，系统默认将 OpenSSH 服务器设置为自动启动，即随系统启动而自动加载。OpenSSH 服务器所使用的配置文件是/etc/ssh/sshd_config，可以通过编辑该文件来修改配置。

然后使用 SSH 客户端远程登录 SSH 服务器，并进行控制和管理操作。Ubuntu 桌面操作系统默认已经安装 SSH 客户端程序。直接使用 SSH 命令登录到 SSH 服务器。该命令的参数比较多，最常见的用法如下。

```
ssh -l [远程主机用户账户] [远程服务器主机名或 IP 地址]
```

本例的 Ubuntu 桌面操作系统登录远程主机的过程如下。

```
zxp@LinuxPC1:~$ ssh -l zhongxp 192.168.199.211
 The authenticity of host '192.168.199.139 (192.168.199.211)' can't be
established.
 ECDSA key fingerprint is SHA256:G8aSxqyO1hygGJ/3wyIsuj2ehUbKYzup2d0Svgms9UM.
 Are you sure you want to continue connecting (yes/no)? yes
 Warning: Permanently added '192.168.199.211' (ECDSA) to the list of known
hosts.
 zhongxp@192.168.199.211's password:
 Welcome to Ubuntu 18.04.2 LTS (GNU/Linux 4.15.0-58-generic x86_64)
 ......
```

SSH 客户端程序在第一次连接到某台服务器时，由于没有将服务器公钥缓存起来，会出现警告信息并显示服务器的指纹信息。此时应输入"yes"确认，程序会将服务器公钥缓存在当前用户主目录下的".ssh"子目录中的"known hosts"文件里（如/root/.ssh/known hosts），下次连接时就不会出现提示了。如果成功地连接到 SSH 服务器，就会显示登录信息并提示用户输入用户名和密码。如果用户名和密码输入正确，就能成功登录并在远程系统上工作了。

出现命令行提示符，则表示登录成功，此时客户机就相当于服务器的一个终端。在该命令行上进行的操作，实际上是在操作远端的服务器。操作方法与操作本地计算机一样。可使用命令 exit 退出该会话（即断开连接）。

除了使用 SSH 命令登录远程服务器并在远程服务器上执行命令外，SSH 客户端还提供了一些实用命令用于客户端与服务器之间传送文件。

如 scp 命令使用 SSH 协议进行数据传输，可用于在本地主机与远程主机之间安全地复制文件。scp 命令可以有很多选项和参数，基本用法如下。

scp 源文件 目标文件

使用该命令时，必须指定用户名、主机名、目录和文件，其中源文件或目标文件的表达格式为：用户名@主机地址: 文件全路径名。

另外，在 Windows 平台上可使用免费的 PuTTY 软件作为 SSH 客户端，这样可以方便地访问和管理 Ubuntu 服务器。

### 7.2.4　基于 Web 界面远程管理 Ubuntu 服务器

SSH 是文本界面的工具，有些初学者希望使用图形界面工具。在 Ubuntu 服务器上可以直接安装图形化桌面环境，最简单的方式是通过 Tasksel 工具安装，如图 7-15 所示。

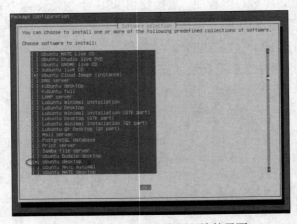

图 7-15　安装图形化桌面环境的界面

但是，考虑到服务器的运行效率，并不建议采用这种为服务器安装桌面环境的方式。初学者可以考虑使用 Web 界面来管理 Ubuntu 服务器。Webmin 就是一个基于 Web 界面的系统管理工具，结合 SSL 支持可以作为一种安全可靠的远程管理工具。管理员使用浏览器访问 Webmin 服务可以完成 Linux 系统的主要管理任务，如设置用户账户、Apache、DNS、文件共享等。采用这种 Web 管理方式，管理员不必编辑系统配置文件，能够方便地从本地和远程管理系统。它采用插件式结构，具有很强的扩展性和伸缩性，目前提供的标准管理模块几乎涵盖了各种常见的系统，还有许多第三方的管理模块。

在 Ubuntu 服务器上可以通过官方软件源来安装 Webmin，具体步骤如下。

步骤 1：在 APT 源文件中添加 Webmin 的官方仓库信息，可以执行以下命令。

```
sudo nano /etc/apt/sources.list
```

打开/etc/apt/sources.list 文件进行编辑，往该文件中添加以下内容。

```
deb http://download.w*****n.com/download/repository sarge contrib
deb http://w*****n.mirror.somersettechsolutions.co.uk/repository sarge contrib
```

步骤 2：考虑到需要公钥验证签名，需要添加有关的 GPG 密钥。执行以下两条命令。

```
sudo wget http://www.w*****n.com/jcameron-key.asc
sudo apt-key add jcameron-key.asc
```

步骤 3：执行以下命令以更新软件源。

```
sudo apt update
```

步骤 4：执行以下命令安装 Webmin 软件包。

```
sudo apt install webmin
```

安装结束时会给出提示信息，下面列出其中的一部分。

```
Webmin install complete. You can now login to https://linuxsrv:10000/
as root with your root password, or as any user who can use sudo
to run commands as root.
Processing triggers for systemd (237-3ubuntu10.19) ...
Processing triggers for ureadahead (0.100.0-20) ...
```

安装成功后，Webmin 服务就已启动，服务端口默认为 10000，而且会自动配置为自启动服务。

步骤 5：为便于其他主机远程访问 Webmin 的控制台，需要执行以下命令，并在防火墙里开启默认端口"10000"。

```
sudo ufw allow 10000
```

至此，完成了 Webmin 的基本部署，接着可以通过浏览器使用它来管理服务器。在 Ubuntu 桌面版的计算机上打开浏览器访问服务器上的 Webmin 控制台，本例中访问地址为"https://192.168.199.211: 10000"。由于使用 HTTPS 需要安全验证，首次使用会给出安全风险警示，单击"高级"链接，然后单击"接受风险并继续"按钮。

接着可以看到登录界面，输入账户和密码，如图 7-16 所示。登录成功后显示图 7-17 所示的主界面。

图 7-16　Webmin 的登录界面

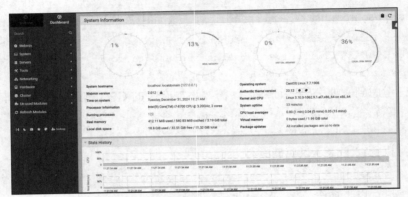

图 7-17　Webmin 的主界面

所有的管理功能都是以模块的形式插入到 Webmin 中的。Webmin 对这些管理模块进行了分类，Webmin 界面左边以导航菜单的形式显示这些类别。

展开 "Webmin" 类别，可以执行与 Webmin 本身有关的配置和管理任务。

"System" 类别可以进行操作系统的总体配置，包括配置文件系统、用户、组和系统引导，控制系统中运行的服务等。

"Servers" 类别用于对系统中运行的各个服务（如 Apache、SSH）进行配置，例如，对 SSH 服务器的管理界面如图 7-18 所示。

图 7-18　SSH 服务器的管理界面

"Others"类别用于执行一些系统管理任务，如命令行界面、文件管理器、SSH 登录、文本界面登录等。例如，文件管理器界面如图 7-19 所示，可以以可视化方式执行文件和文件夹的管理操作。

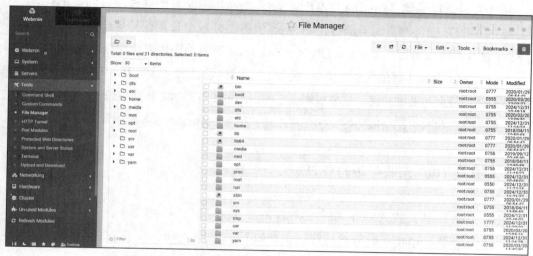

图 7-19　文件管理器界面

"Networking"类别提供的工具可以用来配置网络硬件和进行一些复杂的网络控制，如防火墙、网络配置。这些工具实际是去修改标准的配置文件。

"Hardware"类别用于配置物理设备，主要是打印机和存储设备。RAID（磁盘阵列）和 LVM（逻辑卷管理）都可以在这里进行管理操作。

"Cluster"类别的工具用于管理集群系统。

# 任务 7.3　Apache 的安装与配置

## 任务介绍

本任务主要介绍常见的 Web 服务器 Apache，并完成 Apache 的安装与配置。

本任务的 7.3.1 为任务相关知识，7.3.2～7.3.3 为任务实验步骤。

本任务的具体要求如下。

1）认识 Apache。

2）掌握 Apache 服务器的安装与启动方法。

3）掌握 Apache 服务器的主配置文件的配置方法。

### 7.3.1　Apache 简介

阿帕奇网页服务器（Apache HTTP Server，Apache）是开源软件项目的杰出代表，基于标准的 HTTP 提供网页浏览服务，在 Web 服务器领域中长期保持着超过半数的份额。Apache 服务器可以运行在 Linux、UNIX、Windows 等多种操作系统平台。

Apache 服务器最主要的优势是免费、开源。它的源代码完全公开，用户可以通过阅读和修改源代码来改变服务器的功能。这要求修改它的用户对服务器功能和网络编程有较深的了解，否则所做的修改很有可能使服务器无法正常工作。另外，Apache 服务器还具有以下重要特性。

### 7.3.2　使用 Yum 安装与运行软件

使用 Yum 工具安装 Apache 服务器软件的步骤如下。

步骤 1：安装 Apache 服务器软件，命令如下。

```
yum install httpd -y
```

步骤 2：启动 Apache 服务，命令如下。

```
service httpd start
```

步骤 3：关闭防火墙，命令如下。

```
service iptables stop
```

步骤 4：查看 Apache 服务器的主配置文件"letc/httpd/conf/httpd.conf"，命令如下。

```
vi letc/httpd/conf/httpd.conf
```

### 7.3.3　Apache 的配置与管理

在 Linux 操作系统中配置服务，其实就是修改服务的配置文件。Linux 操作系统中主要的配置文件及其存储位置见表 7-1。

表 7-1　Linux 操作系统中主要的配置文件及其存储位置

| 配置文件的名称 | 存储位置 |
| --- | --- |
| 服务目录 | /etc/httpd |
| 主配置文件 | /etc/httpd/conf/httpd. conf |
| 网站数据目录 | /var/www/html |
| 访问日志 | /var/log/httpd/access_ log |
| 错误日志 | /var/1og/httpd/error_ log |

步骤 1：打开 Apache 的主配置文件 "/etc/httpd/conf/httpd.conf"，命令如下。

```
vi /etc/httpd/conf/httpd.conf
```

步骤 2：修改配置文件，如图 7-20 所示。

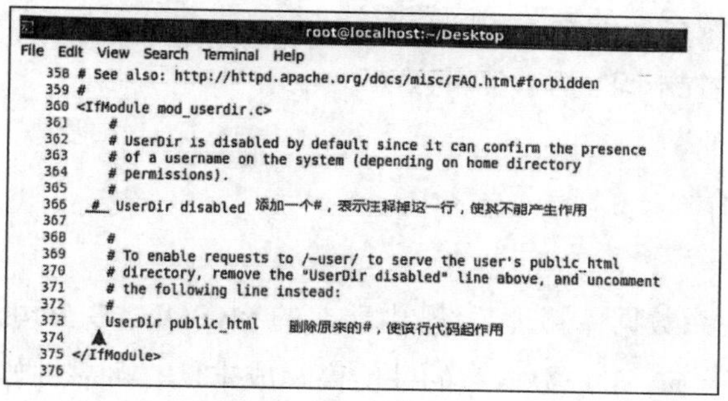

图 7-20　修改 httpd.conf 配置文件

继续修改该配置文件，配置虚拟目录，如图 7-21 所示。

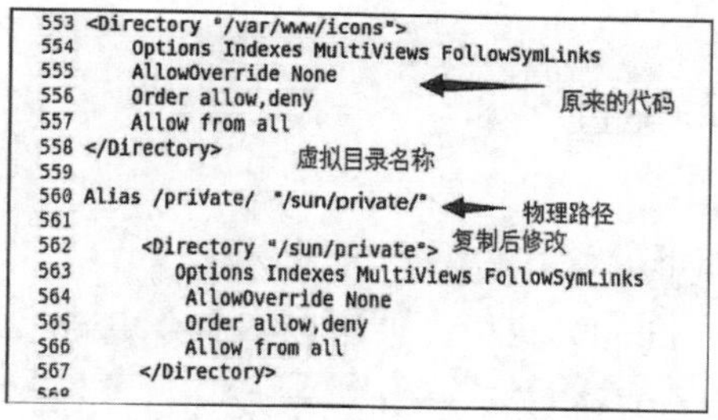

图 7-21　修改配置文件中的虚拟目录

步骤 3：保存文件后重启 httpd 服务，命令如下。

```
service httpd restart
```

步骤 4：创建物理路径。使用 mkdir -p /sun/private 命令可以一次创建 sun 和 private 两个文件夹，命令如下。

```
mkdir -p /sun/private
```

# 任务 7.4　MySQL 的安装与配置

## 任务介绍

本任务包含常见的关系数据库 MySQL 的介绍、安装与配置，并提供了 MySQL 的基本使用案例。

本任务的 7.4.1 为任务相关知识，7.4.2～7.4.4 为任务实验步骤。

本任务的具体要求如下。

1）熟悉 MySQL 数据库的安装与配置方法。

2）熟悉 MySQL 数据库的基本使用方法。

## 7.4.1 MySQL 简介

MySQL 是一个关系数据库管理系统，由瑞典的 MySQL AB 公司开发，目前属于 Oracle 公司旗下的产品。由于 MySQL 数据库的性能高、成本低、可靠性好，已经成为当下非常流行的开源数据库，因此 MySQL 被广泛地应用在中小型网站中。随着 MySQL 的不断发展，它逐渐被用于更多大型集群网站和应用中。非常流行的开源软件组合 LAMP 中的"M"指的就是 MySQL。

## 7.4.2 MySQL 的安装与配置

安装 MySQL 的步骤如下。

步骤 1：打开终端（terminal）窗口，使用以下命令更新系统软件包。

```
sudo apt update
```

步骤 2：安装 MySQL 服务器和 MySQL 开发包，包括 MySQL 头文件和动态库文件，命令如下。

```
sudo apt-get install mysql-server            安装最新版 MySQL 服务器
sudo apt-get install libmysqlclient-dev       安装开发包
```

步骤 3：系统默认安装最新的 MySQL，但是初始的用户名和密码是自动生成的，所以需要修改 MySQL 的 root 用户名和密码，命令如下。

```
sudo cat /etc/mysql/debian.cnf
```

输出如图 7-22 所示。

图 7-22　打开的 debian.cnf 配置文件

步骤 4：登录 MySQL 服务器，修改 root 用户的密码，命令如下。

```
update mysql.user set authentication_string=password('123456') where user=
'root' and host='localhost';
//将 MySQL 数据库中用户为 'root'，主机为 'localhost' 的用户的密码设置为 '123456'
update mysql.user set plugin="mysql_native_password";
//将 MySQL 数据库中所有用户的认证插件设置为 "mysql_native_password"。
flush privileges;
//刷新 MySQL 的权限表，使最近的更改生效
exit
//退出 MySQL 控制台，关闭与数据库的连接
```

步骤 5：重新用 root 和 123456 登录 MySQL 服务器，命令如下。

```
mysql -u root -p
```

登录后的界面如图 7-23 所示。

步骤 6：设置 MySQL 字符编码 utf-8，可以支持中文操作。修改表的字符编码，命令如下。

```
alter table user default character set utf8;
```

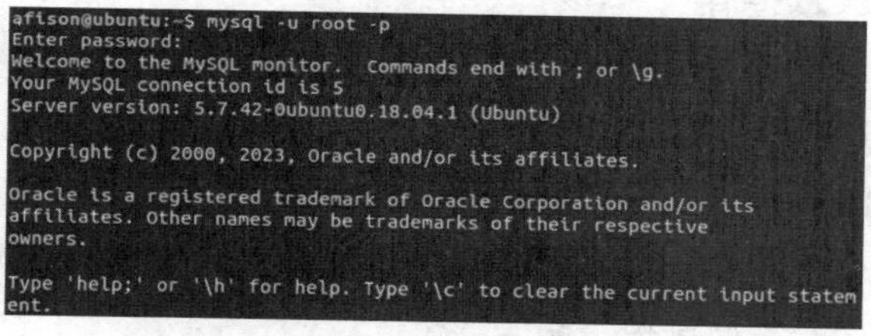

图 7-23　登录 MySQL 服务器后的界面

修改属性的字符编码，命令如下。

```
alter table user modify column name varchar(50) character set utf8;
```

修后的界面如图 7-24 所示。

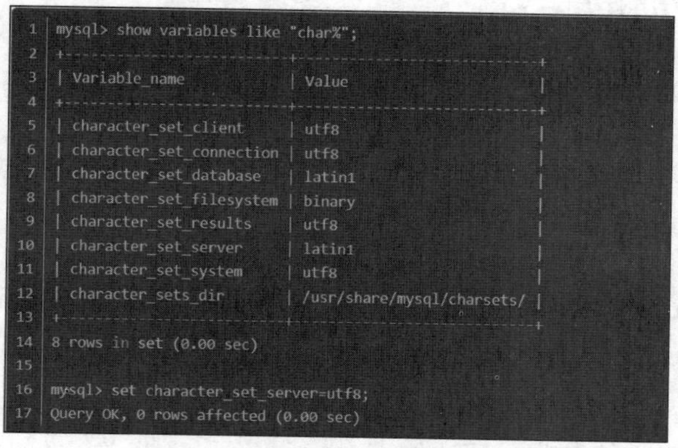

图 7-24　设置字符编码后的界面

步骤 7：重新登录 MySQL 数据库，命令如下。

```
mysql -u username -p
```
完整的流程如下。

* MySQL 服务启动
    1. 手动。
    2. cmd--> services.msc 打开服务的窗口
    3. 使用管理员打开 cmd
        * net start mysql ：启动 MySQL 的服务
        * net stop mysql:关闭 MySQL 服务
* MySQL 登录
    1. mysql -uroot -p密码
    2. mysql -hip -uroot -p连接目标的密码
    3. mysql --host=ip --user=root --password=连接目标的密码
* MySQL 退出
    1. exit
    2. quit

## 7.4.3　MySQL 的基本使用

### 1. DDL：操作数据库、表

数据定义语言（Data Definition Language，DDL）用于定义或改变数据库或表的结构等初始化工作，通常包括定义数据类型、表（table）之间的关系以及数据库（database）中的约束、索引、视图、存储过程、触发器等。

DDL 命令包括 CREATE、ALTER、DROP、TRUNCATE、RENAME、COMMENT 等。这些命令一旦执行，就无法被撤销，因为它们改变了数据库的结构。具体操作如下。

（1）操作数据库（CRUD）

① C（Create）：创建。

1）创建数据库的语法如下。

```
create database 数据库名称;
```

2）创建数据库，判断不存在，再创建，语法如下。

```
create database if not exists 数据库名称;
```

3）创建数据库，并指定字符集，语法如下。

```
create database 数据库名称 character set 字符集名;
```

4）示例，创建 db4 数据库，判断是否存在，并制定字符集为 gbk。命令如下。

```
create database if not exists db4 character set gbk;
```

② R（Retrieve）：查询。

1）查询所有数据库的名称，语法如下。

```
show databases;
```

2）查询某个数据库的创建语句，语法如下。

```
show create database 数据库名称;
```

③ U（Update）：修改。

修改数据库的字符集，语法如下。

```
alter database 数据库名称 character set 字符集名称;
```

④ D（Delete）：删除。

1）删除数据库，语法如下。

```
drop database 数据库名称;
```

2）判断数据库是否存在，存在再删除，语法如下。

```
drop database if exists 数据库名称;
```

⑤ 使用数据库

1）查询当前正在使用的数据库名称，语法如下。

```
select database();
```

2）使用数据库，语法如下。

```
use 数据库名称;
```

（2）操作表。

① C（Create）：创建。

1）创建表的语法如下。

```
create table 表名(
    列名1 数据类型1,
    列名2 数据类型2,
    ...
    列名n 数据类型n
);
```

注意：最后一列，不需要加逗号（,）。

数据类型包含如下 6 种。

- int：整数类型，示例如下。

```
age int,
```

- double：小数类型，示例如下。

```
score double(5,2)
```

- date：日期，只包含年月日（yyyy-MM-dd）。

- datetime：日期，包含年月日时分秒（yyyy-MM-dd  HH:mm:ss）。

- timestamp：时间戳类型，包含年月日时分秒（yyyy-MM-dd  HH:mm:ss）。如果将来不给这个字段赋值，或赋值为 null，则默认使用当前的系统时间，即自动赋值。

- varchar：字符串。示例如下。

```
name varchar(20):姓名最大20个字符。
```

zhangsan 8 个字符  张三 2 个字符

2）创建表的示例如下。

```
create table student(
   id int,
   name varchar(32),
   age int ,
   score double(4,1),
   birthday date,
   insert_time timestamp
);
```

3）复制表的语法如下。

```
create table 表名 like 被复制的表名;
```

② R（Retrieve）：查询。

1）查询某个数据库中所有的表名称，语法如下。

```
show tables;
```

2）查询表结构，语法如下。

```
desc 表名;
```

③ U（Update）：修改。

1）修改表名，语法如下。

```
alter table 表名 rename to 新的表名;
```

2）修改表的字符集，语法如下。

```
alter table 表名 character set 字符集名称;
```

3）添加一列，语法如下。

```
alter table 表名 add 列名 数据类型;
```

4）修改列名称与类型，语法如下。

```
alter table 表名 change 列名 新列别 新数据类型;
alter table 表名 modify 列名 新数据类型;
```

5）删除列，语法如下。

```
alter table 表名 drop 列名;
```

④ D（Delete）：删除。

```
drop table 表名;
drop table  if exists 表名 ;
```

**2．DML：增删改表中数据**

数据操作语言（data manipulation language，DML）用于管理和检索数据库中的数据，适用于对数据库中的数据进行一些简单操作，比如增、删、改、查表中的数据。

DML 命令用于处理表中的记录，例如 Insert（插入）、Update（更新）、Select（查询）、Delete（删除）等。这些命令不会影响数据库的结构，而是直接作用于数据本身。如果执行了错误的操作，可以通过回滚机制来取消这些操作。

需要注意的是，DML 命令不会自动提交，而且可以回滚操作。具体命令如下。

（1）添加数据。

语法如下。

```
insert into 表名(列名1,列名2,…,列名n) values(值1,值2,…,值n);
```

注意：

① 列名和值要一一对应。

② 如果表名后，不定义列名，则默认给所有列添加值。示例如下。

```
insert into 表名 values(值1,值2,…值n);
```

③ 除了数字类型，其他类型需要使用引号（单双都可以）引起来。

（2）删除数据。

语法如下。

```
delete from 表名 [where 条件]
```

注意：

① 如果不加条件，则删除表中所有记录。

② 如果要删除所有记录，可采用以下形式。

1）delete from 表名——不推荐使用。有多少条记录就会执行多少次删除操作

2）TRUNCATE TABLE 表名——推荐使用，效率更高 先删除表，然后再创建一张一样的表。

（3）修改数据。

语法如下。

```
update 表名 set 列名1 = 值1, 列名2 = 值2,... [where 条件];
```

注意：

如果不加任何条件，则会将表中所有记录全部修改。

**3．DQL：查询表中的记录**

数据库查询语言（data query language，DQL）主要用来查询数据。实际上，DQL 在操作中主要体现为 SQL 的 SELECT 语句。具体命令如下。

```
select * from 表名;
```

（1）语法如下。

```
select
    字段列表
from
    表名列表
where
    条件列表
group by
    分组字段
```

```
having
    分组之后的条件
order by
    排序
limit
    分页限定
```

（2）基础查询。

① 多个字段的查询，语法如下。

```
select 字段名 1，字段名 2… from 表名；
```

注意：

如果查询所有字段，则可以使用*来替代字段列表。

② 去除重复，语法如下。

```
distinct
```

③ 计算列。

1）可以使用四则运算计算一些列的值（一般只会进行数值型的计算）。

2）可采用 ifnull（表达式 1，表达式 2）判断空值并进行空值的替换。null 参与的运算，计算结果都为 null。

• 表达式 1：哪个字段需要判断是否为 null。

• 表达式 2：表达式 1 所代表的字段为 null 后的替换值。

④ 起别名。

```
as：as 也可以省略
```

（3）条件查询。

① where 子句后跟条件。

② 条件查询可用如下运算符。

1）>、<、<=、>=、=、<>。

2）BETWEEN…AND。

3）IN（集合）。

4）LIKE：模糊查询。

模糊查询可用如下占位符。

• _：单个任意字符。

• %：多个任意字符。

5）IS NULL。

6）and 或&&。

7）or 或||。

8）not 或!。

条件查询示例如下。

查询年龄大于 20 岁的信息，命令如下。

```
SELECT * FROM student WHERE age > 20;
SELECT * FROM student WHERE age >= 20;
```

查询年龄等于 20 岁的信息，命令如下。

```
SELECT * FROM student WHERE age = 20;
```

查询年龄不等于 20 岁的信息，命令如下。

```
SELECT * FROM student WHERE age != 20;
SELECT * FROM student WHERE age <> 20;
```

查询年龄大于等于 20 小于等于 30 的信息，命令如下。

```
SELECT * FROM student WHERE age >= 20 &&  age <=30;
SELECT * FROM student WHERE age >= 20 AND  age <=30;
SELECT * FROM student WHERE age BETWEEN 20 AND 30;
```

查询年龄 22 岁，18 岁，25 岁的信息，命令如下。

```
SELECT * FROM student WHERE age = 22 OR age = 18 OR age = 25
SELECT * FROM student WHERE age IN (22,18,25);
```

查询英语成绩为 null 的信息，命令如下。

```
SELECT * FROM student WHERE english = NULL;
```

上面的命令不对。null 值不能使用 =（!=）判断。应用使用如下的命令。

```
SELECT * FROM student WHERE english IS NULL;
```

查询英语成绩不为 null 的信息，命令如下。

```
SELECT * FROM student WHERE english  IS NOT NULL;
```

查询姓马的有哪些，命令如下。

```
SELECT * FROM student WHERE NAME LIKE '马%';
```

查询姓名第二个字是化的人，命令如下。

```
SELECT * FROM student WHERE NAME LIKE "_化%";
```

查询姓名是 3 个字的人，命令如下。

```
SELECT * FROM student WHERE NAME LIKE '___';
```

查询姓名中包含德的人，命令如下。

```
SELECT * FROM student WHERE NAME LIKE '%德%';
```

## 7.4.4　数据库的备份与恢复

数据是无价的。在生成环境中，造成数据丢失的原因很多（如硬件故障、软件故障、自然灾害、黑客攻击、管理员误操作等）。数据库管理员不但应该保持数据库服务的稳定运行，而且应该确保数据的安全，所以对数据库中的数据进行备份是必不可少的工作。这样，我们就可以在数据丢失后使其快速恢复。数据库技术已经很成熟了，出现了很多高效的备份工具，如 mysqldump、mysqlhotcopy、ibbackup、xtrabackup 等。每个工具的特点各不相同，用户可以根据自己的需求进行选择。

### 1. MySQL 数据库的完全备份

先关闭数据库，之后打包备份，具体命令如下。

```
systemctl stop mysqld              #先关闭服务
mkdir /backup/                     #创建备份目录
rpm -q xz                          #使用 xz 工具进行压缩，检查 xz 工具是否已安装
yum install xz -y                  #如果没安装，可以先使用 yum 安装
tar Jcf /backup/mysql_all_$(date +%F).tar.xz /usr/local/mysql/data
#打包数据库文件。/usr/local/mysql/data 为数据库文件存放目录
cd /backup/        #切换到备份目录
ls                 #查看目录内容
tar tf mysql_all_2022-06-18.tar.xz    #查看 tar 包内的文件
```

备份数据库的操作如图 7-25 和图 7-26 所示。

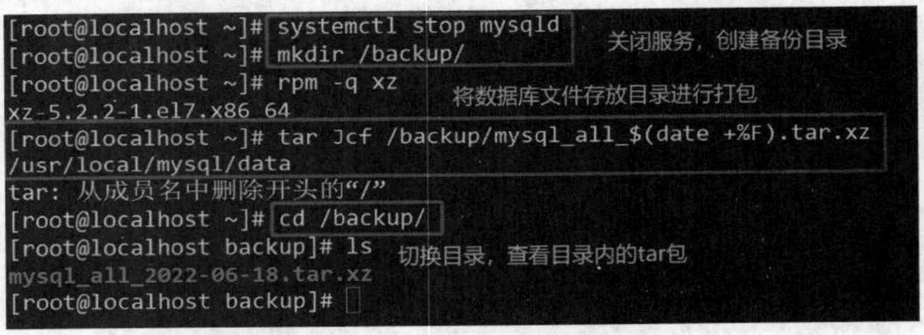

图 7-25    备份操作 1

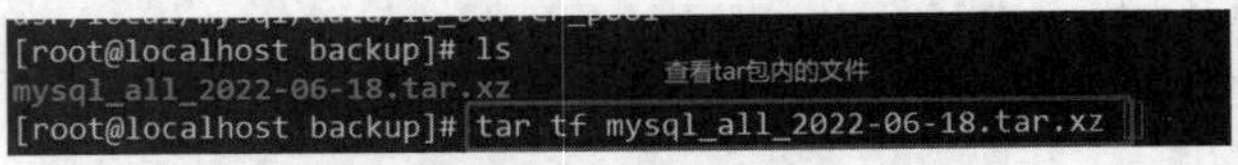

图 7-26    备份操作 2

### 2. MySQL 数据库的完全恢复

将数据库迁移到另一台主机，测试其是否完全恢复，具体命令如下。

```
#在主机 A 上，使用 scp 命令将 tar 包传给另一台主机 B
scp /backup/mysql_all_2022-06-18.tar.xz 192.168.192.11:/opt
##主机 B 上的操作##
systemctl stop mysqld        #关闭 mysql
cd /opt/
mkdir /opt/bak/                 #创建备份目录
tar Jxf mysql_all_2022-06-18.tar.xz -C /opt/bak/    #将 tar 包解压到备份目录
cd /opt/bak/                    #切换到 tar 包的解压目录
\cp -af usr/local/mysql/data/ /usr/local/mysql
#将 data 目录复制到/usr/local/mysql/目录下，覆盖原有文件
```

```
systemctl start mysqld          #启动 mysql
mysql -u root -p                #登录数据库查看
```

数据库恢复操作如图 7-27～图 7-31 所示。

```
[root@localhost backup]# ls
mysql_all_2022-06-18.tar.xz
[root@localhost backup]# scp /backup/mysql_all_2022-06-18.tar.xz
192.168.192.11:/opt
The authenticity of host '192.168.192.11 (192.168.192.11)' can't
be established.  将tar包远程传输给另一台主机B
ECDSA key fingerprint is SHA256:bI0nh3GGvmqik7swINqXDjOwTmnijKKh9
+u3edWMIFw.
ECDSA key fingerprint is MD5:ad:65:1e:6f:f3:dd:f7:ea:d8:46:0a:e0:
a7:8f:44:66.
Are you sure you want to continue connecting (yes/no)? y
Please type 'yes' or 'no': yes
Warning: Permanently added '192.168.192.11' (ECDSA) to the list o
f known hosts.
root@192.168.192.11's password:
```

图 7-27　恢复操作 1

```
mysql> quit
Bye
[root@localhost ~]# systemctl stop mysqld
[root@localhost ~]# cd /opt        关闭MySQL
[root@localhost opt]# ls
mysql-5.7.20                       nginx-1.12.0
mysql_all_2022-06-18.tar.xz        nginx-1.12.0.tar.gz
mysql-boost-5.7.20.tar.gz          rh
[root@localhost opt]# mkdir /opt/bak
[root@localhost opt]# tar Jxf mysql_all_2022-06-18.tar.xz
-C /opt/bak
[root@localhost opt]# cd /opt/bak
[root@localhost bak]# ls 创建目录，并将tar包解压到该目录下
usr
[root@localhost bak]#
```

图 7-28　恢复操作 2

```
[root@localhost opt]# cd /opt/bak
[root@localhost bak]# ls
usr
[root@localhost bak]# cd usr
[root@localhost usr]# ls
local
[root@localhost usr]# cd local/
[root@localhost local]# ls          查看
mysql                               /opt/bak/usr/local/mysql/data/
[root@localhost local]# cd mysql/   目录下的文件
[root@localhost mysql]# ls
data
[root@localhost mysql]# cd data/
[root@localhost data]# ls
auto.cnf        ib_logfile0         sys
bbs             ib_logfile1         zzq@597d@5e05
ib_buffer_pool  mysql
ibdata1         performance_schema
[root@localhost data]#
```

图 7-29　恢复操作 3

```
[root@localhost data]# cd ..
[root@localhost mysql]# ls    将data目录复制到
data                          /usr/local/mysql/目录下，覆盖原有文件
[root@localhost mysql]# \cp -af data/ /usr/local//mysql/
[root@localhost mysql]#
```

图 7-30　恢复操作 4

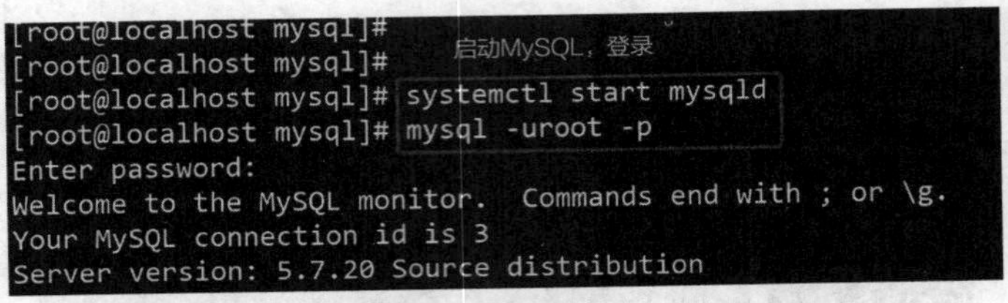

图 7-31　恢复操作 5

# 项目小结

通过本项目的学习，我们熟悉了 Ubuntu 服务器、SSH 远程登录、Apache 服务器和管理 Ubuntu 服务器等技术，学会了安装 Ubuntu 服务器、Apache 的安装与配置和 MySQL 的安装与配置。

# 课后练习

**一、判断题**

1. 在一台主机上只能安装一个虚拟机。（　　　　）

2. 在一个虚拟机下只能安装一个操作系统。（　　　　）

3. 格式化虚拟机下的操作系统就是格式化主机的操作系统。（　　　　）

4. 虚拟机的安装有 3 种安装类型。（　　　　）

5. Linux 是一个多用户操作系统，也是一个多任务操作系统。（　　　　）

6. Ubuntu 每年发布一个新版本。（　　　　）

**二、简答题**

1. 请简述 Ubuntu 服务器配置静态 IP 地址的过程。

2. 请简述 SSH 远程登录 Ubuntu 服务器的操作。

3. 请简述对数据库的基本操作有哪些。

# 项目 8　配置文件服务器

本项目主要介绍 3 种主要的文件服务器技术：Samba、NFS 和 FTP，包括其对应的安装、配置与服务器启动过程。

## 学习目标

1）理解并掌握 Samba 文件服务器技术。

2）理解并掌握 NFS 文件服务器技术。

3）理解并掌握 FTP 文件服务器技术。

## 任务 8.1　Samba 服务器的安装与配置

### 任务介绍

在本任务中，读者将学习 Samba 服务器的基本概念，了解其在文件共享中的作用，并掌握其安装和启动过程。读者还将深入学习 Samba 服务器的配置与管理，包括如何设置共享目录、用户权限和访问控制。此外，读者还将学习如何在不同操作系统中配置 Samba 客户端，实现对共享文件的访问。

本任务的 8.1.1 为任务相关知识，8.1.2～8.1.4 为任务实验步骤。

本任务的具体要求如下。

1）理解 Samba 软件的概念及其作用。

2）掌握 Samba 软件的安装和部署方法。

3）掌握 Samba 软件的基本使用方法。

## 8.1.1 Samba 简介

### 1. SMB 文件共享协议

文件共享是计算机科学和信息技术中一个长期存在的挑战。随着个人计算机和网络技术的普及，用户需要在不同的设备和操作系统之间共享文件和资源。这种需求催生了多种文件共享协议，其中服务器信息块（server message block，SMB）协议和通用网络文件系统协议（common Internet file system，CIFS）在这一领域扮演了关键角色。

SMB 协议最初由 IBM 公司于 1980 年开发，当时的 SMB 协议在功能上较为简单，主要用于局域网文件访问和打印服务。随着个人计算机的普及，微软公司将 SMB 协议引入到 Windows 操作系统中，成为 Windows 网络文件共享的基础。

随着网络技术的发展和用户需求的增加，SMB 协议逐渐暴露出一些局限性，尤其是在跨平台兼容性和性能方面。为了解决这些问题，微软公司发布了 CIFS 协议，作为 SMB 协议的一个扩展。CIFS 协议不仅保留了 SMB 的核心功能，还增加了对网络文件系统（NFS）的支持，提高了文件传输的效率和稳定性。

随着时间的推移，SMB 协议经历了多次升级和改进。其中，SMB2 和 SMB3 是两个重要的版本。

SMB2 在 2006 年发布，引入了更高效的文件传输机制和更强大的文件共享功能。它还支持文件级别的加密，增强了数据传输的安全性。

SMB3 在 2012 年发布，进一步优化了性能和安全性。SMB3 支持更高级的加密技术，如 AES 加密，并且引入了对多通道传输的支持，显著提高了文件传输的效率和可靠性。

随着 Windows 操作系统的不断更新，微软公司也在不断更新 SMB 协议，以适应操作系统文件存储与传输技术的发展，以及不断变化的网络应用环境。表 8-1 列出了 SMB 协议的不同版本及其关键改进。

表 8-1　SMB 协议的不同版本及其关键改进

| SMB 版本 | 年份 | 适用操作系统 | 关键改进 |
|---|---|---|---|
| SMB 1.0 | 1984 | Win XP/2003 及以前 | 非常简单，无加密，不安全 |
| CIFS | 1996 | Win 95/NT 4.0 | 支持大文件，支持 TCP/IP 直连，支持符号链接和硬链接 |
| SMB 2.0 | 2006 | Win Vista/Server 2008 | 会话机制优化，支持管道 |
| SMB 2.1 | 2010 | Win 7/Server 2008 R2 | 性能改善，最大传输单元优化 |
| SMB 3.0 | 2012 | Win 8/Server 2012 | 支持端到端加密，集群故障转移，支持多通道和扩展 |

续表

| SMB 版本 | 年份 | 适用操作系统 | 关键改进 |
|---|---|---|---|
| SMB 3.0.2 | 2014 | Win 8.1/Server 2012 R2 | 性能改进，支持 SMB 直通，可以禁用 SMB 1.0 以进一步提升安全性 |
| SMB 3.1.1 | 2015 | Win 10/Server 2016 | 加密算法增强，支持缓存，支持预认证完整性检查 |
| SMB 3.1.1.* | 2021 | Win 11/Server 2022 | 支持 SMB over QUIC |

### 2. SMB 协议的会话

SMB 协议是一个客户端/服务器的通信协议，客户端应用程序可以在各种网络环境下读/写服务器上的文件，以及对服务器程序提出服务请求。一次标准的 SMB 会话一般经历 6 个关键过程，如图 8-1 所示。

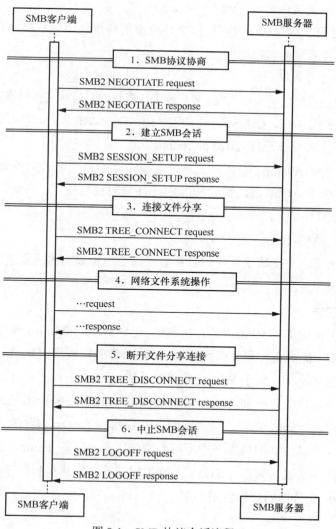

图 8-1　SMB 协议会话流程

过程 1，SMB 协议协商（negotiate）。

在一个 SMB 会话发起时，由 SMB 客户端（以下简称客户端）率先发出一个协商请求。在请求中，客户端会列出所有它支持的协议版本以及所支持的一些特性（比如加密——Encryption、持久句柄——Persistent Handle、客户端缓存——Leasing 等）。而 SMB 服务器（以下简称服务器）在回复中则会指定一个 SMB 版本且列出客户端与服务器共同支持的特性。

过程 2，建立 SMB 会话（session setup）。

客户端选择一个服务器支持的协议来进行用户认证，可以选择的认证协议一般包括 NTLM、Kerberos 等。按照选择的认证协议的不同，这个阶段可能会进行一次或多次 SESSION_SETUP 请求/回复的网络包交换。

过程 3，连接一个文件分享（tree connect）。

在会话建立之后，客户端会发出连接文件分享的请求。该请求被命名为树连接（tree connect），源于文件系统的树形结构。

过程 4，网络文件系统操作。

在文件分享连接成功之后，用户通过客户端进行真正的对目标文件分享的业务操作。这个阶段用到的指令有 CREATE、CLOSE、FLUSH、READ、WRITE、SETINFO、GETINFO 等。

过程 5，断开文件分享连接（tree disconnect）。

当一个 SMB 会话被闲置一定时间之后，Windows 会自动断开文件分享连接并随后中止 SMB 会话。这个闲置时间可以通过 Windows 注册表进行设定。当然，用户也可以主动发起断开连接请求。

过程 6，终止 SMB 会话（logoff）。

当客户端发出会话中止请求并得到服务器发回的中止成功的回复之后，这个 SMB 会话至此便正式结束了。

### 3．Samba 软件

Samba 是一个实现了 SMB 协议的自由软件，允许 UNIX 和 Linux 操作系统与 Windows 操作系统无缝集成，提供文件和打印服务。Samba 软件的出现极大地扩展了 SMB/CIFS 协议的应用范围，使其不再局限于 Windows 操作系统。

Samba 软件不仅使 Linux 和 UNIX 系统能够与 Windows 操作系统进行文件共享，还提供了更高级的功能，如域加入、用户认证和访问控制。Samba 软件的灵活性和多功能性使其成为跨平台文件共享和网络服务中不可或缺的工具。随着 Samba 软件的发展，它也逐渐成为企业级网络解决方案的一部分，支持大规模的文件共享和打印服务。图 8-2 展示了一个基于 Samba 服务器的典型应用方案。

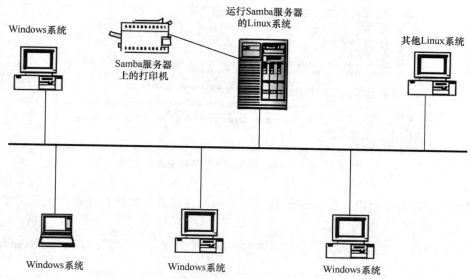

图 8-2  一个基于 Samba 服务器的典型应用方案

在现代网络环境中,SMB 和 CIFS 协议的应用已经超越了传统的文件共享和打印服务。它们被广泛应用,包括但不限于以下场景。

企业网络:用于内部文件共享和协作。

远程办公:支持员工在不同地点访问公司文件。

教育和研究机构:用于共享研究数据和文档。

多媒体和娱乐:用于共享音乐、视频和图片等。

## 8.1.2  Samba 的安装与启动

Samba 是一个开源、免费软件,其源代码可以从其官网下载并自行编译安装。同时,所有的主流 Linux 和 UNIX 发行版也有其对应版本的本地安装包,可以根据不同平台使用 RPM、YUM、PKG、ZYPPER 或 APT 等软件包管理工具进行快捷安装。本书以 Ubuntu Linux 为例,介绍 Samba 软件的安装与使用。

### 1. 在 Ubuntu Linux 下安装 Samba 软件

在 Ubuntu 平台使用 APT 安装 Samba 软件的命令如下。

```
sudo apt update
sudo apt install samba
```

注意:建议使用 root 用户或具有 sudo 权限的用户,以 root 身份进行安装。安装过程中可能会提示用户输入系统登录密码,输入当前用户的密码即可;安装过程中会提示用户是否继续下载安装,输入 "Y" 即可。安装过程如图 8-3 所示。

```
ubuntu@smbserver:~$ sudo apt install samba
[sudo] ubuntu 的密码:
正在读取软件包列表... 完成
正在分析软件包的依赖关系树
正在读取状态信息... 完成
将会同时安装下列软件:
  attr ibverbs-providers libcephfs2 libibverbs1 libnl-route-3-200 librados2 python-dn
spython samba-dsdb-modules samba-vfs-modules tdb-tools
建议安装:
  bind9 bind9utils ctdb ldb-tools ntp | chrony smbldap-tools winbind
下列【新】软件包将被安装:
  attr ibverbs-providers libcephfs2 libibverbs1 libnl-route-3-200 librados2 python-dn
spython samba samba-dsdb-modules samba-vfs-modules tdb-tools
升级了 0 个软件包，新安装了 11 个软件包，要卸载 0 个软件包，有 54 个软件包未被升级。
需要下载 5,015 kB 的归档。
解压缩后会消耗 29.7 MB 的额外空间。
您希望继续执行吗?  [Y/n] Y
```

图 8-3    在 Ubuntu 操作系统中安装 Samba 软件

使用下面的命令可以查看 Samba 软件版本和构建信息（如执行路径、配置文件等）。

```
samba -b
```

如图 8-4 所示，当前 Samba 软件的版本为 4.7.6，主配置文件的路径为/etc/samba/smb.conf。

```
ubuntu@smbserver:~$ samba -b
Samba version: 4.7.6-Ubuntu
Build environment:
Paths:
   BINDIR: /usr/bin
   SBINDIR: /usr/sbin
   CONFIGFILE: /etc/samba/smb.conf
   NCALRPCDIR: /var/run/samba/ncalrpc
   LOGFILEBASE: /var/log/samba
   LMHOSTSFILE: /etc/samba/lmhosts
   DATADIR: /usr/share
   MODULESDIR: /usr/lib/x86_64-linux-gnu/samba
   LOCKDIR: /var/run/samba
   STATEDIR: /var/lib/samba
   CACHEDIR: /var/cache/samba
   PIDDIR: /var/run/samba
   PRIVATE_DIR: /var/lib/samba/private
   CODEPAGEDIR: /usr/share/samba/codepages
   SETUPDIR: /usr/share/samba/setup
   WINBINDD_SOCKET_DIR: /var/run/samba/winbindd
   NTP_SIGND_SOCKET_DIR: /var/lib/samba/ntp_signd
```

图 8-4    查看 Samba 的构建信息

### 2．启动 Samba 服务进程

Samba 软件包含两个驻留服务进程：smbd 和 nmbd。smbd 是 Samba 软件的主进程，负责处理文件和打印服务的请求。它实现了 SMB/CIFS 协议，允许客户端通过网络访问服务器上的共享文件和打印机。当客户端尝试访问 Samba 服务器上的共享资源时，smbd 会处理这些请求并提供相应的服务。nmbd 负责名称解析和浏览列表服务。它实现了 NetBIOS over TCP/IP（NBT）协议，提供了 NetBIOS 名称服务，允许客户端在网络上查找和解析 NetBIOS 名称。nmbd 还负责维护网络上的浏览列表，使用户可以看到可用的服务器和共享资源。简言之，smbd 处理文件和打印服务，而 nmbd 处理名称解析和网络浏览服务。两者共同工作，使 Samba 软件能够提供完整的网络文件共享和打印服务。

启动 nmbd、smbd 服务可以使用下面的命令。

```
sudo systemctl start nmbd  # sudo service nmbd start
sudo systemctl start smbd  # sudo service smbd start
```

正确启动 Samba 后的服务状态如图 8-5 所示。

```
ubuntu@smbserver:~$ sudo systemctl start nmbd
ubuntu@smbserver:~$ sudo systemctl start smbd
ubuntu@smbserver:~$ sudo service nmbd status
●nmbd.service - Samba NMB Daemon
   Loaded: loaded (/lib/systemd/system/nmbd.service; enabled; vendor preset: enabled)
   Active: active (running) since Tue 2024-08-06 14:40:07 CST; 15min ago
     Docs: man:nmbd(8)
           man:samba(7)
           man:smb.conf(5)
 Main PID: 4588 (nmbd)
   Status: "nmbd: ready to serve connections..."
    Tasks: 1 (limit: 4620)
   CGroup: /system.slice/nmbd.service
           └─4588 /usr/sbin/nmbd --foreground --no-process-group

8月 06 14:40:07 smbserver systemd[1]: Starting Samba NMB Daemon...
8月 06 14:40:07 smbserver systemd[1]: Started Samba NMB Daemon.
ubuntu@smbserver:~$ sudo service smbd status
●smbd.service - Samba SMB Daemon
   Loaded: loaded (/lib/systemd/system/smbd.service; enabled; vendor preset: enabled)
   Active: active (running) since Tue 2024-08-06 14:40:00 CST; 15min ago
     Docs: man:smbd(8)
           man:samba(7)
           man:smb.conf(5)
 Main PID: 4579 (smbd)
   Status: "smbd: ready to serve connections..."
    Tasks: 4 (limit: 4620)
   CGroup: /system.slice/smbd.service
           ├─4579 /usr/sbin/smbd --foreground --no-process-group
           ├─4581 /usr/sbin/smbd --foreground --no-process-group
           ├─4582 /usr/sbin/smbd --foreground --no-process-group
           └─4583 /usr/sbin/smbd --foreground --no-process-group

8月 06 14:40:00 smbserver systemd[1]: Starting Samba SMB Daemon...
8月 06 14:40:00 smbserver systemd[1]: Started Samba SMB Daemon.
```

图 8-5  启动和查看 Samba 服务进程

## 8.1.3  Samba 服务器的配置与管理

Samba 服务器的配置是通过其主配置文件来完成的，该配置文件的默认位置为"/etc/samba/smb.conf"。当 smbd 服务启动时，会读取该配置文件来开启文件共享服务。Samba 配置文件中主要包含两个部分：全局配置项（Global Settings）和共享定义配置项（Share Definitions）。

### 1. 全局配置项

全局配置项设置在"global"段，包括服务器基本信息、网络配置、域配置、认证配置、日志配置等。Samba 软件的全局配置项有很多，常用的全局配置项见表 8-2。

表 8-2  Samba 常用的全局配置项

| 配置项 | 语法及预设值 | 说明 |
|---|---|---|
| workgroup | workgroup = WORKGROUP | 定义 Samba 服务器所属的工作组/NT 域名 |
| server string | server string = %h server | 定义 Samba 服务器的描述信息 |
| wins support | wins support = no | 是否启动 WINS 支持，no 表示不启动 |
| wins server | wins server = w.x.y.z | 指定 WINS 服务器的 IP 地址 |
| dns proxy | dns proxy = no | 是否允许通过 DNS 解析 NetBIOS 名称，no 表示不允许 |
| interfaces | interfaces = <服务器 IP 地址> | 绑定到特定的网络接口或网络 |
| bind interfaces only | bind interfaces only = no | 是否只绑定到指定的接口或网络，no 表示不绑定 |
| hosts allow | hosts allow = <IP 地址> … | 设置允许连接的客户端地址 |

续表

| 配置项 | 语法及预设值 | 说明 |
|---|---|---|
| hosts deny | hosts allow = <IP 地址> … | 设置禁止连接的客户端地址 |
| log file | log file = /var/log/samba/log.%m | 定义日志文件的存储位置和文件名 |
| max log size | max log size = <大小 KB> | 定义日志文件的最大值（单位为 KB） |
| syslog only | syslog only = no | 是否只通过 syslog 记录日志，no 表示否 |
| syslog | syslog = 0 | 定义 Samba 的日志级别 |
| panic action | panic action = <脚本路径> | 定义 Samba 崩溃时执行的脚本 |
| server role | server role = standalone server | 定义 Samba 服务器的运行模式 |
| security | security= user | 设定访问 Samba 服务器的安全级别 |
| passdb backend | passdb backend = tdbsam | 定义使用的密码数据库类型 |
| unix password sync | unix password sync = yes; | 是否同步 UNIX 密码与 Samba 密码，yes 表示是 |
| passwd program | passwd program = /usr/bin/passwd %u | 定义用于更改密码的程序 |
| pam password change | pam password change = yes | 是否使用 PAM 进行密码更改，yes 表示是 |
| map to guest | map to guest = bad user | 定义访客账户的开启条件 |
| usershare max shares | usershare max shares = 0 | 最大用户共享数量（0 表示 unlimited） |
| usershare allow guests | usershare allow guests = yes | 是否允许访客创建公共共享，yes 表示是 |
| printcap name | printcap name = /etc/printcap | 设定 Samba 服务器打印机的配置文件 |
| load printers | load printers = yes | 是否在开启 Samba 服务器时即共享打印机，yes 表示是 |
| printing | printing = lprng | 设定 Samba 服务器打印机所使用的类型 |

### 2. 共享定义配置项

共享定义配置项包含默认的"homes"段和"printers"段，以及自定义的文件共享配置段。"homes"段用以配置用户主目录的共享，"printers"段用以配置打印机的共享。Samba 常用的共享定义配置项见表 8-3。

表 8-3　Samba 常用的共享定义配置项

| 配置项 | 语法 | 说明 |
|---|---|---|
| comment | comment = <描述> | 为共享提供描述性名称或注释 |
| path | path = <目录路径> | 定义共享目录在服务器上的绝对路径 |
| browseable | browseable = <yes/no> | 确定共享是否在浏览列表中可见 |
| read only | read only = <yes/no> | 设置共享是否为只读模式 |
| writable | writable = <yes/no> | 设置共享是否可写入（依赖于 read only 的设置） |
| create mask | create mask = <文件权限> | 新建文件的默认权限掩码 |

续表

| 配置项 | 语法 | 说明 |
|---|---|---|
| directory mask | directory mask = <目录权限> | 新建目录的默认权限掩码 |
| force user | force user = <用户名> | 以指定用户身份提供服务 |
| force group | force group = <组名> | 以指定组身份提供服务 |
| valid users | valid users = <用户名列表> | 指定允许访问共享的用户名列表 |
| invalid users | invalid users = <用户名列表> | 指定禁止访问共享的用户名列表 |
| public | public = <yes/no> | 是否使共享对所有用户开放，yes 等同于 guest ok = yes 和 valid users = %S |
| admin users | admin users = <用户名列表> | 指定可以管理共享的用户列表 |
| guest ok | guest ok = <yes/no> | 是否允许未认证的访客访问共享 |
| guest only | guest only = <yes/no> | 是否仅允许访客访问共享 |
| print ok | print ok = <yes/no> | 是否允许用户从这个共享打印到指定的打印机 |
| hosts allow | hosts allow = <IP 地址>··· | 允许从指定的网段访问此共享 |
| hosts deny | hosts deny = <IP 地址>··· | 禁止从指定的网段访问此共享 |

### 3. 创建 Samba 用户

Samba 软件为文件共享服务提供多种安全模式。如何进行 Samba 用户认证取决于 Samba 服务器的全局安全属性（security）。Samba 支持的安全模式见表 8-4。

表 8-4　Samba 安全模式

| 安全模式 | 描述 |
|---|---|
| USER | 用户级安全，每个用户都需要提供用户名和密码进行认证。Samba 服务器将自行处理密码验证。这是最常见的模式，适用于独立的 Samba 服务器 |
| SHARE | 共享级安全，所有用户对所有共享资源使用相同的密码。这种模式下，不需要为每个用户设置单独的 Samba 密码 |
| DOMAIN | 域级安全，Samba 服务器作为 Windows 域的成员服务器，用户的认证由域控制器管理。这要求 Samba 服务器加入到一个 Active Directory 域中 |
| ADS | 活动目录服务，Samba 服务器作为 Active Directory 域的一部分运行，提供与域控制器类似的服务。这通常用于设置 Samba 服务器作为域成员或域控制器 |

注：在配置过程中，可以将 Samba 安全模式配置为 AUTO，即根据服务器角色来自动选择。当服务器角色未指定为独立服务器（standalone）时，默认使用 USER 安全模式。

在 USER 安全模式下，需要为每一个 Samba 用户创建一个用户 ID。该用户 ID 必须首先是一个合法的系统用户 ID，以便文件系统能根据用户 ID 进行权限管理。按照下面的步骤创建 Samba 账号。

步骤 1：创建系统用户 ID。创建一个新用户：smbuser，同时创建同名组，命令如下。

```
sudo useradd smbuser
```

使用 id 命令查看用户信息，确保用户被成功创建，命令如下。

```
id smbuser
```

执行结果如图 8-6 所示。

步骤 2：创建 Samba 用户，命令如下。

```
sudo smbpasswd -a smbuser
```

根据提示设置 Samba 用户的登录密码，如图 8-7 所示。

```
ubuntu@smbserver:~$ sudo useradd smbuser
ubuntu@smbserver:~$ id smbuser
uid=1001(smbuser) gid=1001(smbuser) 组=1001(smbuser)
ubuntu@smbserver:~$
```

图 8-6　创建系统用户 ID

```
ubuntu@smbserver:~$ sudo smbpasswd smbuser
New SMB password:
Retype new SMB password:
ubuntu@smbserver:~$
```

图 8-7　创建 Samba 用户

### 4．创建共享目录

Samba 允许用户在 Samba 服务器上自定义共享目录。在设置共享目录时，要保证 Samba 用户对该目录有访问权限。通常可以将目录权限设置为"777"来确保所有用户都有访问共享目录的可能性，或者通过设置目录属主或属组来确保对特定用户群体进行权限管理的可能性。

例如，在当前用户的 home 目录下创建一个 share 目录用以存放共享文件，可以使用下面的命令。

```
mkdir ~/share
```

将目录访问权限设置为"777"，确保 Samba 用户具有在文件系统层面不会受到权限限制，命令如下。

```
chmod 777 ~/share
```

完成设置后，查看目录属性，命令如下。

```
ll -d ~/share
```

执行结果如图 8-8 所示。

```
ubuntu@smbserver:~$ mkdir ~/share
ubuntu@smbserver:~$ chmod 777 ~/share
ubuntu@smbserver:~$ ll -d ~/share
drwxrwxrwx 2 ubuntu ubuntu 4096 8月  7 18:04 /home/ubuntu/share/
```

图 8-8　创建共享目录

### 5．创建共享定义配置项

创建共享定义配置项是使用 Samba 进行共享文件管理的关键一步。使用文本编辑器（如 Vim、gedit 等）打开 Samba 的主配置文件（/etc/samba/smb.conf），在文件末尾添加一段新的配置段，示例如下。

```
[myshare]
    comment = share the path to valid users with rw permission
    path = /home/ubuntu/share
    browseable = yes
    read only = no
    guest ok = no
```

```
valid users = smbuser,@smbuser
```

注意：

（1）[myshare]是该共享定义配置项的名称，Samba 用户稍后会在共享文件系统中看到这个名称，因此在同一个 Samba 服务上的共享名称不能重复。

（2）comment 用来提供更详细的描述信息。

（3）browseable = yes 表示该共享可以被基于 SMB 协议进行浏览。

（4）read only = no 表示该共享不是只读的，也可以通过设置 writable = yes 来做到这一点。

（5）guest ok = no 表示不接受匿名访问或未验证的访问。

（6）valid users 用来限制特定的访问用户或组，smbuser 表示用户名，使用@smbuser 表示组名。

一般情况下，可以保持默认的全局配置，即 server role = standalone server 和 security = user。

如图 8-9 所示，完成配置后，保存并关闭文件。

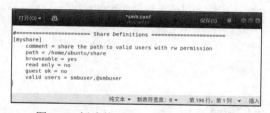

图 8-9　创建的 Samba 共享定义配置项

在应用新的配置之前，建议使用 testparm 命令检查并测试新的配置文件，命令如下。

```
testparm
```

testparm 不仅可以检查配置是否能加载成功（Loaded service file OK），还可以将详细配置项列出，如图 8-10 所示。

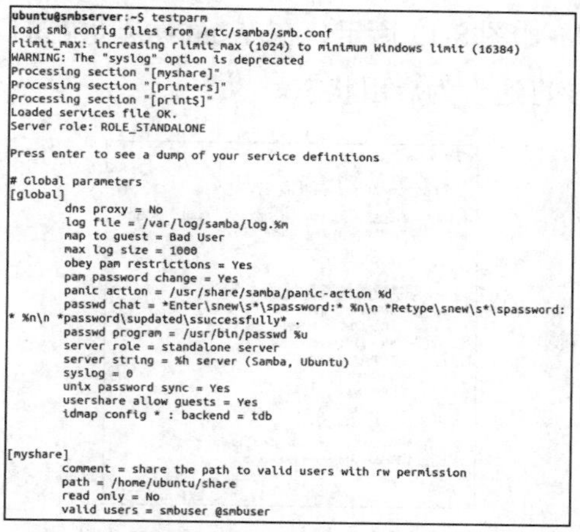

图 8-10　测试 Samba 配置

### 6．重新加载 smbd 服务以应用新的配置项

修改 Samba 的配置文件 smb.conf 后，通常不需要重启整个 Samba 服务来应用更改。
Samba 服务支持平滑重载配置文件，这意味着可以通过重启特定的 Samba 服务组件或者
发送信号来使配置更改生效，而不必中断当前的服务。如使用下面的命令。

```
sudo systemctl reload smbd
```

再次查看服务状态，可以看到 reload 记录，如图 8-11 所示。

```
ubuntu@smbserver:~$ sudo systemctl reload smbd
[sudo] ubuntu 的密码：
ubuntu@smbserver:~$ sudo systemctl status smbd
● smbd.service - Samba SMB Daemon
    Loaded: loaded (/lib/systemd/system/smbd.service; enabled; vendor preset: ena
    Active: active (running) since Wed 2024-08-07 10:17:01 CST; 8h ago
      Docs: man:smbd(8)
            man:samba(7)
            man:smb.conf(5)
   Process: 4833 ExecReload=/bin/kill -HUP $MAINPID (code=exited, status=0/SUCCES
  Main PID: 1384 (smbd)
    Status: "smbd: ready to serve connections..."
     Tasks: 4 (limit: 4620)
    CGroup: /system.slice/smbd.service
            ├─1384 /usr/sbin/smbd --foreground --no-process-group
            ├─1416 /usr/sbin/smbd --foreground --no-process-group
            ├─1417 /usr/sbin/smbd --foreground --no-process-group
            └─1423 /usr/sbin/smbd --foreground --no-process-group

8月 07 10:17:01 smbserver systemd[1]: Starting Samba SMB Daemon...
8月 07 10:17:01 smbserver systemd[1]: Started Samba SMB Daemon.
8月 07 18:48:35 smbserver systemd[1]: Reloading Samba SMB Daemon.
8月 07 18:48:35 smbserver systemd[1]: Reloaded Samba SMB Daemon.
ubuntu@smbserver:~$
```

图 8-11　重新加载 Samba 服务

注：在非 systemd 内核的部署中，使用下面的命令重启服务以应用新的配置。

```
sudo service smbd restart
```

## 8.1.4　Samba 客户端的配置

### 1．在 Windows 环境下访问 Samba 共享文件

想要在 Windows 环境下访问 Samba 服务器，首先要确保 Windows 客户机和 Samba
服务器存在有效的网络连接。

在 Windows 环境下，请确保 Windows 开启了 SMB 相关功能。在控制面板中搜索"启
用或关闭 Windows 功能"，如图 8-12 所示，在 Windows 功能窗口，确保"SMB 1.0/CIFS
文件共享支持"和"SMB 直通"为启用状态。

图 8-12　开启 Windows SMB/CIFS 功能

在这种情况下，可以直接在网络（网上邻居）中浏览到在前面的步骤中共享的目录，如图 8-13 所示。

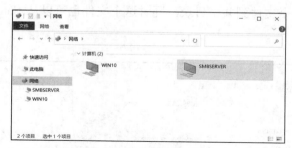

图 8-13　Windows 的网上邻居

注意，当网络中的名字服务运行不正常，或者共享目录被设置为不可浏览时，可以通过 URL 直接访问。在 Windows 运行对话框输入"\\服务器名或 IP\共享目录"，如图 8-14 所示。

图 8-14　在 Windows 运行对话框输入 URL

进入 Samba 服务器（例如：主机名为"SMBSERVER"），可以看到自定义的"myshare"共享目录。尝试进入该共享目录，由于设置了 security 等级为 USER，且 valid users 为 smbuser 和 @smbuser 组，需要使用 smbuser 用户或者 asmbuser 组的用户账户登录才能进入。如图 8-15 所示，输入在服务器上创建的用户名、密码，单击"确定"按钮。

图 8-15　通过用户名、密码访问共享资源

在进入该共享目录之后，可以看到该目录下的文件（如果有的话）。同时，因为在共享定义配置中设置了 read only = no，因此可以通过客户机在共享目录中创建文件。在 Windows 环境创建一个文件到共享目录，同时这个文件也可以从 Samba 服务器上看到，如图 8-16 所示。

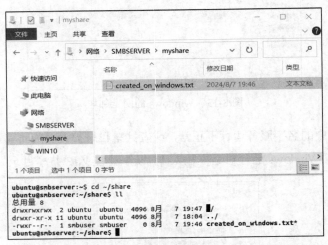

图 8-16　在 Windows 环境下查看 Samba 共享目录

### 2．在 Linux 环境下访问 Samba 共享文件

Ubuntu 桌面操作系统同样提供了网上邻居功能，可以直接发现网络上的共享资源，如图 8-17 所示。

图 8-17　Ubuntu 的网上邻居

在非桌面环境，可以使用 samba-client 工具访问 Samba 共享文件，具体步骤如下。

步骤 1：安装 samba-client 工具，命令如下。

```
sudo apt install samba-client
```

执行结果如图 8-18 所示。

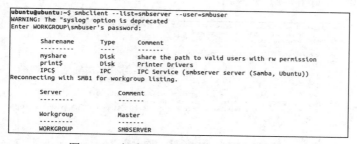

```
ubuntu@ubuntu:~$ sudo apt install samba-client
正在读取软件包列表... 完成
正在分析软件包的依赖关系树
正在读取状态信息... 完成
注意，选中 'smbclient' 而非 'samba-client'
下列软件包是自动安装的并且现在不需要了：
  binutils-common:i386 libavahi-common-data:i386
使用'sudo apt autoremove'来卸载它(它们)。
将会同时安装下列软件：
  libpython-stdlib libsmbclient libwbclient0 python python-crypto python-ldb
  python-minimal python-samba python-tdb python2.7 python2.7-minimal
  samba-common samba-common-bin samba-libs
建议安装：
  python-doc python-tk python-crypto-doc python-gpgme python2.7-doc
  binfmt-support heimdal-clients cifs-utils
下列【新】软件包将被安装：
  libpython-stdlib python python-crypto python-ldb python-minimal python-samba
  python-tdb python2.7 python2.7-minimal samba-common samba-common-bin
  smbclient
下列软件包将被升级：
  libsmbclient libwbclient0 samba-libs
升级了 3 个软件包，新安装了 12 个软件包，要卸载 0 个软件包，有 54 个软件包未被升级。
需要下载 2,355 kB/10.2 MB 的归档。
解压缩后会消耗 24.9 MB 的额外空间。
您希望继续执行吗？ [Y/n] Y
```

图 8-18  安装 samba-client 工具

注意：根据提示输入 sudo 的用户名和密码，并在提示是否继续执行时，输入"Y"。

samba-client 工具的基本语法如下。

```
smbclient [选项] service <password>
```

其中，"service"指共享目录的地址，其他选项可以参考帮助文档。安装完成后测试 samba-client 工具，可以通过下面的命令查看 samba-client 工具的使用方法。

```
smbclient -help
```

根据帮助信息，可以学习一些常用的客户端操作。

步骤 2：查看 Samba 共享资源。

查看 Samba 服务器上的共享文件列表，具体命令如下。命令中的--list 选项用于设置连接的服务器 IP 或主机名，--user 选项用于设置 Samba 用户名。

```
smbclient --list=smbserver --user=smbuser
```

根据提示输入 Samba 的用户名和密码后，工具会将查询到的所有共享资源列出来，如图 8-19 所示。

```
ubuntu@ubuntu:~$ smbclient --list=smbserver --user=smbuser
WARNING: The "syslog" option is deprecated
Enter WORKGROUP\smbuser's password:

        Sharename       Type        Comment
        ---------       ----        -------
        myshare         Disk        share the path to valid users with rw permission
        print$          Disk        Printer Drivers
        IPC$            IPC         IPC Service (smbserver server (Samba, Ubuntu))
Reconnecting with SMB1 for workgroup listing.

        Server          Comment
        ---------       -------

        Workgroup       Master
        ---------       -------
        WORKGROUP       SMBSERVER
```

图 8-19  查看 Samba 服务器上的共享资源

步骤 3：操作 Samba 服务器上的共享资源。

使用下面的命令连接到指定的 Samba 服务器。

```
smbclient --user=smbuser '\\192.168.219.138\myshare'
```

在确保服务可用的情况下，smbclient 将建立与服务器的连接，并进入 Samba Shell 界面。

在 Samba Shell 提示符“[smb：\>]”后输入相应的指令即可对 Samba 进行共享资源的操作。如图 8-20 所示，连接到 Samba 服务器后，输入“help”指令以查看常用的 smbclient 命令。

```
ubuntu@ubuntu:~$ smbclient --user=smbuser '\\192.168.219.138\myshare'
WARNING: The "syslog" option is deprecated
Enter WORKGROUP\smbuser's password:
Try "help" to get a list of possible commands.
smb: \> help
?              allinfo        altname        archive        backup
blocksize      cancel         case_sensitive cd             chmod
chown          close          del            deltree        dir
du             echo           exit           get            getfacl
geteas         hardlink       help           history        iosize
lcd            link           lock           lowercase      ls
l              mask           md             mget           mkdir
more           mput           newer          notify         open
posix          posix_encrypt  posix_open     posix_mkdir    posix_rmdir
posix_unlink   posix_whoami   print          prompt         put
pwd            q              queue          quit           readlink
rd             recurse        reget          rename         reput
rm             rmdir          showacls       setea          setmode
scopy          stat           symlink        tar            tarmode
timeout        translate      unlock         volume         vuid
wdel           logon          listconnect    showconnect    tcon
tdis           tid            logoff         ..             !
smb: \>
```

图 8-20　常用的 smbclient 指令

可以看到，在 Samba Shell 中也有 cd、l、ls、mkdir、more、rm、rmdir 等命令，这些命令也具有类似 Linux Shell 命令的功能。

下面使用部分基本指令完成共享文件的下载。

```
# 查看当前共享的工作目录
smb: \> pwd
# 列出当前目录下的文件
smb: \> ls
# 将共享目录中的文件下载到本地并重命名
smb: \> get created_on_windows.txt  download_to_linux.txt
# 查看本地目录下的文件，!表示执行本地命令
smb: \> !ls
# 退出 samba shell
smb: \> q
```

操作过程和结果如图 8-21 所示。

```
ubuntu@ubuntu:~$ smbclient --user=smbuser '\\192.168.219.138\myshare' smbuser
WARNING: The "syslog" option is deprecated
Try "help" to get a list of possible commands.
smb: \> pwd
Current directory is \\192.168.219.138\myshare\
smb: \> ls
  .                                   D        0  Wed Aug  7 19:47:22 2024
  ..                                  D        0  Wed Aug  7 18:04:56 2024
  created_on_windows.txt              A        0  Wed Aug  7 19:46:57 2024

                20464208 blocks of size 1024. 11060092 blocks available
smb: \> get created_on_windows.txt download_to_linux.txt
getting file \created_on_windows.txt of size 0 as download_to_linux.txt (0.0 KiloBytes/sec
) (average 0.0 KiloBytes/sec)
smb: \> lls
lls: command not found
smb: \> !ls
download_to_linux.txt  vmware-tools-distrib  模板  图片  下载  桌面
examples.desktop       公共的                视频  文档  音乐
smb: \>
```

图 8-21　使用 smbclient 的交互操作下载共享文件

步骤 4：挂载 Samba 共享目录到文件系统。

Samba 共享资源实际上是一种 CIFS 格式的网络文件系统，如果将共享目录直接挂载到本地，那么操作 Samba 共享资源就和操作客户端本地资源一样便捷。

首先创建一个挂载点目录，例如"/mnt/smbshare"，命令如下。

```
sudo mkdir /mnt/smbshare
```

执行结果如图 8-22 所示。

```
ubuntu@ubuntu:~$ sudo mkdir /mnt/smbshare
ubuntu@ubuntu:~$ sudo ls -ld /mnt/smbshare
drwxr-xr-x 2 root root 4096 8月   7 21:31 /mnt/smbshare
ubuntu@ubuntu:~$
```

图 8-22    创建本地目录作为挂载点

然后执行 mount 命令，直接将 Samba 服务器中的共享目录挂载到本地文件系统。注意，下例中的 192.168.219.138 是 Samba 服务器的 IP，请根据实际情况配置正确的 IP 或主机名；myshare 是共享名，根据服务器共享配置项进行设置。由于设置的共享目录要求用户认证，需要通过-o 参数传入用户名和密码进行验证。

```
sudo mount -t cifs  //192.168.219.138/myshare  /mnt/smbshare -o username=smbuser,password=smbuser
```

如图 8-23 所示，Samba 共享目录已经被挂载到本地文件系统/mnt/smbshare，可以使用基础 Linux 命令，像操作本地文件一样操作共享文件。例如，在共享目录中创建一个新的文件，命令如下。

```
sudo touch /mnt/smbshare/created_on_linux.txt
```

如图 8-24 所示，文件可以在客户端直接被创建到 Samba 共享目录中。

```
ubuntu@ubuntu:~$ sudo mount -t cifs  //192.168.219.138/myshare  /mnt/smbshare \
> -o username=smbuser,password=smbuser
ubuntu@ubuntu:~$ df -h |grep share
//192.168.219.138/myshare  20G  9.0G   11G   46% /mnt/smbshare
ubuntu@ubuntu:~$
```

图 8-23    挂载 SMB/CIFS 文件系统

```
ubuntu@ubuntu:~$ sudo touch /mnt/smbshare/created_on_linux.txt
ubuntu@ubuntu:~$ sudo ls -l /mnt/smbshare
总用量 0
-rwxr-xr-x 1 root root 0 8月   7 21:32 created_on_linux.txt
-rwxr-xr-x 1 root root 0 8月   7 19:46 created_on_windows.txt
```

图 8-24    使用本地文件系统操作命令操作共享资源

## 任务 8.2    NFS 服务器的安装与配置

### 任务介绍

本任务描述的 NFS 是一种重要的文件共享协议，通过学习，读者将了解其工作原理和应用场景，学会安装和启动 NFS 服务的方法，并掌握其服务器和客户端的配置方法。这些内容有助于读者在不同的网络环境中实现高效的文件共享。

本任务的 8.2.1 为任务相关知识，8.2.2～8.2.4 为任务实验步骤。

本任务的具体要求如下。

1）理解 NFS 的概念及其作用。

2）掌握 NFS 软件的安装和部署方法。

3）掌握 NFS 软件的基本使用方法。

## 8.2.1　NFS 简介

网络文件系统（network file system，NFS）是一种允许网络中不同计算机系统之间共享文件的协议。它最初由 Sun 公司在 1984 年开发，目的是实现 UNIX 系统之间的文件共享。随着技术的发展，NFS 已经成为跨平台的文件共享协议，支持在 Linux、UNIX，甚至 Windows 等多种操作系统上运行。

NFS 的工作原理基于客户端/服务器模型。在这种模型中，一台或多台计算机作为服务器，提供文件存储空间，而其他计算机则作为客户端，通过网络访问这些文件。NFS 服务器将文件系统的一部分挂载到网络上，客户端可以像访问本地文件一样访问这些远程文件。

尽管 NFS 本身提供了文件共享的框架，但是它依赖远程过程调用（RPC）协议来实现数据的实际传输。这意味着客户端和服务器端都需要启动 RPC 服务，以确保 NFS 能够顺利地进行文件传输。

NFS 的工作流程如图 8-25 所示，主要涉及以下几个步骤。

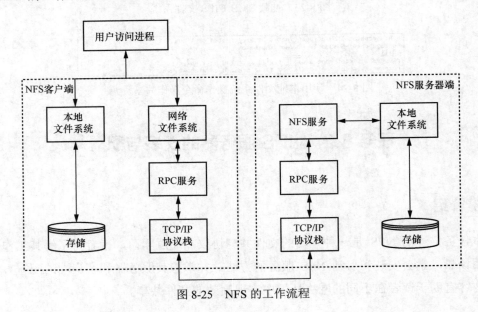

图 8-25　NFS 的工作流程

步骤 1：NFS 客户端发出询问请求。当用户或应用程序需要通过 NFS 客户端访问服务器上的共享资源时，NFS 客户端会发出询问请求。这个请求通过客户端的 RPC 服务（如 portmap 或 rpcbind 服务，端口号为 111）向 NFS 服务器的 RPC 服务发送，请求访问 NFS 服务器端的特定端口（例如：nfs-kernel-server 的服务端口号为 2049）。

步骤 2：NFS 服务器端响应请求。NFS 服务器的 RPC 服务接收到请求后，会查找已注册的 NFS 守护进程端口，并将该端口信息反馈给客户端的 RPC 服务。

步骤 3：NFS 客户端与服务器建立连接。一旦客户端获取到 NFS 服务器的正确端口信息，客户端就可以直接与 NFS 守护进程建立连接，进行数据的存储和检索。

步骤 4：数据传输与反馈。NFS 客户端与服务器之间建立 TCP/IP 连接以传输数据。数据传输完成后，客户端会将结果反馈给发起请求的用户或应用程序。这样，用户或应用程序就完成了通过 NFS 进行的文件存取操作。

## 8.2.2　NFS 的安装和启动

### 1．NFS 软件的安装

在 Ubuntu Linux 操作系统上，nfs-kernel-server 是实现 NFS 服务的核心组件。由于 NFS 依赖 RPC 来进行数据传输，因此如 rpcbind 等第三方软件将会同时被安装。使用下面的命令进行 NFS 软件的安装。

```
sudo apt install nfs-kernel-server
```
安装过程如图 8-26 所示。

```
ubuntu@nfs-server:~$ sudo apt install nfs-kernel-server
正在读取软件包列表... 完成
正在分析软件包的依赖关系树
正在读取状态信息... 完成
将会同时安装下列软件:
  keyutils libevent-2.1-6 libnfsidmap2 libtirpc1 nfs-common rpcbind
建议安装:
  open-iscsi watchdog
下列【新】软件包将被安装:
  keyutils libevent-2.1-6 libnfsidmap2 libtirpc1 nfs-common nfs-kernel-server
  rpcbind
升级了 0 个软件包，新安装了 7 个软件包，要卸载 0 个软件包，有 54 个软件包未被升
级。
需要下载 626 kB 的归档。
解压缩后会消耗 2,088 kB 的额外空间。
您希望继续执行吗？ [Y/n] Y
```
图 8-26　安装 NFS 软件

注意：使用 sudo 进行安装时可能会提示输入当前用户的登录密码来完成验证，在被询问是否希望继续执行时，输入"Y"。

### 2．启动和查看 NFS 服务

当 nfs-kernel-server 安装成功后，会自动启动 nfs-server 服务。也可以使用下面的命令手动启动 nfs-server 服务，过程及结果如图 8-27 所示。

```
# 启动 nfs-server 服务
```

```
sudo systemctl start nfs-server
# 查看 nfs-server 服务状态
sudo systemctl status nfs-server
```

```
ubuntu@nfs-server:~$ sudo systemctl start nfs-server
ubuntu@nfs-server:~$ sudo systemctl status nfs-server
●nfs-server.service - NFS server and services
   Loaded: loaded (/lib/systemd/system/nfs-server.service; enabled; vendor prese
   Active: active (exited) since Thu 2024-08-08 20:06:02 CST; 10min ago
 Main PID: 11452 (code=exited, status=0/SUCCESS)
    Tasks: 0 (limit: 4620)
   CGroup: /system.slice/nfs-server.service

8月 08 20:06:01 nfs-server systemd[1]: Starting NFS server and services...
8月 08 20:06:02 nfs-server systemd[1]: Started NFS server and services.
```

图 8-27　启动和查看 NFS 服务

## 8.2.3　NFS 服务器的配置与管理

### 1. NFS 配置项

NFS 服务器进程根据/etc/exports 文件的配置提供 NFS 文件的访问服务。/etc/exports 文件中的每个条目都定义了一个共享，配置项格式如下。

```
# 格式：共享目录  客户端选项(共享选项…)
# NFSv2、NFSv3 配置示例：
# /srv/homes    hostname1(rw,sync,no_subtree_check) hostname2(ro,sync,no_subtree_check)
# NFSv4 配置示例：
# /srv/nfs4         gss/krb5i(rw,sync,fsid=0,crossmnt,no_subtree_check)
# /srv/nfs4/homes  gss/krb5i(rw,sync,no_subtree_check)
```

配置一个 NFS 共享，需要 3 个要素：共享目录、客户端选项和共享选项。共享目录为本地文件系统的一个可访问路径；客户端选项可以是具体的客户端主机名、IP 地址或 IP 网段，若不限制客户端地址，可以使用"*"表示；共享选项定义共享资源的访问权限等，具体选项和功能见表 8-5。

表 8-5　NFS 配置选项

| 选项 | 功能描述 |
|---|---|
| rw | 允许客户端以读/写模式挂载共享目录 |
| ro | 允许客户端以只读模式挂载共享目录 |
| sync | 同步写入，确保每次写操作都立即被执行，不缓存 |
| async | 异步写入，允许系统缓存操作，提高性能，但可能会在系统崩溃时导致数据丢失 |
| no_root_squash | 允许远程 root 用户具有与本地 root 用户相同的权限 |
| root_squash | 将远程 root 用户的权限降低到匿名用户级别，提高安全性（默认设置） |
| all_squash | 将所有远程用户 ID（UID）和组 ID（GID）映射到匿名用户，适用于共享目录 |

续表

| 选项 | 功能描述 |
|---|---|
| no_all_squash | 保留客户端的 UID 和 GID，确保文件权限与客户端系统一致（默认） |
| subtree_check | 如果共享目录是一个子目录，确保父目录的权限也被检查（默认） |
| no_subtree_check | 不检查父目录的权限，适用于共享目录是文件系统根目录的情况 |
| fsid=<id> | 为共享目录指定一个文件系统 ID，用于区分不同的共享 |

#### 2. 创建共享目录

作为测试，先在 NFS 服务器上创建一个目录，并在目录中创建一个文件。具体操作如下。

```
sudo mkdir /nfs
sudo touch /nfs/nfs_file
```

执行结果如图 8-28 所示。

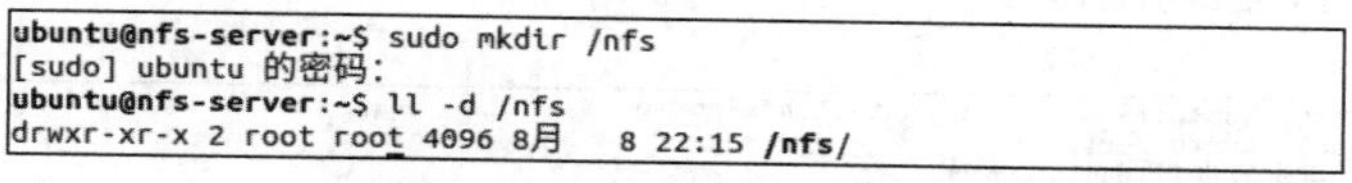

```
ubuntu@nfs-server:~$ sudo mkdir /nfs
[sudo] ubuntu 的密码：
ubuntu@nfs-server:~$ ll -d /nfs
drwxr-xr-x 2 root root 4096 8月  8 22:15 /nfs/
```

图 8-28　创建 NFS 的共享目录

#### 3. 添加 NFS 共享配置

使用文本编辑器（如：Vim、gedit、Mousepad 等）打开/etc/exports 文件，命令如下。

```
sudo gedit /etc/exports
```

在文件末尾空白处添加：

```
/nfs    *(rw,sync,no_subtree_check,no_root_squash)
```

此配置项的共享目录为"/nfs"；客户端选项为"*"，表示不限客户端，即任意客户端均可连接该共享资源；共享选项有 4 项，"rw"表示允许客户端读/写访问，"sync"表示同步写入，"no_subtree_check"表示不检查父目录的权限，"no_root_squash"表示允许客户端使用 root 权限访问共享目录。

图 8-29 展示了在文本编辑器中修改的 exports 文件，添加 NFS 配置项后的状态。

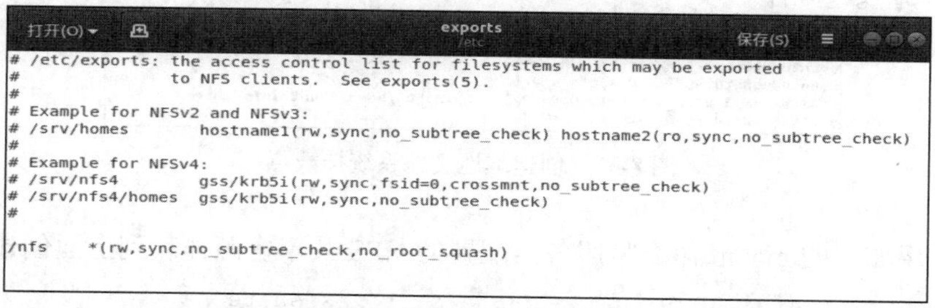

```
# /etc/exports: the access control list for filesystems which may be exported
#               to NFS clients.  See exports(5).
#
# Example for NFSv2 and NFSv3:
# /srv/homes       hostname1(rw,sync,no_subtree_check) hostname2(ro,sync,no_subtree_check)
#
# Example for NFSv4:
# /srv/nfs4        gss/krb5i(rw,sync,fsid=0,crossmnt,no_subtree_check)
# /srv/nfs4/homes  gss/krb5i(rw,sync,no_subtree_check)
#

/nfs    *(rw,sync,no_subtree_check,no_root_squash)
```

图 8-29　NFS 的配置文件及共享目录配置

在完成 exports 文件的编辑后,保存并关闭文件。要让配置生效,还需要使用下面的命令来应用配置。

```
sudo exports -ra
```

这个命令将更新所有在/etc/exports 文件中定义的共享。

注意,在部分系统部署中,需要执行下面的命令,重启 NFS 服务来使配置生效。

```
sudo systemctl restart nfs-server
```

## 8.2.4 NFS 客户端的安装和管理

### 1. NFS 客户端的安装

在 Ubuntu 操作系统中使用下面的命令安装 NFS 客户端。

```
sudo apt install nfs-common
```

安装过程如图 8-30 所示。

```
ubuntu@ubuntu:~$ sudo apt install nfs-common
[sudo] ubuntu 的密码:
正在读取软件包列表... 完成
正在分析软件包的依赖关系树
正在读取状态信息... 完成
下列软件包是自动安装的并且现在不需要了:
  binutils-common:i386 libavahi-common-data:i386
使用'sudo apt autoremove'来卸载它(它们)。
将会同时安装下列软件:
  keyutils libevent-2.1-6 libnfsidmap2 libtirpc1 rpcbind
建议安装:
  open-iscsi watchdog
下列【新】软件包将被安装:
  keyutils libevent-2.1-6 libnfsidmap2 libtirpc1 nfs-common rpcbind
升级了 0 个软件包,新安装了 6 个软件包,要卸载 0 个软件包,有 54 个软件包未被升级。
需要下载 532 kB 的归档。
解压缩后会消耗 1,743 kB 的额外空间。
您希望继续执行吗? [Y/n] Y
```

图 8-30    安装 NFS 客户端

安装 NFS 客户端同样会包含 rpcbind 等第三方依赖的安装。

### 2. 挂载 NFS 共享目录到本地文件系统

NFS 共享目录需要被挂载到本地文件系统,因此先创建一个本地目录作为挂载点,执行步骤和结果如图 8-31 所示。

```
mkdir ~/nfs_share
```

```
ubuntu@ubuntu:~$ mkdir nfs_share
ubuntu@ubuntu:~$ ll -d ~/nfs_share
drwxrwxr-x 2 ubuntu ubuntu 4096 8月   8 22:50 /home/ubuntu/nfs_share/
ubuntu@ubuntu:~$
```

图 8-31    创建本地文件系统挂载点

然后使用如下的 mount 命令将服务器配置的 NFS 共享资源挂载到上面创建的目录。

```
sudo mount -t nfs 192.168.219.138:/nfs  ~/nfs_share
```

上面的命令中,-t nfs 表示挂载的文件系统类型为 NFS;192.168.219.138 为 NFS 服务器的 IP 地址，请根据实际情况设置；/nfs 为 NFS 服务器上/etc/exports 定义的共享目录；
~/nfs_share 为本地挂载点。完成 NFS 文件系统挂载后，可以像访问本地文件系统一样查
看和操作共享资源。执行过程和结果如图 8-32 所示。

```
ubuntu@ubuntu:~$ sudo mount -t nfs 192.168.219.138:/nfs  ~/nfs_share
ubuntu@ubuntu:~$ df -h |grep nfs
192.168.219.138:/nfs   20G  8.0G   11G  43% /home/ubuntu/nfs_share
ubuntu@ubuntu:~$ ll nfs_share
总用量 8
drwxr-xr-x  2 root    root   4096 8月   8 22:49 ./
drwxr-xr-x 17 ubuntu ubuntu 4096 8月   8 22:50 ../
-rw-r--r--  1 root    root      0 8月   8 22:49 nfs_file
ubuntu@ubuntu:~$
```

图 8-32　挂载 NFS 共享资源到本地文件系统

# 任务 8.3　FTP 服务器的安装与配置

## 任务介绍

本任务中的 FTP 是一种广泛使用的文件传输协议，读者将学习其基本工作原理，并
掌握如何在操作系统中安装 FTP 服务器。此外，读者还将学习 FTP 服务器的配置文件，
了解如何管理用户权限和文件传输规则。

本任务的 8.3.1 为任务相关知识，8.3.2～8.3.4 为任务实验步骤。

本任务的具体要求如下。

1）理解 FTP 的概念及其作用。

2）掌握 FTP 软件的安装和部署方法。

3）掌握 FTP 软件的基本使用方法。

## 8.3.1　FTP 服务器

### 1. FTP 的概念

文件传输协议（file transfer protocol，FTP）是一种网络传输协议，主要用于实现互联
网中客户端与服务器之间的文件传输。它允许用户将文件从本地计算机上传到服务器，或
者从服务器下载文件到本地计算机。FTP 以客户端/服务器模式工作，具有速度快、使用
方便等特点。FTP 允许用户以文件操作的方式（如文件的增、删、改、查、传送等）与另
一主机相互通信，而无须直接登录到目标计算机。

FTP 的显著特点是其卓越的跨平台能力，允许在多种操作系统上实现无缝的文件交
换，不受设备类型和操作系统的限制。此外，FTP 支持断点续传，这使得在面对网络波动

或传输中断时，用户可以更加高效地管理和恢复文件传输任务。

### 2．FTP 的发展历史

FTP 的历史可以追溯到 1971 年。FTP 最初在 ARPANET 中使用，那时它运行在 ARPANET 的传输层协议 NCP（网络控制传输协议）之上。然而，直到 1980 年，RFC 765 才首次定义了基于 TCP/IP 的 FTP 操作标准。1985 年，RFC 959 公布了 FTP 的第二个版本，它规定了 FTP 的基本命令和响应机制。这些命令包括打开和关闭连接、列出目录内容、上传和下载文件等，这成了 FTP 的基本规范。此后，FTP 经历了多次修订和改进。随着技术的发展，FTP 还衍生出了两个安全版本：FTPS（使用 SSL/TLS 加密的 FTP）和 SFTP（使用 SSH 加密的 FTP）。这些安全版本提供了数据加密和身份验证功能，增强了文件传输的安全性。

### 3．FTP 工作原理

FTP 是一种用于在网络上传输文件的协议，它工作在 OSI 模型的第七层（应用层）和 TCP/IP 模型的第四层（传输层）。FTP 采用 C/S（客户端/服务器）架构，通过两个连接实现文件的上传和下载，一个用于传送命令（控制连接），另一个用于传送数据（数据连接）。

用户通过 FTP 客户端首先向 FTP 服务器发起控制连接，通过建立控制连接，FTP 客户端可以与服务器端进行命令交互，用于沟通连接协议版本、用户登录验证、指令解析与传输、状态通信等目的。然后，当 FTP 客户端向服务器请求共享文件资源的传输时，将建立数据连接，用于实现文件的上传、下载等数据传输功能。FTP 客户端与服务器之间建立控制连接和数据连接的工作原理如图 8-33 所示。

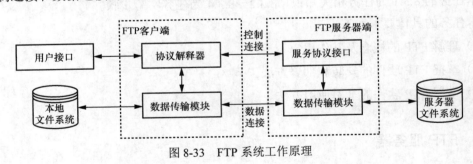

图 8-33　FTP 系统工作原理

FTP 服务器的控制连接使用 21 端口，以接收客户端的连接请求和控制指令等。而数据连接支持两种工作模式：主动模式（active FTP）和被动模式（passive FTP）。

在主动模式下，FTP 服务器主动连接客户端的数据端口。客户端首先随机开启一个大于 1024 的端口 $N$，并通知服务器使用哪个端口进行数据接收。服务器通过自己的 20 端口连接客户端的端口 $N+1$ 进行数据传输。然而，由于大多数防火墙不允许外部发起的连接，主动模式在通过防火墙时可能会受到限制。

在被动模式下，FTP 服务器被动地等待客户端连接自己的数据端口。客户端首先随机开启一个大于 1024 的端口 *X*，并向服务器发送 PASV 命令，通知服务器自己处于被动模式。服务器收到命令后，开放一个大于 1024 的端口 *Y* 进行监听，并通知客户端自己的数据端口是 *Y*。客户端通过端口 *X*+1 连接服务器的端口 *Y* 进行数据传输。被动模式通常用于防火墙后的 FTP 客户端访问外界 FTP 服务器。

主动模式和被动模式的主要区别在于谁先发起数据连接以及它们在网络配置方面的适应性。主动模式要求服务器能够访问客户端的网络，而被动模式则要求客户端能够访问服务器的网络。在实际应用中，选择哪种模式取决于客户端和服务器的网络配置、安全策略以及所需的灵活性。在现代网络环境中，由于防火墙和 NAT 的普遍使用，被动模式通常更为常见，这也是多数 FTP 软件的默认工作模式。

## 8.3.2　FTP 服务器的安装

### 1．安装 FTP 服务器软件 vsftpd

vsftpd（very secure FTP daemon）是一款专为 UNIX/Linux 操作系统设计的轻量级、高性能且安全的 FTP 服务器软件。它以简洁高效的设计而闻名，能够在低资源环境中运行，同时处理大量并发连接。vsftpd 提供了一系列安全特性，包括防止缓冲区溢出攻击、通过 PAM 进行认证、支持用户目录限制等，确保了系统的安全性。

配置方面，vsftpd 的配置文件/etc/vsftpd.conf 简洁明了，便于管理员根据特定需求快速设置 FTP 服务。它支持虚拟用户系统，允许创建专用于 FTP 服务的账户，这些账户不用于系统登录，从而增强了安全性。此外，vsftpd 还支持匿名访问，适用于公共文件共享服务。

vsftpd 还允许管理员对每个用户或 IP 设置最大传输速率，有效地控制网络带宽使用。它支持 IPv6 协议，适应了新一代网络技术的需求。具有详细的访问和传输日志记录功能，使得 FTP 服务器的使用情况可以被有效监控和分析。

vsftpd 可以独立运行，也可以作为 inetd 模式运行，提供了灵活的运行选项。作为一个开源软件，vsftpd 得到了活跃社区的支持，用户可以从中获得帮助和软件更新。因其轻量级和高性能的特性，vsftpd 成为许多 Linux 发行版首选的 FTP 服务器软件，特别适合于对性能和安全性有较高要求的场景。

### 2．vsftpd 的安装与启动

在大多数 Linux 发行版中，vsftpd 可以通过包管理器轻松安装。例如，在基于 Debian 的系统（如 Ubuntu）中，可以使用以下命令安装。

```
sudo apt-get update
sudo apt install vsftpd
```

安装过程如图 8-34 所示。

```
ubuntu@ftp-server:~$ sudo apt install vsftpd
正在读取软件包列表... 完成
正在分析软件包的依赖关系树
正在读取状态信息... 完成
下列【新】软件包将被安装：
  vsftpd
升级了 0 个软件包，新安装了 1 个软件包，要卸载 0 个软件包，有 54 个软件包未被升
级。
需要下载 115 kB 的归档。
解压缩后会消耗 334 kB 的额外空间。
```

图 8-34　安装 vsftpd 服务器软件的过程

vsftpd 在安装后会默认注册到 systemd 服务管理器，并自动运行。使用下面的命令可以查看当前服务的状态。

```
sudo systemctl status vsftpd
```

在非 systemd 管理的服务器上，可以使用 service 命令来替代 systemctl，命令如下。

```
sudo service vsftpd start    # 启动 vsftpd 服务
sudo service vsftpd status   # 查看 vsftpd 服务
```

正常启动 vsftpd 服务后的状态如图 8-35 所示。

```
ubuntu@ftp-server:~$ sudo systemctl status vsftpd
●vsftpd.service - vsftpd FTP server
    Loaded: loaded (/lib/systemd/system/vsftpd.service; enabled; vendor preset: e
    Active: active (running) since Sun 2024-08-11 20:54:43 CST; 2min 32s ago
  Main PID: 3474 (vsftpd)
     Tasks: 1 (limit: 4620)
    CGroup: /system.slice/vsftpd.service
            └─3474 /usr/sbin/vsftpd /etc/vsftpd.conf

8月 11 20:54:43 ftp-server systemd[1]: Starting vsftpd FTP server...
8月 11 20:54:43 ftp-server systemd[1]: Started vsftpd FTP server.
```

图 8-35　查看 FTP 服务状态

## 8.3.3　FTP 服务器的配置文件

### 1．vsftpd.conf 的常用配置项

vsftpd 是一个开放源代码的 FTP 服务器软件，它的配置文件主要是 vsftpd.conf，该文件通常位于/etc/vsftpd/目录下。这个文件包含了所有与 vsftpd 服务器运行相关的配置指令，用于控制 FTP 服务的各个方面，如用户访问权限、数据传输模式、日志记录等。vsftpd.conf 常见的配置项及其说明见表 8-6。

表 8-6　vsftpd.conf 常见的配置项

| 配置项 | 描述 | 默认值 |
|---|---|---|
| listen | 是否作为独立守护进程运行 FTP 服务 | NO |
| listen_ipv6 | 是否监听 IPv6 地址 | YES |
| anonymous_enable | 是否允许匿名 FTP | NO |
| local_enable | 是否允许本地用户登录 | YES |

续表

| 配置项 | 描述 | 默认值 |
|---|---|---|
| write_enable | 是否启用 FTP 写命令 | NO |
| local_umask | 本地用户上传文件默认的 umask 值 | 22 |
| anon_upload_enable | 是否允许匿名 FTP 用户上传文件 | NO |
| anon_mkdir_write_enable | 是否允许匿名 FTP 用户创建目录 | NO |
| pasv_enable | 是否使用被动模式来建立数据连接 | YES |
| connect_from_port_20 | 是否强制 PORT 传输连接使用端口 20 | NO |
| chown_uploads | 是否改变上传文件的所有者 | NO |
| chown_username | 上传文件所有者用户名，需与 chown_uploads 配合 | |
| ascii_upload_enable | 是否启用 ASCII 上传 | NO |
| ascii_download_enable | 是否启用 ASCII 下载 | NO |
| chroot_local_user | 是否将本地用户限制在其主目录 | NO |
| chroot_list_enable | 是否使用明确的本地用户列表进行 chroot | NO |
| chroot_list_file | chroot 用户列表文件路径 | |
| secure_chroot_dir | 指定一个空目录，用作安全的 chroot 目录 | |
| rsa_cert_file | 指定启用 SSL 所需的 RSA 证书文件位置 | |
| rsa_private_key_file | 指定启用 SSL 所需的 RSA 证书私钥文件位置 | |
| ssl_enable | 是否启用 SSL 加密连接 | NO |
| utf8_filesystem | 指示 vsftpd 使用 UTF-8 文件系统 | NO |

### 2. 修改 vsftpd 配置项

在默认配置下，vsftpd 被设置为需要本地用户登录，且默认连接到用户主目录的只读模式。若需要用户通过 FTP 服务器修改或上传文件，可以修改该配置文件。步骤如下。

步骤 1：使用文本编辑器（如 Vim、gedit、Mousepad 等）打开/etc/vsftpd.conf，命令如下。

```
sudo gedit /etc/vsftpd.conf
```

步骤 2：在文本编辑器中修改对应的配置项，如图 8-36 所示，允许用户修改和上传文件，需要开启 FTP 写命令，在配置文件中添加 write_enable = YES 的配置项。

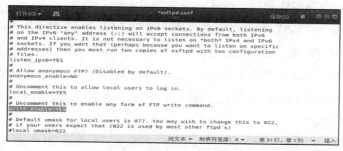

图 8-36  修改 vsftpd 配置文件

步骤 3：保存并关闭配置文件。然后重启 FTP 服务以应用新的设置。

```
sudo systemctl restart vsftpd    # 或 sudo service vsftpd restart
```

### 3．创建 FTP 本地账号

默认配置下，vsftpd 使用服务器本地账号进行登录验证和权限管理，因此要连接到 FTP 服务器，需要首先获取到 FTP 服务器上的用户账号。本例中，创建一个 ftpuser 账号作为测试账号。在 FTP 服务器上执行下面的命令创建用户。

```
sudo useradd -m ftpuser
```

注意：由于默认情况下 FTP 连接后会进入用户主目录，因此在创建用户时，使用-m 选项来同步创建用户主目录"/home/ftpuser"。

需要为 ftpuser 设置一个系统登录密码，命令如下。

```
sudo passwd ftpuser
```

执行过程和结果如图 8-37 所示。

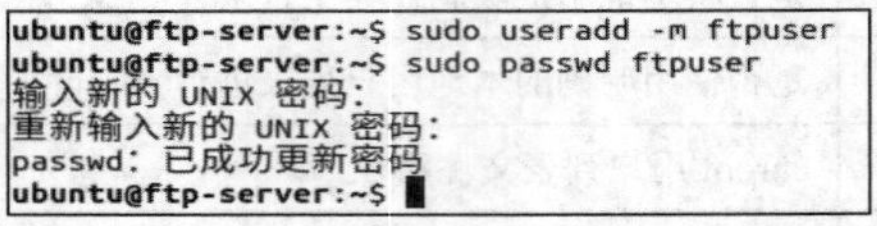

```
ubuntu@ftp-server:~$ sudo useradd -m ftpuser
ubuntu@ftp-server:~$ sudo passwd ftpuser
输入新的 UNIX 密码：
重新输入新的 UNIX 密码：
passwd: 已成功更新密码
ubuntu@ftp-server:~$ 
```

图 8-37　创建 ftpuser 账号和密码

## 8.3.4　FTP 客户端操作

在 Ubuntu 操作系统中，有多种 FTP 客户端软件可供选择，以下是一些常见的 FTP 客户端软件。

ftp：ftp 是 Linux 操作系统中的一个基本命令行 FTP 客户端软件。它简单易用，但是功能相对有限，通常用于基本的文件上传和下载。

FileZilla：FileZilla 是一个免费且开源的 FTP 解决方案，它包括客户端和服务器端软件。它具有图形用户界面，易于使用，并支持 FTP、FTPS 和 SFTP 协议。

wget：wget 是一个非交互式的网络下载工具，可以用来从 FTP 和 HTTP 服务器下载文件。它非常适合在脚本中使用，进行自动化下载。

curl：curl 是一个多功能命令行工具，用于数据传输。它支持多种协议，包括 FTP、FTPS、HTTP、HTTPS 等。curl 工具也常用于脚本中，进行网络资源的获取。

这些客户端可以帮助用户高效地进行文件传输和管理，用户可以根据需要自行安装。

本例中，直接使用 Linux 操作系统自带的 ftp 命令行工具来验证 FTP 连接和操作。

### 1．建立 FTP 连接

使用 ftp 命令建立与服务器的连接的语法非常简单，具体的用法如下。

```
Usage: { ftp | pftp } [-46pinegvtd] [hostname]
      -4: use IPv4 addresses only
      -6: use IPv6, nothing else
      -p: enable passive mode (default for pftp)
      -i: turn off prompting during mget
      -n: inhibit auto-login
      -e: disable readline support, if present
      -g: disable filename globbing
      -v: verbose mode
      -t: enable packet tracing [nonfunctional]
      -d: enable debugging
```

例如，要连接到的 IP 地址为 192.168.219.138 的 FTP 服务器，使用下面的命令。

```
ftp 192.168.219.138
```

如图 8-38 所示，如果 IP 地址可达，且 FTP 服务可用，将收到 Connected 消息，并被询问使用什么用户进行登录。输入用户名及密码来完成登录认证。

```
ubuntu@ubuntu:~$ ftp 192.168.219.138
Connected to 192.168.219.138.
220 (vsFTPd 3.0.3)
Name (192.168.219.138:ubuntu): ftpuser
331 Please specify the password.
Password:
230 Login successful.
Remote system type is UNIX.
Using binary mode to transfer files.
ftp>
```

图 8-38　连接 FTP 服务

用户成功地登录将收到"230 Login sucessful"消息，并进入登录用户的主目录。

### 2．常用文件操作

操作 1：查看常用的 FTP 命令。

在 ftp>命令提示符下，输入"help"来查看 FTP 命令，如图 8-39 所示。

```
ftp> help
Commands may be abbreviated.  Commands are:

!           dir         mdelete     qc          site
$           disconnect  mdir        sendport    size
account     exit        mget        put         status
append      form        mkdir       pwd         struct
ascii       get         mls         quit        system
bell        glob        mode        quote       sunique
binary      hash        modtime     recv        tenex
bye         help        mput        reget       tick
case        idle        newer       rstatus     trace
cd          image       nmap        rhelp       type
cdup        ipany       nlist       rename      user
chmod       ipv4        ntrans      reset       umask
close       ipv6        open        restart     verbose
cr          lcd         prompt      rmdir       ?
delete      ls          passive     runique
debug       macdef      proxy       send
```

图 8-39　常用的 FTP 操作指令

常用的 FTP 命令及功能见表 8-7。

表 8-7　常用的 FTP 命令及功能

| 命令 | 描述 | 命令 | 描述 |
|---|---|---|---|
| ! | 执行本地 shell 命令 | pwd | 显示当前远程工作目录 |
| cd | 更改远程工作目录 | lcd | 更改本地工作目录 |
| ls | 列出远程目录的文件 | mls | 列出远程目录的文件和相关信息 |
| ascii | 设置传输模式为 ASCII | binary | 设置传输模式为二进制 |
| get | 下载单个文件到本地 | mget | 下载多个文件到本地 |
| put | 上传单个文件到远程服务器 | mput | 上传多个文件到远程服务器 |
| mkdir | 在远程创建目录 | rmdir、rmd | 删除远程目录 |
| delete、del | 删除远程文件 | mdelete | 删除多个远程文件 |
| rename、rn | 重命名远程文件 | status | 显示当前连接状态 |
| quit、bye、exit | 退出 FTP 会话 | | |

操作 2：查看当前工作目录。

使用 FTP 传输文件的时候，要注意当前工作目录。由于 FTP 传输是一个客户端/服务器系统，文件在远程目录和本地目录之间进行传输，因此要区分服务器（远程）当前工作目录以及客户端（本地）当前工作目录。

在 FTP 会话中，pwd 显示的是 FTP 服务器上的当前工作目录，命令如下所示。

```
pwd
```

使用"!"前缀表示执行的是本地 Shell 命令，"!pwd"显示的是客户端本地的当前工作目录，如图 8-40 所示。

```
!pwd
```

```
ftp> pwd
257 "/home/ftpuser" is the current directory
ftp> !pwd
/home/ubuntu
```

图 8-40　查看 FTP 远程和本地工作目录

如图 8-40 所示，此时本地工作目录为"/home/ubuntu"，而远程工作目录为"/home/ftpuser"。

操作 3：切换被动模式。

使用 passive 命令可以设定当前 FTP 连接，使用主动模式或被动模式进行数据传输，命令如下。

```
passive
```

输出结果如图 8-41 所示。

```
ftp> passive
Passive mode off.
ftp> passive
Passive mode on.
```

图 8-41　切换 FTP 主动模式和被动模式

如图 8-41 所示，每次运行 passive 指令，则进行被动模式的开关一次，请反复执行 passive 指令以确保当前连接处于被动模式，即"Passive mode on"的状态。

操作 4：切换工作目录。

切换工作目录同样区分远程工作目录和本地工作目录。指令"cd"用来切换远程工作目录，命令如下。

```
cd /tmp    # 切换到/tmp目录
pwd        # 查看当前目录
cd /home/ftpuser    # 切换到/home/ftpuser目录
pwd        # 查看当前目录
```

执行过程和结果如图 8-42 所示。

```
ftp> cd /tmp
250 Directory successfully changed.
ftp> pwd
257 "/tmp" is the current directory
ftp> cd /home/ftpuser
250 Directory successfully changed.
ftp> pwd
257 "/home/ftpuser" is the current directory
```

图 8-42　切换 FTP 远程工作目录

操作 5：查看 FTP 工作目录下的文件。

和本地 Shell 命令一样，在 FTP 会话中，使用 ls 指令查看文件属性。

```
ls
```

如图 8-43 所示，可以通过 FTP 查看在服务器上创建的 shared_file.txt 文件。

```
ftp> ls
227 Entering Passive Mode (10,2,36,5,63,177).
150 Here comes the directory listing.
-rw-rw-r--   1 1001     1001            5 Aug 22 10:42 shared_file.txt
226 Directory send OK.
```

图 8-43　查看 FTP 远程工作目录下的文件

操作 6：远程文件下载。

使用"get"命令下载 FTP 服务器远程工作目录下的文件，命令如下。

```
get shared_file.txt
```

执行结果如图 8-44 所示。

```
ftp> get shared_file.txt
local: shared_file.txt remote: shared_file.txt
227 Entering Passive Mode (10,2,36,5,146,58).
150 Opening BINARY mode data connection for shared_file.txt (5 bytes).
226 Transfer complete.
5 bytes received in 0.00 secs (18.9256 kB/s)
```

图 8-44　远程下载 FTP 共享文件

文件会被下载到本地当前目录，使用"!"前缀执行本地命令查看本地当前目录下的文件，命令如下。

```
!ls -l
```

执行结果如图 8-45 所示，可以看到文件已经被下载到本地目录。

```
ftp> !ls -l
total 50
drwxr-xr-x 3 ubuntu ubuntu   14 Jan 23  2024 Code
drwxr-xr-x 1 ubuntu ubuntu 4096 Aug 16 11:18 Desktop
drwxr-xr-x 2 ubuntu ubuntu 4096 Jul 21  2021 Documents
drwxr-xr-x 2 ubuntu ubuntu 4096 Jul 21  2021 Downloads
drwxr-xr-x 2 ubuntu ubuntu 4096 Jul 21  2021 Music
drwxr-xr-x 2 ubuntu ubuntu 4096 Jul 21  2021 Pictures
drwxr-xr-x 2 ubuntu ubuntu 4096 Jul 21  2021 Public
-rw-rw-r-- 1 ubuntu ubuntu    5 Aug 22 11:52 shared file.txt
drwxr-xr-x 2 ubuntu ubuntu 4096 Jul 21  2021 Templates
drwxr-xr-x 2 ubuntu ubuntu 4096 Jul 21  2021 Videos
```

图 8-45　在 FTP 会话中查看本地文件

操作 7：上传文件到 FTP 服务器。

使用"put"指令来上传文件，如需重命名则将新文件名作为第二个参数，命令如下。

```
put shared_file.txt uploaded_file.txt
ls
```

本地的"shared_file.txt"文件被上传到 FTP 服务器工作目录下，并且被重命名为"uploaded_file.txt"，如图 8-46 所示。

```
ftp> put shared_file.txt uploaded_file.txt
local: shared_file.txt remote: uploaded_file.txt
227 Entering Passive Mode (10,2,36,5,245,26).
150 Ok to send data.
226 Transfer complete.
5 bytes sent in 0.00 secs (21.7983 kB/s)
ftp> ls
227 Entering Passive Mode (10,2,36,5,41,153).
150 Here comes the directory listing.
-rw-rw-r--   1 1001     1001            5 Aug 22 10:42 shared_file.txt
-rw-------   1 1001     1001            5 Aug 22 12:01 uploaded_file.txt
226 Directory send OK.
```

图 8-46　上传本地文件到 FTP 服务器

# 项目小结

在本项目中，我们深入探讨了文件服务器技术，特别是 Samba、NFS 和 FTP 这 3 种主要的文件共享服务技术。通过实践操作和理论知识的学习，掌握了它们的安装、配置和管理方法，确保了这些服务能够在实际应用中高效、安全地提供文件共享。

# 课后练习

## 一、选择题

1. Samba 服务器使用的协议是以下哪一项？（　　　）

A. HTTP　　　　　　　　B. FTP　　　　　　　C. SMB/CIFS　　　　　　D. NFS

2. 在 Samba 配置文件 smb.conf 中，哪个配置项用于定义 Samba 服务器所属的工作

组或 NT 域名？（　　　）

A.　server string　　　B.　workgroup　　　C.　security　　　D.　log file

3. NFS 服务依赖于以下哪个协议进行数据传输？（　　　）

A.　TCP　　　　　　　B.　IP　　　　　　　C.　RPC　　　　　　D.　NFS

4. FTP 协议默认使用哪个端口进行控制连接？（　　　）

A.　20　　　　　　　　B.　21　　　　　　　C.　22　　　　　　　D.　80

5. 在 vsftpd 配置文件 vsftpd.conf 中，哪个配置项用于启用匿名 FTP 访问？（　　　）

A.　anonymous_enable=YES　　　　　　B.　local_enable=YES

C.　write_enable=YES　　　　　　　　D.　chroot_local_user=YES

## 二、填空题

1. SMB 协议最初由_____在 1980 年开发。

2. Samba 软件是可以实现_____协议的自由软件，允许 UNIX 和 Linux 操作系统与 Windows 操作系统无缝集成。

3. NFS 服务器配置文件/etc/exports 中的条目定义了_____和_____。

4. FTP 支持断点续传功能，这使得在面对_____或传输中断时，用户可以更加高效地管理和恢复文件传输任务。

5. vsftpd 是专为_____操作系统设计的轻量级、高性能且安全的 FTP 服务器软件。

## 三、简答题

1. 描述 Samba 服务器的主要功能和它在企业网络中的应用场景。

2. 解释 NFS 协议的工作原理，并说明它在不同操作系统上如何实现文件共享。

3. 阐述 FTP 协议的主动模式和被动模式的区别，并讨论在防火墙后面的客户端更倾向于使用哪种模式。

4. 说明在配置 vsftpd 时，如何允许特定用户上传文件到服务器，同时限制他们访问服务器上的其他目录。

## 四、操作题

1. 假设用户已经安装了 Samba 服务器，请列出创建一个新的共享目录并对其进行配置的步骤。

2. 描述如何在 Ubuntu 操作系统上安装和启动 NFS 服务器，以及如何配置一个 NFS 共享目录。

3. 假设用户需要配置 FTP 服务器以允许匿名用户下载文件，但是不允许上传。写出修改 vsftpd 配置文件并重启服务的步骤。

4. 作为系统管理员，你如何使用命令行 FTP 客户端连接到 FTP 服务器，并验证匿名用户是否可以下载和上传文件。

# 项目 9　配置网络服务器

本项目主要介绍网络服务器技术：DNS、DHCP 和 VPN，包括其对应的安装、配置与服务器启动过程。

## 学习目标

1）掌握 DNS 服务器的相关知识以及常规 DNS 服务器的安装和配置方法。

2）掌握 DHCP 服务器的相关知识以及 DHCP 服务器的安装和配置方法。

3）掌握 VPN 服务器的相关知识以及 VPN 服务器的安装和配置方法。

4）掌握防火墙的相关知识以及防火墙的安装和配置方法。

## 任务 9.1　DNS 服务器的安装与配置

### 任务介绍

本任务的 9.1.1 为任务相关知识，9.1.2～9.1.4 为任务实验步骤。

本任务的具体要求如下。

1）了解 DNS 服务器的作用及其在网络中的重要性。

2）理解 DNS 的域名空间结构。

3）掌握 DNS 的查询模式。

4）掌握 DNS 域名的解析过程。

5）掌握常规 DNS 服务器的安装与配置方法。

6）掌握辅助 DNS 服务器的配置方法。

## 9.1.1　DNS 简介

### 1．DNS 简介

在日常生活中人们习惯使用域名访问服务器，但是机器间互相只能识别 IP 地址。域名与 IP 地址之间是多对一的关系，一个 IP 地址可能对应一个或多个域名，一个完整域名只可以对应一个 IP 地址。它们之间的转换工作称为域名解析，域名解析需要由专门的域名解析服务器来完成，整个过程是自动进行的。

域名服务器（domain name server，DNS）是进行域名（domain name）和与之相对应的 IP 地址（IP address）转换的服务器。DNS 中保存了一张域名（domain name）和与之相对应的 IP 地址（IP address）的表，以解析消息中的域名。每一级域名长度的限制是 63 个字符，域名总长度不能超过 253 个字符。

### 2．域名结构

域名是 Internet 上某一台计算机或某计算机组的名称，用于在数据传输时标识计算机（组）的电子方位（有时也指地理位置）。域名是由一串用点分隔的名字组成的，通常包含组织名，而且始终包括 2～3 个字母的后缀，以指明组织的类型或该域所在的国家或地区。域名示例如下。

```
http://主机名.子域.二级域.顶级域./
```

域名呈树状结构。最顶层称为根域，用"."表示，相应服务器称为根服务器。整个域名空间解析权都归根服务器所有，但是根服务器无法承担庞大的负载。研究人员采用"委派"机制，在根域下设置了一些顶级域，然后将不同顶级域解析权分别委派给相应的顶级域服务器，如将"com"域的解析权委派给 com 域服务器，以后但凡根服务器收到以"com"结尾的域名解析请求，都会转发给 com 域服务器。同样道理，为了减轻顶级域的压力，又下设了若干二级域，二级域又下设三级域或主机。

根域：位于域名空间最顶层，一般用一个"."表示。

顶级域：一般代表一种类型的组织机构或国家（地区），如.net 表示网络供应商、.com 表示工商企业、.org 表示团体组织、.edu 表示教育机构、.gov 表示政府部门、.cn 表示中国国家域名。

二级域：用来标明顶级域内的一个特定的组织，国家顶级域下面的二级域名由国家网络部门统一管理，如".cn"顶级域名下面设置的二级域名：.com.cn、.net.cn、.edu.cn。

子域：二级域下所创建的各级域统称为子域。各个组织或用户可以自由申请注册自己的域名。

主机名：主机位于域名空间最下层，就是一台具体的计算机，如 www、mail 都是具体的计算机名字，可用 www.ptpress.com 这种形式来表示，这种表示方式称为 FQDN（完全合格域名，是指包含了所有域的主机名，其中包括根域），也是这台主机在域名中的全名。

### 3. DNS 域名解析过程

域名解析包含两种查询方式，分别是递归查询和迭代查询。两种查询方式都可以得到结果，但是递归查询只需要询问一次即可得到结果，迭代查询需要询问多次才可以得到结果。

递归查询：一般计算机和本地 DNS 服务器之间的查询属于递归查询，即当计算机向 DNS 服务器发出查询请求后，若 DNS 服务器不能解析，则会向另外的 DNS 服务器发出查询请求，得到最终的肯定或否定的结果后转交给计算机。

迭代查询：一般情况下，本地 DNS 服务器向其他 DNS 服务器的查询属于迭代查询。例如，若对方不能返回权威的结果，则它会向下一个 DNS 服务器（参考前一个 DNS 服务器返回的结果）再次发起查询，直到返回查询的结果为止。

例如，要访问 www.ptpress.com 服务器，DNS 解析的过程需要如下步骤。

步骤 1：首先看本机是否包含 /etc/hosts 文件，如果有，则直接访问；如果没有就去找设置的缓存 DNS 服务器。

步骤 2：如果缓存服务器有，直接反馈结果（递归）；如果没有就需要迭代查询，直接去找根服务器。

步骤 3：由于根服务器只能解析根，无法解析 www.ptpress.com，但是，根服务器会让用户去找一级域服务器。

步骤 4：一级域发现自己也解析不了，让用户去找二级域。

步骤 5：二级域发现这台服务器在自己的管理范围内，直接反馈结果给缓存服务器。

步骤 6：缓存服务器再交给用户。

更为详细的查询过程如图 9-1 所示。

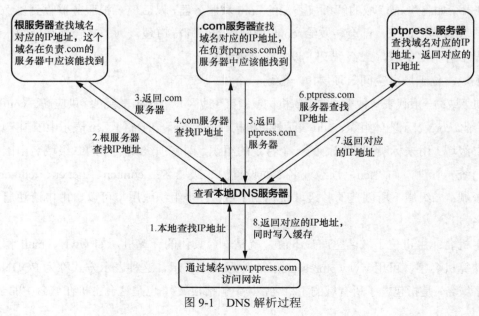

图 9-1　DNS 解析过程

## 9.1.2 安装与运行 BIND

BIND 是 Berkeley internet name domain service 的简写,它是一款实现 DNS 服务器的开放源码软件。目前 Internet 上大部分的 DNS 服务器都是通过 BIND 来架设的。BIND 功能强大、文档完善且广泛使用,本书将以 Bind 为例进行说明。

### 1. 安装 BIND

在 Linux 操作系统中,可以使用包管理器(如 apt、yum 或 dnf)来安装 BIND。以 Ubuntu 为例,命令如下。

```
sudo apt update
sudo apt install bind9 bind9utils bind9-doc
```

安装完成后,BIND 服务会自行启动,通过以下命令可以查看启动状态。

```
sudo systemctl status bind9
```

结果如图 9-2 所示。

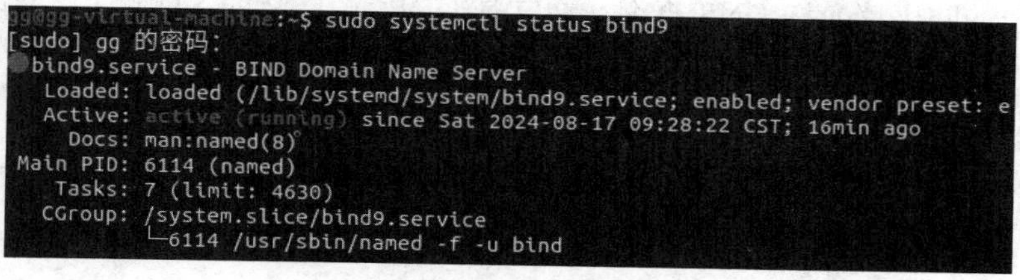

图 9-2 BIND 的启动状态

### 2. BIND 的区域文件

BIND 的区域文件定义了 DNS 服务器管理的域和这些域的记录。这些文件通常位于/etc/bind/ 目录下,以.zone 或.db 为后缀。

以下是一个简单的正向区域文件(example.com.zone)示例。

```
$TTL 86400
@   IN  SOA     ns1.example.com. admin.example.com. (
                2023070101 ; Serial
                3600       ; Refresh
                1800       ; Retry
                604800     ; Expire
                86400      )   ; Minimum
; Name servers
@   IN  NS      ns1.example.com.
@   IN  NS      ns2.example.com.
; Mail servers
example.com.    IN  MX  10  mail.example.com.
; A records
```

```
ns1     IN  A   192.168.1.1
ns2     IN  A   192.168.1.2
www     IN  A   192.168.1.10
```

### 3. 设置 DNS 服务器管理的区域

在/etc/bind/named.conf 或/etc/bind/named.conf.local 中，我们需要定义哪些区域由 DNS 服务器管理。以下是添加上面示例区域的配置。

```
zone "example.com" {
    type master;
    file "/etc/bind/db.example.com";   # 路径需与你的区域文件匹配
```

### 4. 测试 DNS 功能

在配置完成后，重启 BIND 服务以便更改生效，命令如下。

```
sudo systemctl restart bind9
```

可以使用 nslookup、dig 或 host 命令来测试 DNS 解析是否正常。命令如下。

```
nslookup www.example.com
```

### 5. 防火墙与安全

确保用户的防火墙允许 DNS 查询（通常是 UDP 和 TCP 的 53 端口）。另外，考虑使用 TSIG 或 DNSSEC 等安全机制来保护用户的 DNS 传输。

### 6. 备份与恢复

定期备份用户的区域文件和配置文件是防止数据丢失的重要措施。用户可以使用简单的 cp 或 rsync 命令备份这些文件。恢复时，只需将备份文件替换相应位置的文件，并重启 BIND 服务即可。

## 9.1.3  使用 apt 安装与运行 BIND

打开终端，输入以下命令安装 BIND 软件包。

```
sudo apt update
sudo yum install bind9 bind9-utils
```

系统会提示用户输入管理员密码进行确认，输入密码后按回车键即可开始安装 BIND 软件包。安装过程中，系统会自动下载所需的软件包并进行安装。

安装完成后，可以通过以下命令来检查 BIND 软件包是否安装成功。

```
named -v
```

如果成功安装了 BIND 软件包，系统会显示 BIND 的版本号信息。这样就表示 BIND 软件包已经成功安装在用户的系统中了，如图 9-3 所示。

图 9-3  BIND 的安装状态

可以使用以下命令来启动 BIND 服务。

```
sudo systemctl start named
```

如果希望开机自动启动 BIND 服务，可以使用以下命令来设置。

```
sudo systemctl enable named
```

BIND 服务就会在系统启动时自动启动了。

### 9.1.4  BIND 服务的配置

#### 1. 配置 BIND 服务

进入 BIND 服务的配置文件目录。在 Ubuntu 上默认为/etc/bind，可以使用以下命令进入目录。

```
sudo cd  /etc/bind
```

#### 2. 主配置文件

BIND 服务的主配置文件为 named.conf。可以使用文本编辑器打开该文件并进行编辑。例如，在 Ubuntu 上可以使用以下命令打开。

```
cd  /etc/bind
sudo nano named.conf
```

#### 3. 配置区域文件

在主配置文件中，需要配置区域文件，用于指定 DNS 服务器要响应的域名和 IP 地址的对应关系。可以使用以下命令新建一个区域文件。

```
sudo nano db.example.com
```

在区域文件中，可以添加以下内容。

```
$TTL  604800    ; 1 week
@       IN      SOA     ns1.example.com. admin.example.com. (
                        2021010101 ; serial
                        1D          ; refresh
                        2H          ; retry
                        1W          ; expire
                        1D )        ; minimum TTL
@       IN      NS      ns1.example.com.
@       IN      NS      ns2.example.com.
ns1     IN      A       192.168.1.10
ns2     IN      A       192.168.1.11
www     IN      A       192.168.1.20
```

注意，要将 example.com 替换为实际的域名，将 192.168.1.x 替换为实际的 IP 地址。

#### 4. 配置反向区域文件

配置反向区域文件的步骤与配置区域文件类似，只是需要将域名和 IP 地址的对应关系反转。可以使用以下命令新建一个反向区域文件。

```
sudo nano db.192.168.1
```

在反向区域文件中，可以添加以下内容。

```
$TTL  604800    ; 1 week
@     IN    SOA    ns1.example.com. admin.example.com. (
                   2021010101 ; serial
                   1D         ; refresh
                   2H         ; retry
                   1W         ; expire
                   1D )       ; minimum TTL


@     IN    NS     ns1.example.com
@     IN    NS     ns2.example.com

10    IN    PTR    ns1.example.com
11    IN    PTR    ns2.example.com

20    IN    PTR    www.example.com
```

注意，要将 example.com 替换为实际的域名，将 192.168.1.x 替换为实际的 IP 地址。

### 5. 配置主配置文件

在主配置文件中，需要添加关于区域文件的配置。可以在 named.conf 的末尾添加以下内容。

```
zone "example.com" {
    type master;
    file "/etc/bind/db.example.com";
};


zone "1.168.192.in-addr.arpa" {
    type master;
    file "/etc/bind/db.192.168.1";
};
```

### 6. 重启 BIND 服务

配置完成后，可以使用以下命令重启 BIND 服务使配置生效。

```
sudo systemctl restart bind9
```

配置完成后，BIND 服务将根据区域文件中的配置响应 DNS 查询请求。可以使用 dig 命令进行测试，命令如下。

```
dig  www.example.com
```

应该能够看到 BIND 服务返回的 IP 地址。

# 任务 9.2　DHCP 服务器的安装与配置

## 任务介绍

本任务的 9.2.1～9.2.3 为任务相关知识，9.2.4～9.2.6 为任务实验步骤。

本任务的具体要求如下。

1）了解 DHCP 服务器的安装过程。

2）了解 DHCP 服务器的工作过程。

3）掌握 DHCP 服务器的配置和管理方法。

4）理解 DHCP 中继代理的概念，会将客户机或者路由器作为 DHCP 中继代理，获取 TCP/IP 参数。

5）掌握备份和还原 DHCP 数据库的方法。

## 9.2.1　DHCP 简介

### 1．DHCP 定义

动态主机配置协议（dynamic host configuration protocol，DHCP）是一个基于 UDP 的、在局域网中使用的网络协议。该协议能自动且有效地管理局域网内主机的 IP 地址、子网掩码、网关和 DNS 等参数，从而有效提高 IP 地址的利用率并使其管理规范，这样可以减轻网络管理成本和资源。DHCP 是一个应用层协议。当我们将计算机 IP 地址设置为动态获取方式时，DHCP 服务器就会根据 DHCP 给计算机分配 IP，使得计算机能够利用这个 IP 上网。

DHCP 前身是 BOOTP，在 Linux 的网卡配置中也能看到显示的是 BOOTP。DHCP 引进了一个 BOOTP 没有的概念：租约。BOOTP 分配的地址是永久的，而 DHCP 分配的地址是有期限的。DHCP 分为两个部分：一个是服务器，另一个是客户端。

### 2．DHCP 作用及特点

DHCP 可以自动分配 IP、子网掩码、网关、DNS。

DHCP 客户端使用的端口 68，服务器使用端口 67，使用的是 UDP 应用层协议。

DHCP 一般不为服务器分配 IP，因为它们要使用固定 IP，所以 DHCP 一般只为办公环境的主机分配 IP。

DHCP 服务器和客户端需要在一个局域网内，在为客户端分配 IP 的时候需要进行多次广播。但是 DHCP 也可以为其他网段内主机分配 IP，只要连接两个网段中间的路由器就能转发 DHCP 配置请求，但是这要求路由器配置中继功能。

### 3．DHCP 分配 IP 的方式

自动分配：自动分配是当 DHCP 客户端第一次成功地从 DHCP 服务器分配到一个 IP 地址之后，就永远使用这个地址。这种方式适用于需要确保每个设备始终分配到相同 IP 地址的场景，例如服务器、打印机或网络设备。注意：这里的 MAC 地址与 IP 地址是绑定的。

动态分配：动态分配是当 DHCP 客户端第一次从 DHCP 服务器分配到 IP 地址后，并非永久地使用该地址。每次使用完后，DHCP 客户端就得释放这个 IP 地址，以给其他客户端使用。这种方式适用于大量移动设备连接到网络的场景，如公司办公室或公共无线网络。

手动分配：手动分配是由 DHCP 服务器管理员专门为客户端指定 IP 地址。

## 9.2.2　DHCP 服务器的工作过程

### 1．搜索阶段

搜索阶段，即 DHCP 客户端发现 DHCP 服务器的阶段。当 DHCP 客户端第一次登录网络的时候，计算机发现本机上没有任何 IP 地址设定，将以广播方式发送 DHCP DISCOVER 信息寻找 DHCP 服务器，即向 255.255.255.255 发送特定的广播信息。网络上每一台安装了 TCP/IP 协议栈的主机都会接收这个广播信息，但是只有 DHCP 服务器才会做出响应。

### 2．提供阶段

在网络中接收到 DHCP DISCOVER 信息的 DHCP 服务器会做出响应，它从尚未分配的 IP 地址池中挑选一个分配给 DHCP 客户端，向 DHCP 客户端发送一个包含分配的 IP 地址和其他设置的 DHCP OFFER 信息。因为此时客户端还没有 IP，所以返回信息也是以广播的方式返回的。

### 3．选择阶段

DHCP 客户端接收 DHCP OFFER 信息之后，选择第一个接收到的信息，然后以广播的方式回答一个 DHCP REQUEST 请求信息，该信息包含向它所选定的 DHCP 服务器请求 IP 地址的内容。

### 4．确认阶段

当 DHCP 服务器收到 DHCP 客户端回答的 DHCP REQUEST 请求信息之后，便向 DHCP 客户端发送一个包含它所提供的 IP 地址和其他设置的 DHCP ACK 信息，确认租约，并指定租约时长，告诉 DHCP 客户端可以使用它提供的 IP 地址。然后 DHCP 客户端便将

TCP/IP 协议栈与其网卡绑定。另外，除了 DHCP 客户端选中的 DHCP 服务器外，其他的 DHCP 服务器将收回曾经提供的 IP 地址。

### 5. 重新登录

以后的 DHCP 客户端每次重新登录网络时，就不需要再发送 DHCP DISCOVER 信息了，而是直接发送包含前一次所分配的 IP 地址的 DHCP REQUEST 信息。当 DHCP 服务器收到这一信息后，它会尝试让 DHCP 客户端继续使用原来的 IP 地址，并回答一个 DHCP ACK 信息。如果此 IP 地址已无法再分配给原来的 DHCP 客户端使用时，则 DHCP 服务器给 DHCP 客户端回答一个 DHCP NACK（否认）信息。当原来的 DHCP 客户端收到此 DHCP NACK 信息后，它就必须重新发送 DHCP DISCOVER 信息来请求新的 IP 地址。

### 6. 续租

DHCP 服务器向 DHCP 客户端出租的 IP 地址一般都有一个租借期限，期满后 DHCP 服务器便会收回出租的 IP 地址。如果 DHCP 客户端要延长其 IP 租约，则必须更新其 IP 租约。DHCP 客户端使用 IP 地址的时长到达租约的 50% 时，DHCP 客户端都会自动向 DHCP 服务器发送更新其 IP 租约的信息。

## 9.2.3　DHCP 的用途

### 1. DHCP 服务的作用

（1）自动分配 IP 地址：DHCP 服务为计算机和其他网络设备提供了自动获取 IP 地址的能力，这使得网络管理员和用户不再需要手动分配 IP 地址，可以避免地址冲突和错误配置的风险。DHCP 使用一种动态机制来管理 IP 地址的分配，当计算机需要连接到网络时，DHCP 服务会自动分配一个可用的 IP 地址，允许计算机快速连接到网络，并与其他设备进行通信。

（2）动态配置网络参数：DHCP 服务不仅可以自动分配 IP 地址，还可以为计算机和其他设备分配其他网络参数，如子网掩码、默认网关、DNS 服务器等。这些参数可以根据网络管理员的配置自动分配和更新，这使网络管理员不再需要手动配置每个设备，从而减少了配置错误的风险。

（3）集中管理：DHCP 服务可以帮助网络管理员集中管理网络资源，这对大型网络尤为重要。通过中央配置和管理，管理员可以快速地为网络上的所有设备分配 IP 地址，控制分配的范围和分配方式。此外，DHCP 服务还可以跟踪使用情况，识别地址冲突，并进行故障排除。

（4）提高网络效率和可靠性：DHCP 服务可以帮助提高网络效率和可靠性。自动分配 IP 地址和其他网络参数可以节省时间和劳动力，避免了手动分配和配置带来的错误。此外，DHCP 服务还可以动态更新网络参数，可以在需要时自动分配和回收 IP 地址，这减少了网络资源的浪费，提高了网络的可靠性。

**2．DHCP 服务的局限性**

虽然 DHCP 服务有很多好处，但是它也存在一些局限性。首先，如果 DHCP 服务器宕机或出现故障，所有计算机和其他设备都将无法连接到网络。此外，如果 DHCP 服务的配置不正确，可能会导致地址冲突和网络故障。此外，DHCP 服务可能会给黑客提供一些攻击网络的机会。

**3．DHCP 服务的应用**

DHCP 服务广泛应用于企业网、校园网、家庭网络等各种网络环境中。它不仅可以减少网络管理员的工作量，还可以提高网络效率和可靠性，从而提升整个网络的用户体验。此外，DHCP 服务还具有跟踪和管理网络资源的能力，可以有效地保护网络安全。

## 9.2.4 源码编译安装 DHCP

源码编译安装 DHCP 包含如下步骤。

步骤 1：解压源码，命令如下。

```
tar -zxvf dhcp-4.2.5-P1.tar.gz
cd dhcp-4.2.5-P1/
```

步骤 2：配置 DHCP，命令如下。

```
./configure --host=arm-linux ac_cv_file__dev_random=yes
```

步骤 3：修改 Makefile，命令如下。

```
cd bind
vim Makefile +55
```

步骤 4：添加配置，命令如下。

```
./configure BUILD_CC=gcc ac_cv_file__dev_random=yes --host=arm-linux
--disable-kqueue

tar -vxzf bind.tar.gz
vim bind-9.8.4-P2/lib/export/dns/Makefile.in +169
#修改 CC :
${BUILD_CC} ${ALL_CFLAGS} ${LDFLAGS} -o $@ ${srcdir}/gen.c ${LIBS}

#编译
cd ../
make
make DESTDIR=$PWD/tmp install
```

步骤 5：复制应用程序、配置文件和脚本文件到根文件系统，并打开脚本文件，命令如下。

```
cp ./client/scripts/linux /mnt/rootfs/etc/dhclient-script
vim /mnt/rootfs/etc/dhclient-script
```

编辑文本内容，具体如下。

```
将#!/bin/bash 改成#!/bin/sh
chmod +x /mnt/rootfs/etc/dhclient-script
cd ./tmp/usr/local/
cp ./bin/* /mnt/rootfs/bin/
cp ./sbin/* /mnt/rootfs/sbin/
cp ./etc/dhclient.conf.example /mnt/rootfs/etc/dhclient.conf
cp ./etc/dhcpd.conf.example /mnt/rootfs/etc/dhcpd.conf
```

步骤 6：创建进程交互文件目录，命令如下。

```
mkdir -p /mnt/rootfs/var/db/
touch /mnt/rootfs/var/db/dhclient.leases
touch /mnt/rootfs/var/db/dhcpd.leases
```

步骤 7：安装 DHCPD，命令如下。

```
sudo apt install udhcpd
sudo vim /etc/udhcpd.conf          #修改 DHCP 池、DNS、网关地址
sudo vim /etc/default/udhcp        #将 DHCPD_ENABLE="no"注释
sudo touch /var/lib/misc/udhcpd.leases
sudo systemctl restart udhcpd.service
```

## 9.2.5　使用 apt 安装 DHCP

使用 apt 安装 DHCP 的步骤如下。

步骤 1：安装 DHCP，命令如下。

```
sudo apt install isc-dhcp-server
```

步骤 2：配置 DHCP 服务。DHCP 服务器的主配置文件通常位于/etc/dhcp/dhcpd.conf。
编辑配置文件：使用文本编辑器打开配置文件，具体如下。

```
sudo nano /etc/dhcp/dhcpd.conf
```

设置 DHCP 范围：在配置文件中指定要分配给客户端的 IP 地址范围，具体如下。

```
subnet 192.168.1.0 netmask 255.255.255.0 {
    range 192.168.1.100 192.168.1.200;
    option routers 192.168.1.1;
    option domain-name-servers 192.168.1.1;
}
```

设置其他选项：如 DNS 服务器、域名、租约期限等，具体如下。

```
option domain-name "example.com";
```

```
option domain-name-servers 192.168.1.1;
default-lease-time 600;
max-lease-time 7200;
```

配置子网和路由器：指定子网掩码和默认网关，具体如下。

```
subnet 10.0.0.0 netmask 255.255.255.0 {
    option routers 10.0.0.1;
}
```

配置保留特定 IP：为特定设备保留静态 IP，具体如下。

```
host web-server {
    hardware ethernet 00:0C:29:XX:XX:XX;
    fixed-address 192.168.1.50;
}
```

步骤 3：调整网络配置，确保 DHCP 服务的网络接口配置正确。

配置网络接口：编辑/etc/network/interfaces 文件，确保网络接口配置为使用 DHCP（如果用户希望服务器从其他 DHCP 服务器获取 IP）。

步骤 4：启动和启用 DHCP 服务。启动 DHCP 服务，并设置为开机启动，命令如下。

```
sudo systemctl start isc-dhcp-server
sudo systemctl enable isc-dhcp-server
```

## 9.2.6  详细参数配置

### 1. 配置防火墙

如果系统使用防火墙，确保允许使用 DHCP 服务的端口（UDP 67 和 UDP 68），针对 iptables 防火墙，配置命令如下。

```
sudo iptables -A INPUT -p udp --dport 67:68 -j ACCEPT
```

针对 firewalld 防火墙，配置命令如下。

```
sudo firewall-cmd --permanent --add-service=dhcp
sudo firewall-cmd -reload
```

### 2. 测试 DHCP 服务器

重启网络服务，命令如下。

```
sudo systemctl restart networking
```

检查 DHCP 服务状态，命令如下。

```
sudo systemctl status isc-dhcp-server
```

检查日志文件。查看日志文件/var/log/syslog 或/var/log/messages，确认 DHCP 服务运行正常。

测试网络设备获取 IP 地址。重启或设置网络设备为 DHCP 模式，检查是否能从 DHCP

服务器获取 IP 地址。

### 3. 注意事项如下

备份配置文件：在修改配置文件之前，务必备份原始文件。

网络接口：确保 DHCP 服务绑定到正确的网络接口。

冲突检测：DHCP 协议包含冲突检测机制，但是仍然可能发生 IP 地址冲突。

安全配置：考虑使用 DHCP Snooping、静态 IP 地址分配等安全措施。

## 任务 9.3　VPN 服务器的配置与管理

### 任务介绍

本任务的具体要求如下。

1）掌握 VPN 的相关概念和特点。

2）掌握 VPN 协议的分类及其特点。

### 9.3.1　VPN 简介

虚拟专用网络（virtual private network，VPN）是一种强大的网络安全技术，它利用加密隧道技术，在不安全的公共网络上建立安全的数据传输通道。VPN 是一种用于公共网络上建立私密通信网络的技术，不仅保护了数据的隐私和完整性，还使用户无论身处何地都能如同在本地一样访问受保护的网络资源。

### 9.3.2　VPN 的特点

通常 VPN 具有如下特点。

（1）低成本：通过将数据流转移到低成本的网络上，一个企业的 VPN 解决方案将大幅度地减少用户花费在城域网和远程网络连接上的费用。另外，VPN 还可以保护现有的网络投资。企业不必租用长途专线建设专网，不必有大量网络维护人员和设备投资。

（2）易扩展：网络路由设备配置简单，无须增加太多的设备。

（3）完全控制性：VPN 上的设施和服务完全掌握在企业手中。比如，企业可以把拨号访问交给 NSP 去做，由自己负责用户的查验、访问权、网络地址、安全性和网络变化管理等重要工作。

（4）虚拟性：VPN 虽然不是某个企业专有的封闭线路，或者是租用某个网络服务商提供的封闭线路，但是 VPN 又具有专线的数据传输功能，因为 VPN 能够像专线一样在公共网络上处理自己企业的信息。

### 9.3.3　VPN 协议的分类及其特点

以下是一些常见的 VPN 协议和它们的特点。

（1）开放的 VPN（OpenVPN）：这是一种极为可靠和安全的 VPN 协议。它提供了最高级别的加密安全。因为它是开源的，所以经常得到更新和改进。OpenVPN 能够防止 DNS 泄露和通过公共 Wi-Fi 进行的攻击。

（2）点对点隧道协议（PPTP）VPN：虽然它的安全性较低，但是 PPTP 是一种速度非常快且易于设置的 VPN 协议。有些用户可能会选择使用 PPTP VPN，尤其是当他们的主要关注点是速度，而不是安全性时。

（3）安全套接字层 VPN（SSL VPN）：许多大型公司使用 SSL VPN 为员工提供远程访问权限。SSL VPN 不需要客户端软件，因为用户可以通过网页浏览器访问它。

（4）层间隧道协议（L2TP/IPsec）VPN：L2TP/IPsec 是一个包含两种协议的 VPN 协议，其中 L2TP 用于创建隧道，IPsec 用于加密。这种协议的安全性很高，但是由于其进行了双重加密，所以速度可能会有所降低。

（5）安全隧道协议（SSTP）VPN：SSTP VPN 使用 AES 加密，安全性极高。它通过 HTTPS 端口访问，能够在许多网络防火墙中通过。

## 任务 9.4　防火墙配置

### 任务介绍

本任务的 9.4.1～9.4.5 为任务相关知识，9.4.6～9.4.7 为任务实验步骤。

本任务的具体要求如下。

1）了解防火墙的分类和工作原理。

2）掌握 iptables 防火墙的配置方法。

3）掌握 firewalld 防火墙的配置方法。

### 9.4.1　防火墙介绍

#### 1．防火墙的定义

防火墙是网络基础设施中保护网络安全的设备，是网络安全的第一道防线。防火墙可以是由硬件组成，也可以是由软件组成，也可以是由硬件和软件共同组成。防火墙的作用是检查通过防火墙的数据包并根据预设的安全策略决定数据包的流向，保护计算机网络免受未经授权的访问、攻击和恶意软件的侵害。它通过监控、过滤和控制网络流量，实施安全策略，防止不安全的数据包进入或离开受保护的网络。硬件防火墙可以集成在路由器或者网关中，借助路由器对流经的数据包进行分析和监控。

防火墙能够以物理的或虚拟的方式对单个计算机或计算机网络进行隔离，它的主要目的是防止内部或私有的网络遭受外来的未经授权的访问。其在网络中的位置如图 9-4 所示。

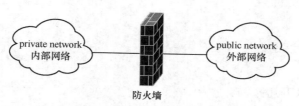

图 9-4　防火墙在网络中的位置

#### 2．防火墙的主要功能

功能 1，网络安全的屏障。防火墙可通过过滤不安全的服务而降低风险，极大地提高内部网络的安全性。由于只有经过选择并授权允许的应用协议才能通过防火墙，所以网络环境变得更安全。防火墙可以禁止诸如不安全的 NFS 协议进出受保护的网络，使攻击者不可能利用这些脆弱的协议来攻击内部网络。防火墙同时可以保护网络免受基于路由的攻击，如 IP 选项中的源路由攻击和 ICMP 重定向路径攻击。防火墙能够拒绝所有以上类型攻击的报文，并将情况及时通知防火墙管理员。

功能 2，强化网络安全策略。以防火墙为中心的安全配置方案，能将所有安全措施（如口令、加密、身份认证等）配置在防火墙上。与将网络安全措施分散到各个主机上相比，防火墙的集中安全管理更经济。例如，在网络访问时，一次一密的口令系统和其他的身份认证系统完全不必分散在各个主机上，而应集中在防火墙上。

功能 3，对网络存取和访问进行监控审计。由于所有的访问都必须经过防火墙，所以防火墙不仅能够制作完整的日志记录，而且还能够提供网络使用情况的统计数据。当发生可疑动作时，防火墙能进行适当的报警，并提供网络是否受到监测和攻击的详细信息。另外，收集一个网络的使用和误用情况也是一项非常重要的工作。这不仅有助于了解防火墙是否能够抵挡攻击者的探测和攻击，了解防火墙的安全措施是否充分有效，而且有助于作出网络需求分析和威胁分析。

功能 4，防止内部信息的外泄。通过利用防火墙对内部网络的划分，可实现在内部网络中对重点网段的隔离，限制内部网络中不同部门之间互相访问，从而保障网络内部敏感数据的安全。另外，隐私是内部网络非常关心的问题。一个内部网络中不引人注意的细节，可能包含了有关安全的线索而引起外部攻击者的兴趣，甚至由此暴露内部网络的某些安全漏洞。使用防火墙就可以隐藏那些透露内部细节的服务，如 Finger、DNS 等。Finger 显示了主机的所有用户的用户名、真名、最后登录时间和使用 Shell 类型等。Finger 显示的信息非常容易被攻击者获悉。攻击者可以知道一个系统使用的频繁程度，这个系统是否有用户在连线上网，这个系统是否在被攻击时引起注意等。防火墙可以阻挡有关内部网络的 DNS 信息，这样一台主机的域名和 IP 地址就不会被外界所了解。

## 9.4.2 防火墙的分类

防火墙主要有以下几种。

### 1. 单机防火墙

单机防火墙是指将防火墙设备直接连接到 Internet，通过设备内部的过滤规则来保护内部网络的安全。单机防火墙安装简单，成本较低，适用于小型网络。

### 2. 多层防火墙

多层防火墙是指在防火墙与 Internet 之间增加一层或多层防火墙，对网络进行多重保护。多层防火墙可以提高网络安全性，防止攻击者绕过单一防火墙的管控，适用于中小型企业和机构。

### 3. DMZ 防火墙

DMZ 防火墙是指在内部网络和 Internet 之间设置一层 DMZ 网络，防火墙位于 DMZ 网络和内部网络的交界处，对外部访问进行控制和过滤。DMZ 防火墙可以保护内部网络的安全，同时允许外部用户访问某些公共资源，适用于大型企业和机构。

### 4. VPN 防火墙

VPN 防火墙是指将 VPN 技术与防火墙相结合，通过加密和隧道技术来保护网络安全。VPN 防火墙可以通过 VPN 将远程用户和分支机构连接到企业网络中，以提高网络的可用性和可靠性。

### 9.4.3 防火墙的工作过程

#### 1. 包过滤防火墙

这是第一代防火墙，又称为网络层防火墙。在每一个数据包通过防火墙时都会在网络层进行过滤，对于不合法的数据访问，防火墙会选择阻拦以及丢弃。这种防火墙的连接可以通过一块网卡（即一块网卡既有内网的 IP 地址，又有公网的 IP 地址）或两块网卡（一块卡有私有网络的 IP 地址，另一块卡有外部网络的 IP 地址）两种方式连接。

第一代防火墙的最基本形式是检查每一个通过的网络包，或者丢弃，或者放行，这取决于所建立的一套规则，所以称为包过滤防火墙。

本质上，包过滤防火墙是多址的，表明它有两个或两个以上网络适配器或接口。例如，作为防火墙的设备可能有两块网卡，一块连到内部网络，一块连到公共的 Internet。防火墙的任务，就是作为"通信警察"截住那些有危害的网络包。

包过滤防火墙检查每一个传入包，查看包中可用的基本信息（源地址和目的地址、端口号、协议等）。然后，将这些信息与设立的规则相比较。如果已经设立了阻断 Telnet 连接，而传入包的目的端口是 23，那么该传入包就会被丢弃。如果允许传入 Web 连接，目的端口为 80，则传入包就会被放行。

多个复杂规则的组合也是可行的。如果允许 Web 连接，但只针对特定的服务器，目的端口和目的地址都与规则相匹配，那么可以让传入包通过。

当一个包到达时，如果对该包没有规则限制，接下来将不知会发生什么事情。通常，为了安全起见，与传入规则不匹配的包就被丢弃了。如果有理由让该包通过，就要建立规则来处理它。

建立包过滤防火墙规则的例子如下。

对来自专用网络的包，只允许来自内部地址的包通过，因为其他包包含不正确的包头部信息。这条规则可以防止网络内部的任何人通过欺骗性的源地址发起攻击。而且，如果黑客对专用网络内部的机器具有访问权，则这种过滤方式可以阻止黑客从网络内部发起攻击。

在公共网络，只允许目的地址为 80 的端口的包通过。这条规则只允许传入的连接为 Web 连接。这条规则也允许与 Web 连接使用相同端口的连接传入，所以它并不是十分安全。

丢弃从公共网络传入的包，这些包都有用户的网络内的源地址，从而减少 IP 欺骗性的攻击。

丢弃包含源路由信息的包，以减少源路由攻击。要记住，在源路由攻击中，传入的包包含路由信息，它覆盖了包通过网络应采取的正常路由，可能会绕过已有的安全程序。

## 2．状态/动态检测防火墙

状态/动态检测防火墙，试图跟踪通过防火墙的网络连接和包，这样防火墙就可以使用一组附加的标准，以确定是否允许和拒绝通信。它是在包过滤防火墙的基础上应用一些技术做到这点的。

当包过滤防火墙见到一个网络包，该包是孤立存在的，它没有防火墙所关心的历史或未来。允许和拒绝包的决定完全取决于包自身所包含的信息，如源地址、目的地址、端口号等。包中没有包含任何描述它在信息流中的位置信息，该包被认为是无状态的，它仅是存在而已。

防火墙跟踪的不仅是网络包中包含的信息，还要跟踪包的状态，防火墙还记录有用的信息以帮助识别包，例如已有的网络连接、数据的传出请求等。

例如，如果传入的包中含视频数据流，而防火墙可能已经记录了有关信息，即关于位于特定 IP 地址的应用程序最近向发出包的源地址请求视频信号的信息。如果传入的包是要传给发出请求的相同系统，防火墙则进行匹配，包就可以被允许通过。

一个状态/动态检测防火墙可截断所有传入的通信，且允许所有传出的通信。因为防火墙跟踪内部出去的请求，所有按要求传入的数据被允许通过，直到连接被关闭为止。只有未被请求的传入通信被截断。

如果在防火墙内正运行一台服务器，配置就会变得稍微复杂一些，但是对状态包的检查很有利。例如，可以将防火墙配置成只允许从特定端口进入的通信，只可传到特定服务器。如果正在运行 Web 服务器，防火墙只将 80 端口传入的通信发到指定的 Web 服务器。

状态/动态检测防火墙可提供的其他一些额外服务如下所述。

将某些类型的链接重定向到审核服务中去。例如，到专用 Web 服务器的连接，在 Web 服务器连接被允许之前，可能被发到 SecutID 服务器（用一次性口令来使用）。

拒绝携带某些数据的网络通信，如带有附加可执行程序的传入信息，或包含 ActiveX 程序的 Web 页面。

跟踪连接状态的方式取决于网络包通过防火墙的类型。

（1）TCP 包。当建立起一个 TCP 连接时，通过的第一个包标有 SYN 标志。通常情况下，防火墙丢弃所有外部的连接企图，除非已经建立起某条特定规则来处理它们。对内部的连接试图连到外部主机，防火墙注明连接包，允许响应随后两个系统之间的包，直到连接结束为止。在这种方式下，传入的包只有在它是响应一个已建立的连接时，才会被允许通过。

（2）UDP 包。UDP 包比 TCP 包简单，因为它们不包含任何连接或序列信息。它们只包含源地址、目的地址、校验和携带的数据。这种信息的缺乏使得防火墙确定包的合法性很困难，因为没有打开的连接可利用，以测试传入的包是否应被允许通过。可是，如果防火墙跟踪包的状态，就可以确定。对传入的包，若它所使用的地址和 UDP 包携带的协议与传出的连接请求匹配，该包就被允许通过。和 TCP 包一样，没有传入的 UDP 包会被允许通过，除非它是响应传出的请求或已经建立了指定的规则来处理它。对其他种类的包，情况和 UDP 包类似。防火墙仔细地跟踪传出的请求，记录下所使用的地址、协议和包的类型，然后对照保存过的信息核对传入的包，以确保这些包是被请求的。

### 3．应用程序代理防火墙

应用程序代理防火墙实际上并不允许在它连接的网络之间直接通信。相反，它接受来自内部网络特定用户应用程序的通信，然后建立公共网络服务器单独的连接。网络内部的用户不直接与外部的服务器通信，所以服务器不能直接访问内部网络的任何一部分。

另外，如果不为特定的应用程序安装代理程序代码，这种服务是不会被支持的，不能建立任何连接。这种建立方式拒绝任何没有明确配置的连接，从而提供了额外的安全性和控制性。

例如，一个用户的 Web 浏览器可能在 80 端口，但是也可能在 1080 端口。若连接到了内部网络的 HTTP 代理防火墙，它会接受这个连接请求，并把它转到所请求的 Web 服务器。

这种连接和转移对该用户来说是透明的，因为它完全是由代理防火墙自动处理的。

代理防火墙支持的常见应用程序协议有：HTTP、HTTPS/SSL、SMTP、POP3、IMAP、NNTP、TELNET、FTP、IRC。

应用程序代理防火墙可以配置成允许来自内部网络的任何连接，也可以配置成要求用户认证后才建立的连接。要求认证的方式仅为由已知的用户建立。这为安全性提供了额外的保证。如果网络受到危害，这个特征使得从内部发动攻击的可能性大大减少。

### 4．NAT

讨论防火墙主题，就一定要提到路由器，尽管从技术上讲它根本不是防火墙。网络地址转换（NAT）协议将内部网络的多个 IP 地址转换到一个公共地址，再发到 Internet 上。

NAT 经常用于小型办公室、家庭中的网络，多个用户分享单一的 IP 地址，并为 Internet 连接提供一些安全机制。

当内部用户与一个公共主机通信时，NAT 追踪是哪一个用户作的请求，修改传出的包，这样包就像是来自单一的公共 IP 地址，然后再打开连接。一旦建立了连接，在内部计算机和 Web 站点之间来回流动的通信就都是透明的了。

当从公共网络传来一个未经请求的传入连接时，NAT 有一套规则来决定如何处理它。

如果没有事先定义好规则，NAT 则只是简单地丢弃所有未经请求的传入连接，就像包过滤防火墙所做的那样。

可是，就像对包过滤防火墙一样，用户可以将 NAT 配置为接受某些特定端口传来的传入连接，并将它们送到一个特定的主机地址。

## 9.4.4　iptables 简介

### 1．iptables 的相关概念

早期的 Linux 操作系统默认使用 iptables 防火墙来管理服务和配置防火墙，虽然新型的 firewalld 防火墙管理服务已经被投入使用多年，但是 iptables 在当前生产环境中还在继续使用，具有顽强的生命力。

iptables 是 Linux 中常用的防火墙工具之一。它基于内核的 Netfilter 框架，可以配置规则集来过滤、转发和修改网络数据包。iptables 提供了广泛的功能和灵活性，可以根据源 IP 地址、目标 IP 地址、端口号等多个参数进行过滤。

防火墙在做数据包过滤决定时，遵循一套固定的相关规则。这些规则存储在专用的数据包过滤表中，而这些表集成在 Linux 内核中。在数据包过滤表中，规则被分组放在所谓的链（chain）中。而 netfilter/iptables IP 数据包过滤系统是一款功能强大的工具，可用于添加、编辑和移除规则。由软件包 iptables 提供的命令行工具，工作在用户空间，用来编写规则，写好的规则被送往 netfilter，告诉内核如何去处理信息包。

### 2．5 个"表"和 5 条"链"

iptables 由 5 个"表"（table）和 5 条"链"（chain）以及一些规则组成。表中有链，链中有规则。iptables 使用表来组织规则，链是规则的容器，用于按顺序处理数据包。

首先介绍 iptables 的 5 个"表"，内容如下。

（1）raw 表：跟踪数据包，确定是否对该数据包进行状态跟踪。包含两条规则链——OUTPUT、PREROUTING。

（2）mangle 表：标记数据包，修改数据包内容，用来做流量整形，给数据包设置标记。包含 5 条规则链——INPUT、OUTPUT、FORWARD、PREROUTING、POSTROUTING。

（3）nat 表：负责网络地址转换，用来修改数据包中的源、目标 IP 地址或端口（通信五元素）。包含 3 条规则链——OUTPUT、PREROUTING、POSTROUTING。

（4）filter 表：负责过滤数据包，确定是否放行该数据包（过滤）。包含 3 条规则链——INPUT、FORWARD、OUTPUT。

（5）security 表：用于强制访问控制（MAC）网络规则，由 Linux 安全模块（如 SELinux）实现（了解）。

接下来介绍 iptables 的 5 条"链"，具体如下。

（1）INPUT 链：处理入站数据包，匹配目标 IP 为本机的数据包。

（2）OUTPUT 链：处理出站数据包，一般不在此链上做配置。

（3）FORWARD 链：处理转发数据包，匹配流经本机的数据包。

（4）PREROUTING 链：在进行路由选择前处理数据包，用来修改目的地址，用来做 DNAT。这相当于把内网服务器的 IP 和端口映射到路由器的外网 IP 和端口上。

（5）POSTROUTING 链：在进行路由选择后处理数据包，用来修改源地址，用来做 SNAT。这相当于内网通过路由器 NAT 转换功能，实现内网主机通过一个公网 IP 地址上网。

内核中数据包的传输过程有如下几个步骤，如图 9-5 所示。

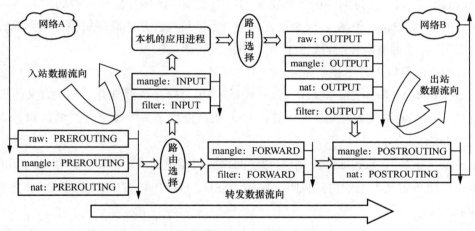

图 9-5　数据包的传输过程

步骤 1：当一个数据包进入网卡时，它首先进入 PREROUTING 链，内核根据数据包的 IP 判断是否需要转发出去。

步骤 2：如果数据包是进入本机的，它就会沿着图向下移动，然后到达 INPUT 链。数据包到达 INPUT 链后，任何进程都会收到它。本机运行的程序可以发送数据包，这些数据包经过 OUTPUT 链，然后到达。

步骤 3：如果数据包是要转发出去的，且内核允许转发，数据包就会向右移动，经过 FORWARD 链，然后到达 POSTROUTING 链输出。

报文的流向有以下 3 种。

（1）流入本机：PREROUTING→INPUT→用户空间进程。

（2）流出本机：用户空间进程→OUTPUT→POSTROUTING。

（3）转发：PREROUTING→FORWARD→POSTROUTING。

## 9.4.5 firewalld 简介

### 1. firewalld 的相关概念

firewalld（防火墙守护程序）是 Linux 发行版中一款用于管理网络防火墙的动态守护程序。它提供了一个命令行和图形用户界面，用于配置和管理系统的防火墙规则。firewalld 使用 iptables、ip6tables、ebtables 和 nftables 作为后端来处理网络数据包。firewalld 防火墙是 CentOS 7 系统默认的防火墙管理工具，用来管理 netfilter 的用户空间软件工具，取代了之前的 iptables 防火墙。它也是工作在网络层，属于包过滤防火墙，也被 Ubuntu 18.04 版以上支持（用 apt install firewalld 安装即可）。firewalld 是配置和监控防火墙规则的系统。

firewalld 提供了支持网络区域所定义的网络链接以及接口安全等级的动态防火墙管理工具。它支持 IPv4、IPv6 防火墙设置以及以太网桥（在某些高级服务可能会用到，比如云计算），并且拥有两种配置模式：运行时配置与永久配置。

firewalld 涉及以下几个核心概念。

Zone（区域）：firewalld 通过区域划分网络环境。每个区域都有一组预定义的规则，用于处理与该区域相关的网络流量。firewalld 默认提供了多个预定义区域，如 public、external、internal 等。

Service（服务）：Service 是一组与特定网络应用相关的端口和协议。在 firewalld 中，可以为每个服务定义不同的访问权限。例如，SSH、HTTP 和 HTTPS 服务分别对应 22、80 和 443 端口。

Interface（接口）：网络接口是连接计算机和其他网络设备的物理或虚拟设备。在 firewalld 中，每个接口都分配给一个区域，用于处理经由该接口的网络流量。

Source（源）：firewalld 可以针对特定的 IP 地址或子网限制网络访问。源可以是单个 IP 地址，CIDR 表示子网或者一个 IP 地址范围。

### 2. firewalld 的作用

firewalld 的主要作用是保护用户的系统免受未经授权的访问和攻击。它有助于防止黑客利用系统中的安全漏洞，以及限制对特定网络服务的访问。使用 firewalld，可以实现以下功能。

功能 1，制定输入/输出网络流量的允许和拒绝规则。

功能 2，划分网络区域和服务，为每个区域和服务定义不同的访问权限。

功能 3，对特定的 IP 地址、子网或端口应用防火墙规则。

功能 4，实时更改防火墙规则，而无须重启防火墙或停止网络服务。

功能 5，使用图形用户界面或命令行工具管理防火墙规则。

### 9.4.6　iptables 的使用

#### 1．iptables 工具的安装与开启

Linux 操作系统已默认安装 iptables。若没有请安装，可同时关闭 firewalld 防火墙和核心防护，并开启 iptables 服务。命令如下。

```
sudo apt update
sudo apt mstall iptables iptables-persistent
systemctl stop firewalld        #停止 firewalld 服务
setenforce 0
systemctl start iptables        #开启 iptables 服务
systemctl status iptables       #查看 iptables 状态
```

#### 2．iptables 的基本语法格式

```
#iptables   指定表    怎么在链中插入规则  指定链   规则
iptables [-t 表名] -管理选项 [链表] [通用规则匹配] [-j 控制类型]
```

iptables 的参数说明如图 9-6 所示。

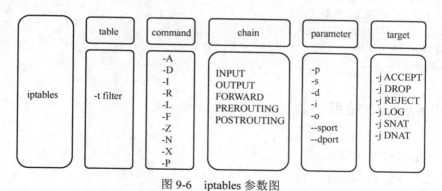

图 9-6　iptables 参数图

注意以下几点。

（1）不指定表名时，默认指 filter 表。

（2）不指定链名时，默认指表内的所有链。

（3）除非设置链的默认策略，否则必须指定匹配条件。

（4）控制类型使用大写字母，其余均为小写。

#### 3．iptables 的基本用法

用法 1：查看 iptables 规则表。查看已有的防火墙规则时，使用管理选项 "-L"，结合 "--line-numbers" 选项还可显示各条规则在链内的顺序号。命令如下。

```
iptables   [-t 表名]  -v  -n  -L  [链名]  [-- line-numbers]
#-v: 详细信息   -n: 规则    -L: 规则列表   (L 必须写在最后)
iptables -vnL                        #查看全部规则
```

---

```
iptables -t filter -vnL INPUT 2    #指定查看 filter 表 INPUT 链第二条规则
iptables -vnL --line-numbers       #查看全部规则的编号
```

用法 2：新增 iptables 规则。命令如下。

```
#在 INPUT 链中插入一条新的规则，未指定序号，默认加在第一条
iptables -I INPUT  -s 120.16.12.121 -j ACCEPT
#指定序号 2，即新的规则加在第 2 条的位置
iptables -I INPUT 2 -s 120.16.12.131 -j DROP
#在 INPUT 链的末尾加上新的规则
iptables -A INPUT -s 120.16.12.141 -j REJECT
```

添加新的防火墙规则时，使用管理选项"-A""-I"。前者用来追加规则，后者用来插入规则。注意："-A"代表最底部插入，"-I"默认首行插入，"-I"后的数字则代表插入第几条。

用法 3：修改和替换规则，命令如下。

```
#iptables  -t 表名  -R 链名  编号  规则
iptables -R INPUT 3 -s 172.16.12.0/24 -j ACCEPT
```

用法 4：删除规则，命令如下。

```
#删除指定链序号的规则
iptables -D INPUT 1
#指定链并且指定源地址删除
iptables -D INPUT -s 120.16.12.131 -j DROP
#清除链中所有的规则
iptables -F
```

### 9.4.7　firewalld 的使用

firewalld 的操作步骤如下。

步骤 1：安装 firewalld。

在许多 Linux 发行版中，已经默认安装了 firewalld。如果用户的系统中没有 firewalld，可以使用下面的命令进行安装。

```
#在基于 Debian 的发行版（如 Ubuntu）中：
apt-get install firewalld
```

步骤 2：启动 firewalld。

```
systemctl start firewalld #开启 firewalld，一般都是开启的
systemctl enable firewalld #设置开机启动 firewalld
```

相关实例如下。

实例 1，查看区域和服务。

查看 firewalld 中所有可用的区域，命令如下。

```
firewall -cmd --get-zones
```

查看当前活动区域，命令如下。

```
firewall -cmd --get-active-zones
```

查看特定区域的详细信息，命令如下。

```
firewall -cmd --zone=public --list-all
```

实例 2，添加和删除服务。

向特定区域添加服务，命令如下。

```
firewall -cmd --zone=public --add-service=http
```

移除特定区域的服务，命令如下。

```
firewall -cmd --zone=public --remove-service=http
```

步骤 3：打开和关闭端口。

打开特定区域的端口，命令如下。

```
firewall -cmd --zone=public --add-port=8080/tcp
```

关闭特定区域的端口，命令如下。

```
firewall -cmd --zone=public --remove-port=8080/tcp
```

# 项目小结

在本项目中，我们介绍了 Linux 中几种常用功能性服务器，如 DNS、DHCP、VPN，以及常用防火墙 iptables、firewalld 的实例。通过理论知识和实践操作，我们掌握了这几种服务器的用途、分类、安装、配置方法，以及这两种防火墙的安装、配置和应用方法。

# 课后练习

## 一、填空题

1. 在互联网中，计算机之间直接通过 IP 地址进行寻址，需要将用户提供的主机名转换为 IP 地址，这个过程称为_____。

2. DNS 服务器的查询模式有_____。

3. 写出用来检测 DNS 资源创建是否正确的 3 个工具_____、_____、_____。

4. DHCP 服务器的主要功能是_____。

## 二、选择题

1. 在 Linux 环境下，能实现域名解析功能的软件模块是（　　）。

A. apache　　　　　B. dhcpd　　　　　C. BIND　　　　　D. SQUID

2. www.ptpress.com.cn 是 Internet 中主机的（　　　　）。

A. 用户名　　　　　　　B. 密码　　　　　　　　C. 别名　　　　　　D. IP 地址

3. 下面哪个命令可以启动 DNS 服务？（　　　）

A. systemctl start named

B. service restart named

C. service dns start

D. named-checkzone

4. 使用 DHCP 服务器的好处是（　　　　）。

A. 降低 TCP/IP 网络的配置工作量

B. 增加系统安全与依赖性

C. 对那些经常变动位置的工作站，DHCP 能迅速更新位置信息

D. 以上都是

5. 下列有关 DHCP 服务器的描述中，正确是（　　　　）。

A. 客户端只能接受本网段内 DHCP 服务器提供的 IP 地址

B. 需要保留的 IP 地址可以包含在 DHCP 服务器地址池中

C. DHCP 服务器不能帮助用户指定 DNS 服务器

D. DHCP 服务器可以将一个 IP 地址同时分配给两个不同用户

## 三、简答题

1. VPN 的常用分类有哪几种？

2. firewalld 的主要作用有哪些？

3. 隧道协议的分类有哪几种？

4. 简述防火墙的主要功能和组网方式。